FUSHUI YUANLI

DICENG SHANGXIA DIELUO

DUNGOU SUIDAO

JINJULI XIACHUAN

YUNYINGXIAN

JUEJIN GUANJIAN JISHU

富水圆砾地层上下叠落盾构隧道
近距离下穿运营线掘进关键技术

宁锐 李智刚 王树英 宋上明 刘飞 傅金阳丨著

中南大学出版社
www.csupress.com.cn
·长沙·

图书在版编目(CIP)数据

富水圆砾地层上下叠落盾构隧道近距离下穿运营线掘
进关键技术／宁锐等著. —长沙：中南大学出版社，2021.3
　ISBN 978-7-5487-3649-3

　Ⅰ.①富… Ⅱ.①宁… Ⅲ.①地铁隧道－隧道施工－
盾构法 Ⅳ.①U231.3

中国版本图书馆 CIP 数据核字(2021)第 037245 号

富水圆砾地层上下叠落盾构隧道近距离下穿运营线掘进关键技术

宁 锐 李智刚 王树英 宋上明 刘 飞 傅金阳 著

□责任编辑　刘颖维
□责任印制　周　颖
□出版发行　中南大学出版社
　　　　　　社址：长沙市麓山南路　　　邮编：410083
　　　　　　发行科电话：0731-88876770　传真：0731-88710482
□印　　装　湖南省众鑫印务有限公司

□开　　本　710 mm×1000 mm 1/16　□印张 14.75　□字数 297 千字
□版　　次　2021 年 3 月第 1 版　□2021 年 3 月第 1 次印刷
□书　　号　ISBN 978-7-5487-3649-3
□定　　价　128.00 元

序

Preface

20 世纪 50 年代，我国在东北阜新煤矿输水巷道首次采用盾构法。盾构法和矿山法相比，具有安全、快速、经济与环境影响小等优点，因此广泛应用于城市轨道交通、市政公路、管廊等领域的隧道及地下工程建设中。至今，盾构工法经历了 200 余年的发展历程，进入 21 世纪后，由于基础设施的快速建设和盾构机设备的国产化，我国盾构法施工技术得到快速发展。然而，随着城市地下空间的开发和利用，盾构掘进的地质条件越来越复杂，地下立体交叉的净距逐步减小，盾构隧道施工面临的风险与日俱增，这对盾构隧道建造技术提出了新的需求与挑战。

该书以昆明地铁 4 号线下穿既有地铁 2 号线盾构隧道穿越工程为依托，研究了富水圆砾地层上下叠落盾构隧道近距离下穿运营线掘进关键技术。首先，分析了昆明第四系全新统冲湖积富水圆砾地层的工程水文地质特征，对下穿段所在区间进行了组段划分；其次，通过现场试验，揭示了富水圆砾地层上下叠落双线盾构隧道施工地层变形与稳定性特征；再次，提出了富水圆砾地层盾构渣土改良与高效掘进技术；然后，评价了富水圆砾地层上下叠落盾构隧道下穿运营线的施工风险，形成了风险规避措施；最后，通过对下穿既有地铁 2 号线隧道与轨道结构的变形监测，揭示了富水圆砾地层下穿过程中运营线响应特征。研究内容翔实，论证充分，所获成果提升了对盾构施工地层与邻近构筑物响应认识水平，完善了复杂环境下盾构隧道施工风险控制技术，对今后类似工程具有重要的理论借鉴和工程应用价值。

　　该书是作者团队对富水圆砾地层上下叠落盾构隧道近距离下穿运营线的创新成果总结，理论与实践并重，丰富了我国地铁工程建造技术，对我国轨道交通事业发展具有重要的推动作用。该书具有较高的出版价值，非常值得盾构隧道工程从业人员认真品读。

　　希望本书的出版能有力推动盾构隧道建造技术的进步和高层次技术人员的培养！

中国工程院院士

2020 年 12 月

前言
Foreword

    盾构法广泛用于轨道交通等隧道工程，然而随着地下空间发展，地下空间立体交叉趋势愈加明显，新建盾构隧道往往近距离下穿既有隧道，导致新建盾构隧道建造与既有隧道运营面临着重大挑战。

    本书以昆明地铁4号线盾构区间近距离下穿既有运营地铁2号线为工程背景，研究了富水圆砾地层上下叠落盾构隧道近距离下穿运营线掘进关键技术。下穿段盾构隧道区间主要穿越富水圆砾地层，地铁4号线与2号线盾构隧道竖向净距仅约3.0 m，而且4号线在接近火车北站地铁站前左、右线盾构隧道变为上下叠落，导致左、右线上下叠落下穿地铁2号线时，上下叠落隧道之间竖向净距仅为1.8 m，因此会对上部地铁2号线盾构隧道存在叠加影响，4号线盾构隧道施工面临着重大安全风险。针对工程重难点问题，中铁开发投资有限公司、中铁五局集团有限公司联合中南大学等单位开展了科技攻关，在中国中铁股份有限公司科技开发计划重大课题"高富水圆砾地层盾构双线隧道上下重叠下穿既有线掘进技术研究"的资助支持下，形成了一系列科技开发成果，保障了昆明地铁4号线下穿既有地铁2号线取得了良好的经济社会效益。

    本书在分析昆明地铁4号线盾构区间近距离下穿昆明地铁2号线工程特征的基础上，总结了上下叠落盾构隧道掘进富水圆砾地层变形及控制试验、富水圆砾地层上下叠落盾构隧道渣土改良与高效掘进技术、富水圆砾地层上下叠落盾构隧道下穿运营线施工风险分析及控制措施、富水圆砾上下叠落盾构隧道下穿运营线变形监控及状态评价等方面的研究成果，旨在为今后类似工程提供经验借鉴。

本书编写团队汇集了地铁建设、施工和高校等单位的科技人员，对盾构隧道科学与技术问题有着一定的认识和研究经历，注重理论与实践相结合。希望本书的出版对推动地铁等盾构隧道工程建设具有一定的推动作用。

本书可作为从事隧道工程的管理、设计、施工和科学研究的专业技术人员所参考，也可作为高等学校土木工程、城市地下空间工程等方向研究生的参考书。

由于编者水平有限，书中的差错和不足在所难免，敬请读者批评指正！

编 者

2020 年 12 月

目录

Contents

第1章

绪 论

1.1 研究背景

伴随着我国城镇化进程的加快，人口不断进入城市就业与生活，交通拥堵情况日益严重，极大程度上制约了市民的交通出行便利，降低了市民的办事效率和幸福指数。为了解决交通拥堵问题，发展以地铁为代表的城市地下空间显得尤为重要。然而，随着城市地下空间的开发，地下立体交叉趋势愈加明显，地下空间相互间的距离越来越小，立体交叉等相邻隧道相互干扰，为地下空间的开发与可持续发展带来严峻挑战，如何确保立体交叉地下空间的安全建造是目前急需解决的关键技术问题。

昆明地铁4号线工程起点为陈家营站，终点为昆明南站，线路全长为43.4 km，均为地下线，全线以土建3标小菜园站—火车北站(简称小—火区间)土压平衡盾构隧道下穿火车北站隧道和昆明地铁2号线区段的施工条件最为复杂。在下穿工程建设过程中，技术重难点具体表现在以下三大方面：

第一，隧道主要穿越富水圆砾地层，盾构掘进对地层扰动大，螺旋输送机易出现喷涌等现象，危及隧道开挖面的稳定性，特别是下穿火车北站隧道和地铁2号线，由于所处地形地势较低，暴雨季节火车北站隧道经常积水，地铁2号线和地铁4号线交叉点的地下水压力相对较大。因此，为了保证富水圆砾地层上下叠落双线隧道盾构的顺利掘进，对盾构渣土改良和掘进参数控制技术的要求较高。

第二，小—火区间里程 YDK9+857.2～YDK9+904.1 段盾构下穿火车北站隧道，长度为46.9 m，由三段组成：第一段基础为铁路桥梁，第二段基础为箱涵，第三段基础为公路桥梁，除了中间箱涵，铁路桥梁与公路桥梁下设有桩基。由于火车北站隧道位于昆明市主干道"三横四纵"中最重要的北京路,下为北京路穿行,上为昆明火车北站,拔桩施工对既有交通影响大,地铁双线隧道将从火车北站隧道中间无桩基的箱涵下的狭小空间上下叠落穿过。穿过火车北站隧道后,上下叠落盾构双线隧道立即下穿地铁2号线,其中上部盾构隧道与地铁2号线盾构隧道竖向净距仅约为3.0 m,下穿运营线盾构掘进控制难度大。

第三,地铁4号线左右线盾构隧道从小菜园站平行始发,临近火车北站隧道前,左右线变为上下叠落,在下穿地铁2号线时,上下叠落隧道之间竖向净距需仅为1.8 m,因此两者施工会存在较大的相互影响,而且对上部地铁2号线运营地铁隧道存在叠加影响。

基于以上工程重难点,开展了富水圆砾地层上下叠落盾构隧道近距离下穿运营线掘进关键技术研究。在分析盾构区间工程水文地质特征及组段划分的基础上,研究上下叠落盾构隧道掘进富水圆砾地层变形特征、渣土改良技术以及下穿运营线施工风险控制技术,并且形成了一系列创新性科研成果。本项目的研究成果不仅对昆明地铁4号线工程安全施工具有重要的指导意义,而且对全国类似立体交叉地下工程建造可起到示范作用,有助于提升我国地铁建设技术水平。

1.2 国内外研究现状

1.2.1 富水圆砾地层工程水文地质特征研究

国外学者关于地层的工程水文地质特征的研究,主要是通过地下水数值模拟得到地层的水文地质特征。Wood[1]提出了二维地下水运动有限元计算的时间步长条件。Kim和Parizek[2]对抽取地下水造成的"Noordbergum效应"(在承压含水层抽水时,上部或下部的弱透水层发生快速的小幅度的水头上升现象)进行数值模拟,并阐述了其机理。Scheibe和Yabusaki[3]分析了在不同尺度下的地下水流及其运移行为。Ghassemi等[4]指出三维模型可以详细说明含水层系统的三维边界条件和抽水应力情况,而二维模型不能恰当处理这些问题。Facchi等[5]建立渗流地带模拟与基于MODFLOW的地下水系统数值模拟耦合模型,用GTS来控制空间分布式参数以及输入和输出值。

国内学者主要集中富水圆砾地层现场测试及工程应用方面的研究。康洪信[6]针对南宁地铁富水圆砾地层盾构施工中多次发生刀盘被困及螺旋输送机被卡的现象,提出渣土改良技术,处理效果良好。魏晨亮等[7]采用室内试验和现场实践方法,提出复合浆液和低压慢注的注浆新工艺,提高了富水圆砾层注浆加固的可靠性。王建伟[8]结合长沙地铁盾构施工实例,分析了富水圆砾地层对盾构施工的危害,提出了多种技术措施来预防可能出现的风险情况,取得了良好的效果。

陈雪莹等[9]依托南宁地铁 2 号线三苏区间联络通道工程，提出了富水圆砾地层地下连续墙联合膏浆注浆技术的预加固处理方法。高涛[10]以南宁地铁 2 号线某区间盾构双线隧道先后通过与隧道间距不同的管线为工程背景，研究了富水圆砾地层地铁盾构隧道施工对既有临近管线变形的影响规律。

1.2.2　盾构隧道施工地层沉降研究

盾构法最早于 19 世纪应用于隧道施工领域，具有对环境影响小、施工自动化程度高等特点，但盾构施工仍然不可避免地对地层造成一定程度的扰动。国内外诸多学者在盾构施工对地层的影响方面展开了研究，其研究方法有经验公式法、理论解析法、数值模拟法、现场实测法等。

1. 经验公式法

经验公式法是基于统计数据的经验性方法。统计数据来源于大量的现场实测结果或室内试验数据，再经过数理量化、回归等手段推导出经验公式。最早由美国学者 Peck[11]对隧道施工引起的地面沉降问题进行了研究，他于 1969 年在墨西哥土力学及基础工程国际会议上基于大量工程资料的实测数据分析，系统地提出了地层损失的概念和估算隧道开挖引起地表沉降的方法。此后，Peck 及其他学者做了大量工作，使之成为目前应用最为广泛的预测隧道施工地表沉降的方法。此方法认为施工中引起的地表沉降是在不排水情况下发生的，隧道开挖形成的地表沉降槽体积应等于地层损失的体积，并假定地层损失在隧道纵向长度上均匀分布，地表沉降在隧道横向上的分布与高斯曲线极为相似，见图 1-1。鉴于此，Peck 给出了地表沉降横向槽分布的预测公式：

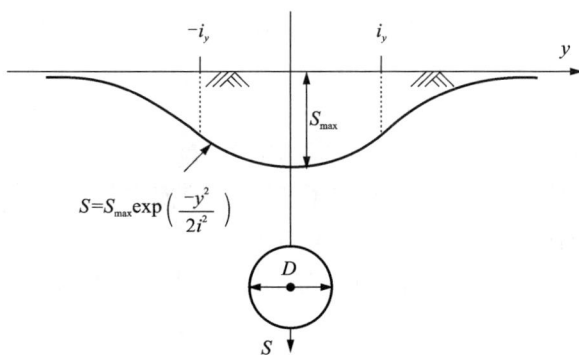

图 1-1　沉降槽示意图

$$S = S_{max} \exp\left(\frac{-y^2}{2i^2}\right) \tag{1-1}$$

$$S_{\max} = \frac{V_s}{\sqrt{2\pi}\,i} \tag{1-2}$$

式中：S 为地面横向上任一点 y 处的沉降值；$S_{\max}$ 为地面沉降的最大值，一般位于沉降曲线的对称中心上（对应隧洞轴线位置，$y=0$）；i 为从沉降曲线对称中心到曲线拐点的距离，一般称为沉降槽宽度；y 为从沉降曲线对称中心到所计算点的距离；V_s 为地层损失。

在 Peck 之后，国内外很多专家根据具体情况对 Peck 公式进行了修正和完善，提出了一系列 Peck 经验公式的改进公式。这些预测隧道开挖引起的地表沉降经验公式均假定地表沉降槽曲线为正态分布曲线，但沉降槽宽度系数的定义不同，例如 Clough[12]、Attewell 和 Woodman[13] 及 O'Reilly 和 New[14] 提出沉降槽宽度系数的计算方法在一定程度上考虑了施工因素及土体性质的影响。近年来，国内学者的研究主要集中于对 Peck 公式进行修正，例如胡长明等[15]、宫亚峰等[16]、余朔和卢国胜[17] 以及徐小马等[18] 基于地层盾构隧道施工沉降监测数据对 Peck 经验公式进行了修正。

从上述文献可以看出，经验公式法所采用的高斯曲线及其他改进曲线并没有理论基础，而是将大量现场实测数据、室内试验和数值计算数据进行拟合的结果，因此当应用于实际工程时，不可避免地会存在一些局限性。因为经验法是在不排水的前提下，考虑土体损失的基础上提出的，而土体损失是一个经验参数，其在施工前很难确定，只有通过假设及其他边界条件才能得到。

2. 理论解析法

理论解析法是通过理论分析的方法来研究隧道掘进过程中相应的地层受力情况，进而推导地层运动计算公式。随着对地层变形研究的深入，很多专家学者将相关学科的研究成果引入隧道开挖引起的地层变形研究，考虑隧道围岩的变形特点，将围岩作为弹性、弹塑性、黏弹塑性体，获得了一定的研究成果。

Sagaseta[19] 通过引入镜像地层损失源的方法，解决了地表自由面的存在对半空间位移场的影响问题，成功将弹性空间中球孔的解推广至考虑地表自由面影响的弹性半空间解。Park[20] 采用椭圆形的土体移动模式作为隧道周围土体的边界条件，在以土层为弹性体的基础上给出了浅埋隧道及深埋隧道土体变形的二维解析解。艾传志和王芝银[21] 在 Sagaseta 研究的基础上，引入等效模量当层法，推导了双层地基中浅埋圆形隧道开挖引起地层位移、应力及地表沉降的分布规律，为双层地基中开挖浅埋隧道引起地层位移及地表沉降的计算提供了一种新的解析方法。张治国等[22] 采用简化理论等方法，依托上海在建地铁施工工程实践分析，考虑了在运营隧道遮拦效应影响下的土压平衡盾构施工引起的周围土体沉降规律，并与自由位移场条件下盾构施工引起的地层变形进行对比分析，得出了地铁盾构复杂叠交穿越引起的临近地铁隧道的变形规律。魏纲和王霄[23] 基于统一土体移动模型二维解的修正公式,对近距离条件下双线平行盾构施工所产生的地面沉降进行了计算。魏风冉等[24]基于 Mindlin 解,采用三参数固体黏弹性模型,得出了盾构隧道黏弹性沉降的计算方法,通过退化验证,证明了所得出的黏弹性沉降计算方法的正确性。

理论解析法大都是在边界条件和初始条件简化的基础上进行的,且将土体假定为轴对称、均匀的问题来解决。由于受计算条件的限制,只能对相对简单的边界条件和初始条件做出解答,使其应用受到限制。另外,也无法考虑施工条件和施工过程对地层位移的影响。

3. 数值模拟法

数值模拟方法主要借助计算机程序研究隧道的开挖过程,方便对具体工程展开参数化分析。近年来,随着地铁隧道的大量修建,数值分析方法在地下工程领域的运用也越来越普遍,并取得了大量的研究成果。

Rowe 和 Kack 以及 Lee 和 Rowe[25, 26]提出了适用于隧道开挖问题的非线性弹塑性本构关系,并对盾构隧道施工过程进行了一系列的数值模拟研究。将等效间隙参数用以反映隧道施工引起的地层损失,对隧道开挖过程中开挖面周围应力应变状态、地表沉降曲线等进行了研究计算。姜忻良等[27]利用有限元软件 ABAQUS 的单元生死技术模拟盾构前进过程,对工程盾构开挖过程进行了仿真模拟,得到了盾构推进过程中地表的变形规律和隧道周围土体的扰动规律,并且与现场实测结果吻合较好。夏元友等[28]采用数值模拟方法对地铁盾构穿越汉口火车站区时地面及建筑物桩群进行模拟,分析了盾构穿越一般地层和穿越群桩基础的两种不同位移情况,从而评价盾构隧道对城市地面及建筑物的影响,提供了盾构穿越建筑物施工安全控制的建议。王建秀等[29]利用非线性有限元分析软件 ABAQUS 建立了三维有限元模型,研究在隧道施工扰动下,地表的横向沉降和纵向沉降、地层的水平位移和分层沉降的变形规律。杜明芳等[30]采用数值模拟与现场试验相结合的方法,对郑州某地铁处盾构隧道下穿铁路箱涵工程进行研究,并提出了沉降控制措施。乔世杰等[31]以北京地铁 19 号线某盾构区间下穿京开高速立交桥桩为背景,使用 FLAC3D 软件建立三维数值模型,对双线隧道下穿桥桩引起的沉降变形进行了分析,并提出了相应的控制措施。

数值模拟计算的优势主要体现在以下几个方面:①可以考虑多种影响因素,如隧道埋深、直径大小、土质条件、注浆压力等;②可以模拟复杂的下穿结构;③可以构造不同材料的本构模型;④数值模拟方法可以实现复杂位移及应力边界条件。但是,数值模拟在参数选取方面存在一定的问题,导致数值模拟结果往往与实际值存在一定差异。

4. 现场实测法

现场实测分析方法即在隧道沿线布设测点进行地层变形监测,得出相应地层中盾构施工引起的地层变形规律。

蒋洪胜和侯学渊[32]以某盾构下穿地下污水管道工程为背景，通过在地下污水管道周围的地层中测定地层的超孔隙水压力和土层的移动（包括地层的分层沉降及地层在两个方向的水平位移），研究了盾构法隧道穿越地下污水管道时盾构推进与地层移动的相关性。郭玉海等[33]为系统掌握城市大直径盾构施工引起的地表变形，在隧道沿线布设测点进行了地表变形监测。通过对监测数据和盾构掘进参数的统计、回归和拟合分析，获得了地表沉降最大值、沉降槽宽度系数和地层损失率等关键特征参数，掌握了地表变形的总体特征。司金标等[34]依据现场实测地表变形、土体分层沉降数据，分析了类矩形盾构隧道施工引起地层竖向变形的基本规律，并结合变形机制对施工控制提出建议。蔡兵华等[35]为揭示武汉岩溶地区复合地层小型盾构施工引起的地表变形规律，对现场勘察资料和地表变形监测数据进行了统计分析。崔玉龙[36]为研究砂土地层中盾构隧道超近距离下穿既有隧道变形控制措施，以西安地铁盾构区间隧道下穿地铁 1 号线出入段工程为例，通过资料调研、数值模拟、现场试验和监控测量等方法，对既有隧道加固措施、地层适应性、掘进参数、隧道变形进行研究。

通过现场实测数据对盾构施工引起的地层变形规律进行研究，比其他方法更为准确，对于现场施工更具有指导意义，因此目前许多研究依托现场实测数据进行。

1.2.3　富水圆砾地层叠线隧道施工地层变形与稳定性研究

国内外学者主要采用理论分析、数值模拟、模型试验、现场测试等手段进行了更加深入的盾构施工扰动地层变形研究。魏纲等[37-42]推导了由土体损失引起的地面沉降通用计算公式和纵向地面变形计算公式，结合两者得到总的纵向地面变形计算公式。何川等[43-45]开展了砂卵石地层中盾构掘进对邻近桩基、既有盾构隧道和黄土地层扰动的土压平衡盾构模型试验。石杰红等[46]、李曙光等[47]分别使用 FLAC3D 模拟分析了地铁盾构隧道诱发的地面沉降。刘宝琛等[48]等发展和完善了随机介质理论，该理论被认为是预测城市地铁隧道开挖引起的地表沉降的有效方法之一。周纯择等[49]结合盾构施工过程建立了 BP 神经网络模型，对盾构施工引起的地表沉降进行预测。Fu 等[50]采用有限元法分析隧道开挖引起的地层变形对浅基础上框架结构的影响。

相关学者也采用多种分析手段对盾构开挖面的稳定性进行了研究。周小文等[51]采用离心机模型试验分析了隧道开挖面支护力与地层位移之间的关系。朱伟等[52]、邱明明[53]采用 FLAC3D 分别对富水砂层盾构施工动态过程和砂土地层中土压平衡盾构支护力不足情况下开挖面的稳定性问题进行了研究。瞿同明等[54,55]基于 PFC2D 数值方法，考虑盾构不同进排土速度，研究了土压平衡盾构在极限排土工况下无水砂层的变形特征和主应力变化特征。张箭等[56, 57]、杨峰等[58]采用上限有限元法对隧道开挖面破坏失稳模式及稳定性进行了研究。

1.2.4 盾构掘进施工风险评价

既有隧道作为一种特殊的地下结构物，承载着地铁列车等地下交通工具持续运营的重任，其结构本身具有直径大、距离长、保护要求严格等特征。随着城市地铁网的进一步规划与建设，已出现大量的新建隧道近接既有隧道施工的工程案例。新建隧道施工时不可避免地会引起地层及临近既有隧道的变形和附加受力，如何评价近接隧道施工对既有隧道的影响程度，以及提出合理有效的控制和保护措施对保证新建隧道快速施工和既有线路安全运营至关重要。目前关于盾构施工风险评价的相关课题已经开展了一系列研究，实际工程多采用数值模拟方法。

数值模拟可以分析综合考虑了复杂的施工参数、地质条件、支护措施和施工工艺等，具独特的优势，因此被广泛应用于隧道近接施工工程，国内有许多相关研究成果。方勇和何川[59]采用三维有限元方法对平行盾构隧道施工进行模拟，充分考虑了盾构机与管片衬砌的相互作用，管片衬砌结构的横观各向同性性质，研究新建隧道动态掘进时既有隧道位移、变形和内力的变化规律。白海卫[60]以北京地铁 10 号线的国贸站至双井站的区间隧道（南北向）正交下穿地铁一号线国贸站至大望路站的区间隧道为背景，运用 FLAC3D 有限差分法研究了下穿施工过程，发现注浆加固既有隧道周围的地层比加强既有隧道衬砌结构本身能更好地控制既有隧道的沉降变形。沈晓伟和王涛[61]建立盾构隧道从管线下方推进过程的三维有限元模型，并对盾构掘进面离管线的距离、管线和隧道的相对埋深和管土相对刚度等参数对管线受力结果的影响进行有限元分析。李鹏等[62]结合下穿工程实际背景，对三维数值模拟进行计算，从下穿施工对既有隧道结构的影响进行了分析，结果表明严格控制盾构掘进或者采取针对性措施可以确保既有隧道结构的安全，对施工具有指导作用。黄忠凯和张冬梅[63]基于 ABAQUS 有限元软件建立了软土地区地表结构-土-隧道相互作用的非线性有限元模型，考虑地表结构有无，不同的土体模型及地震荷载，通过水平地震作用下的动力时程反应分析，研究了地表结构对盾构隧道周围土体及衬砌地震响应的影响。汤扬屹等[64]以武汉地铁 8 号线黄浦路站—徐家棚站盾构区间段为背景，构建隧道管片上浮风险评价指标体系和评价标准，建立基于云模型与 D-S 证据理论的盾构施工隧道管片上浮风险评价模型，定量评价了盾构隧道管片的上浮风险并进行针对性的风险管控。

1.2.5 叠线隧道施工地层加固研究

关于重叠盾构隧道地层加固的研究主要集中于施工技术方面，张磊等[65]、沈学贵[66]分别依托盾构工程实例,研究了重叠隧道的加固方法和下穿建筑物的加固技术。郭海[67]、周明亮[68]分别结合深圳地铁2号线盾构隧道工程,提出下洞采取钢管支撑的施工技术措施,同时指出加强同步注浆、加固重叠隧道夹土体是在重叠隧道地层加固的关键技术。孟繁义[69]结合成都富水砂卵石地层地铁施工实例,指出盾构下穿建筑物时采用地下掘进参数控制、地面跟踪注浆的方法,最大限度地降低建筑物沉降。朱双厅[70]依托长沙地铁盾构穿越匝道工程,采用现场监测及数值分析手段,研究了长沙地铁砂卵石地层盾构施工地表沉降特征,针对所穿越既有构筑物特点进行盾构紧邻桥桩施工隔断保护研究。范祚文和张子新[71]利用土压平衡盾构模型,研究北京砂卵石地层中不同埋深邻近建筑物影响下的开挖面稳定性及地表沉降规律。结合国内外盾构隧道下穿建筑物的研究现状可知,重叠盾构隧道穿越建筑物的风险较高,难以确定重叠盾构隧道在富水圆砾地层穿越建筑物的掘进参数和加固措施,因此研究富水圆砾地层上下叠落隧道穿越运营线具有重大的工程意义,还可为类似工程提供参考。杜飞天等[72]以深圳地铁7号线笋洪区间为工程背景,在分析下穿洪湖施工风险的基础上,结合现场施工工艺试验,建立了地铁区间叠线隧道下穿湖泊盾构法施工技术体系,包括砂层围堰排水和注浆加固处理、浅覆土筑岛、上软下硬地层复合盾构掘进、叠线隧道夹层土注浆加固和下隧道内设移动支架的综合施工技术,为今后类似工程提供了技术参考。孟庆军[73]依托南宁地铁1、地铁2号线在朝阳广场站形成的四线叠交隧道工程,提出采用上下洞夹层土体洞内加固、结构加强、螺栓加强以及下洞临时支撑相结合的加固措施来控制地基变形,保证了该重叠段隧道施工的安全。

综上可知,国内外学者在盾构掘进引起的地层扰动变形和开挖面稳定性方面取得了许多有益成果,但鲜有关于上下重叠盾构隧道近距离下穿运营线掘进技术的研究。

1.3　本书主要内容

1. 工程概况分析

通过采用室内外试验和文献调研的方式,研究第四系全新统冲湖积富水圆砾地层工程水文地质特征,针对盾构隧道施工所面临的地层变形、稳定性、富水圆砾盾构"喷涌"等问题,对盾构区间穿越地层进行组段划分,提出地铁4号线下穿地铁2号线上下叠落盾构双线隧道试验段。

2. 上下叠落盾构隧道掘进富水圆砾地层变形及控制试验研究

通过试验段现场测试等手段,研究富水圆砾地层上下叠落双线盾构隧道施工引起的变形特征,分析盾构锥形间隙填充和壁后注浆约束地层位移和水位变化的应用效果。

3. 富水圆砾地层上下叠落盾构隧道渣土改良与高效掘进技术

通过开展盾构渣土渗透性等室内试验，探究渣土改良剂中泡沫剂的泡沫类型、溶液浓度、发泡率、泡沫注入比、泡沫半衰期等对渣土特性的影响，开展富水圆砾地层泡沫适应性分析，从渣土改良角度提出下穿运营线期间螺旋输送机喷涌诱发开挖面失稳的控制方法。通过现场数据统计分析，探究渣土状态与盾构掘进参数的关联性特征，形成下穿运营线盾构渣土改良和掘进参数协同控制技术。

4. 富水圆砾地层上下叠落盾构隧道下穿运营线施工风险分析及控制措施

通过大型 FLAC3D 三维数值仿真，研究富水圆砾地层上下叠落双线盾构隧道施工对昆明地铁 2 号线隧道结构的影响特征，评价富水圆砾地层上下叠落双线盾构隧道近距离下穿运营线的施工风险，进而提出了下穿段风险控制措施。

5. 富水圆砾上下叠落盾构隧道下穿运营线变形监控及状态评价

针对上下重叠盾构隧道下穿运营线，制订了系统的监控量测方案，研究下穿过程中昆明明地铁 2 号线隧道与轨道结构的变形规律，论证了富水圆砾地层上下重叠盾构隧道近距离下穿运营线的施工安全。

第 2 章
工程概况分析

2.1 盾构区间隧道总体及下穿段情况

　　昆明地铁 4 号线小—火区间总平面图，见图 2-1，出站后沿昆石米轨线路敷设，下穿小菜园立交桥后向东南方向偏移，横穿盘龙江，继续下穿万华路后约 300 m 时区间左右线竖向间距逐渐拉大，平面间距逐渐减小，然后以上下叠落（左上右下）的方式下穿火车北站隧道涵洞段及昆明地铁 2 号线，最后接入火车北站地铁站，区间隧道起讫里程如下：左线 ZDK8+435.252 ～ ZDK9+966.915，全长为 1538.913 m；右线 YDK8+435.252 ～ YDK9+966.915，全长为 1531.694 m。

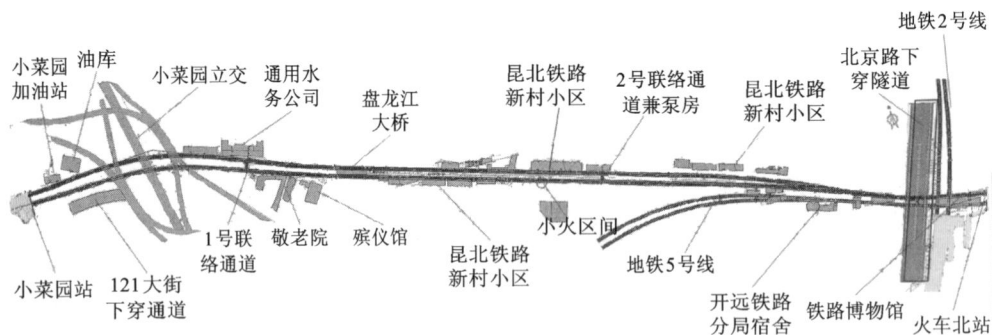

图 2-1　小—火区间总平面图

　　叠线隧道右线位于左线下方，地铁 4 号线右线和左线先后下穿地铁 2 号线右线和左线，在重叠隧道接入火车北站段，南侧是同期实施的地铁 5 号线昆明北站—圆通公园站区间,该区间也是以上下叠落的方式接入火车北站,地铁 4、5 号线重叠隧道在下穿地铁 2 号线段平面最小净距约为 6.5 m,该区间晚于地铁 4 号线小—火区间施工(见图 2-2)。

图 2-2　小—火区间左右线盾构隧道重叠下穿地铁 2 号线概况图

地铁 4 号线左线隧顶距地铁 2 号线右线隧底 3.877 m,距地铁 2 号线左线隧底 3.516 m,地铁 4 号线左右线之间的竖向距离为 1.8 m。地铁 2 号线隧底至地铁 4 号线隧顶地层主要为稍密砾砂、中密圆砾,局部夹可塑粉质黏土、稍密粉土。地铁 4 号线左线主要位于中密圆砾地层,右线地质较复杂,穿越地层主要为中密和稍密的砾砂层,局部夹杂可塑粉质黏土和稍密粉土(见图 2-3)。根据专家会讨论,盾构施工引起的地铁 2 号线隧道位移值宜控制在 6.5 mm 以下。

昆明地铁 2 号线(白云路站—昆明北站区间)采用盾构法施工工艺施工,管片壁厚为 350 mm。隧道采用通用环类型管片衬砌,隧道外径为 6200 mm,隧道内径为 5500 mm,管片宽度为 1200 mm。在地铁 2 号线与地铁 4 号线交叉区域内,地铁 2 号线盾构隧道埋深约为 12 m,主要处于圆砾层和砾层。

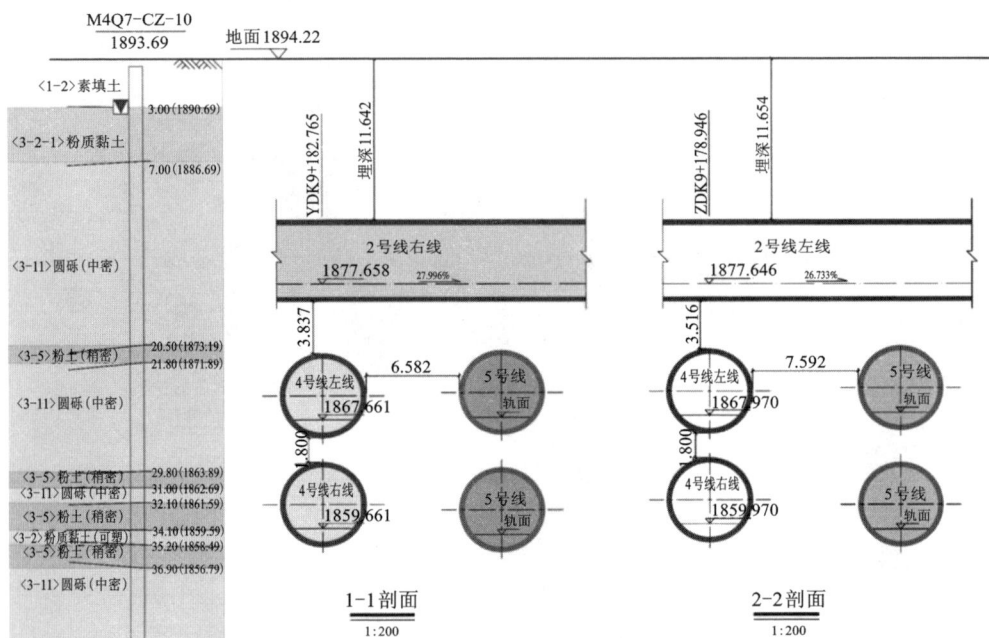

图 2-3　小—火区间左右线盾构隧道重叠下穿地铁 2 号线地质概况图

2.2　盾构机概况

小—火区间隧道施工采用 2 台土压平衡盾构机从小菜园始发，完成左右线隧道掘进任务后在火车北站解体吊出，其中左线隧道管片共 1283 环，右线隧道管片共 1277 环。左线盾构始发时间为右线盾构始发后顺延 25 d，盾构右线下穿地铁 2 号线之前，在其 970 环（对应于左线 972 环）设置刀具检查更换点，换刀处采用 C20 砼素桩加固。

右线采用中铁装备的 R155 号盾构机，刀盘采用辐板式（图 2-4）；左线采用辽宁三三生产的 RME254 盾构机，换刀前刀盘采用撕裂刀刀盘［图 2-5（a）］，换刀后采用滚刀刀盘［图 2-5（b）］，刀盘具体参数见表 2-1。

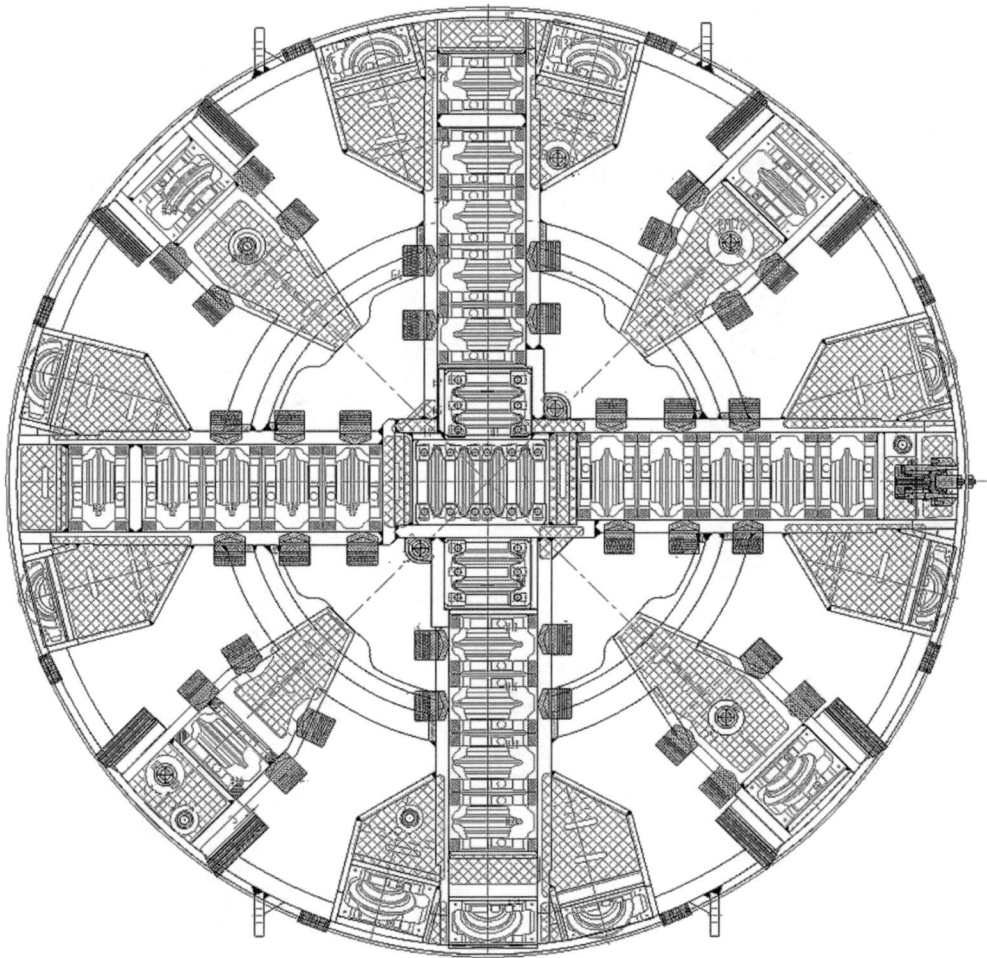

图 2-4　右线盾构刀盘

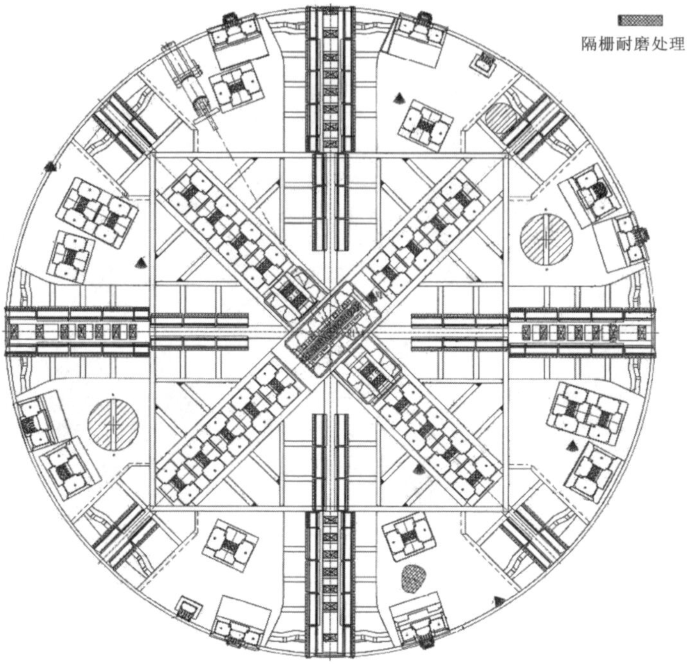

隔栅耐磨处理

（a）换刀前

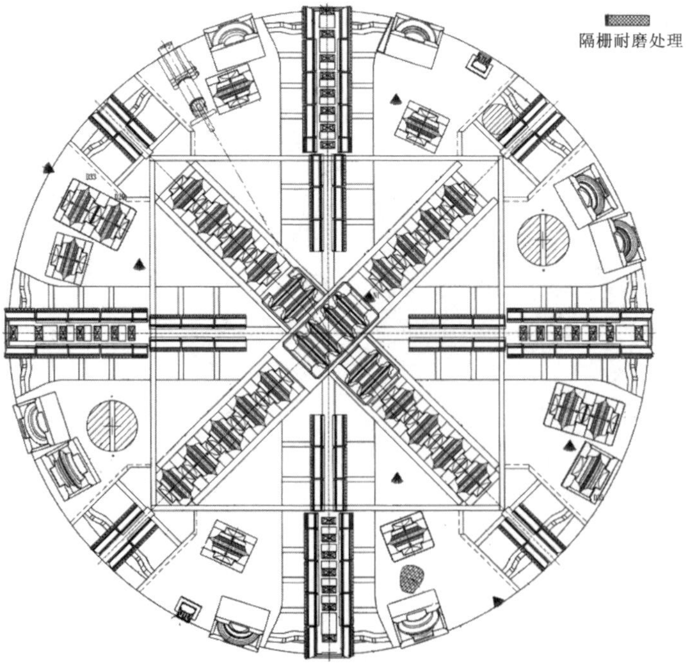

隔栅耐磨处理

（b）换刀后

图 2-5　左线盾构刀盘

表 2-1 小—火区间盾构参数

	右线	左线 970 环前	左线 970 环后
生产商	中铁装备	辽宁三三	辽宁三三
挖掘直径/mm	6440	6480	6480
盾体长度/m	8.358	9.62	9.62
额定扭矩/(kN·m)	6700	6650	6650
最大推力/kN	42550	39815	39815
刀盘形式	辐板式	撕裂刀盘(辐板)	滚刀刀盘(辐板)
开口率/%	40	40	40
刀具配置 (刀型/数量)	中心双联滚刀/4 把 单刃滚刀/32 把 边刮刀/1 把 切刀/36 把 保径刀/8 把 仿形刀/1 把	12 寸刮刀/56 把 6 寸刮刀/8 把 右边缘刮刀/8 把 左边缘刮刀/8 把 保径刮刀/16 把 3×6 正面撕裂刀/63 把 3×6 正面撕裂刀 R40/1 把 3×6 撕裂刀 R41/2 把 3×6 撕裂刀 R42/2 把 3×6 撕裂刀 R40/1 把 鱼尾刀/1 把 仿形刀/1 把	12 寸刮刀/56 把 6 寸刮刀/8 把 右边缘刮刀/8 把 左边缘刮刀/8 把 保径刮刀/16 把 18 寸单刃滚刀/2 把 单刃滚刀/33 把 双联滚刀 1 把 仿形刀/1 把
渣土改良 系统配置	泡沫喷口 6 个	正面泡沫口 6 个,圆周泡沫口 1 个	正面泡沫口 6 个,圆周泡沫口 1 个
	膨润土喷口 2 个 (与泡沫共用)	膨润土喷口 2 个(与泡沫共用)	膨润土喷口 2 个(与泡沫共用)

2.3　地质组段划分

2.3.1　划分依据

小—火区间下穿地铁 2 号线前施工可为其下穿地铁 2 号线过程的安全性提供丰富的经验和技术积累,为此,特对小—火区间进行地质组段划分,便于为下穿地铁 2 号线试验研究提供依据。

盾构隧道安全风险组段划分是穿越地层施工参数确定的主要依据,除考虑盾构隧道穿越的地层情况,还必须充分考虑盾构施工环境条件的组合效应,即盾构隧道上方地层情况及是否有重要管线,盾构隧道上方地面和地下是否存在建构筑物,地面沉降控制要求等。目前昆明地区并没有成熟的安全风险组段划分依据,因此组段划分主要参考《北京市城市轨道交通工程建设安全风险技术管理规范》(DB 11/T1316—2016)[74]。

据以上规范所述,隧道穿越土层的划分具体如下:A 组段指盾构穿越的地层为黏土、粉质黏土、黏质粉土和粉土以及这四种土层组成的复合地层;B 组段指盾构穿越的地层为砂层,包括粉砂、细砂、中砂和粗砂;C 组段指盾构穿越的地层为砾石(卵石)层;D 组段指盾构穿越的地层为土与砂的复合地层;E 组段指盾构穿越的地层为土、砂、砾石(卵石)层的复合地层;F 组段指盾构穿越的地层为土岩混合地层或全断面岩层。

盾构施工环境的组合风险分级主要考虑以下几点因素:①隧道的埋深;②地面和地下环境条件(建筑基础、管线、既有轨道线路);③特殊地质情况(漂石、隧道上方有河流等水体);④盾构穿越地层上覆土层的情况。在考虑这些风险因素后,将盾构施工环境的组合风险分为以下 3 级:Ⅰ级指盾构下穿或上穿既有轨道线路及铁路、重要建构筑物、重要市政管线,盾构穿越地层中有漂石、孤石等特殊地质情况;盾构隧道埋深小于一倍隧道直径的情况;Ⅱ级指下穿一般建构筑物、重要市政道路、水体,临近重要建构筑物和重要市政管线;Ⅲ级指下穿一般市政管线和一般市政道路,临近一般建构筑物和重要市政道路,或隧道附近无环境风险,当隧道埋深小于 9 m 或盾构隧道上覆地层存在不良地质或特殊情况时,施工环境风险应上调一级。

在盾构穿越土层组段划分的基础上,按盾构施工环境的组合安全风险级别对各个组段进行详细的划分,将 A~F 6 个土层组段分为 $A_Ⅰ$,$A_Ⅱ$,$A_Ⅲ$,$B_Ⅰ$,$B_Ⅱ$,$B_Ⅲ$,…,$F_Ⅰ$,$F_Ⅱ$,$F_Ⅲ$ 18 个组段,每个土层组段按照盾构施工环境安全风险级别划分为 Ⅰ、Ⅱ、Ⅲ 3 个等级。盾构施工区间隧道组段的综合划分如图 2-6,对任何一个盾构区间隧道而言,都是由以上 18 种组段中的一种或几种组段组合而成。

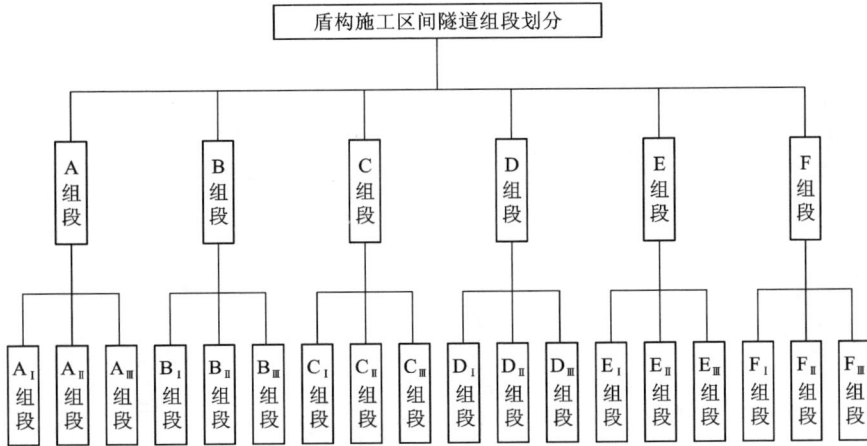

图 2-6 区间组段划分综合示意图

2.3.2 盾构区间组段划分

小—火区间采用 2 台盾构机施工,两台盾构均从小菜园站始发,施工到火车北站结束,隧道具体区间组段划分见表 2-2 和表 2-3。

表 2-2 小~火区间左线隧道组段划分

起始里程（环号）	长度/m	隧道埋深/m	掘进范围内土层	特殊地质	上覆土层	地下水位情况	上覆土加权平均 N	建构筑物情况	建构筑物分级	综合划分
ZDK8+435.25~ZDK8+524.20（0~74环）	88.95	$10.45 \leqslant h \leqslant 12.65$	E（黏土、粉土、圆砾）	无	黏土、泥炭质土、粉砂、圆砾	层间潜水距隧道顶部 6.75~9.82 m	10.2	无	无	E_{III}
ZDK8+524.20~ZDK8+553.05（74~99环）	28.85	$12.65 \leqslant h \leqslant 12.73$	C（圆砾）	无	黏土、粉土	层间潜水距隧道顶部 7.79~8.69 m	8.4	侧穿小菜园加油站	III	C_{III}
ZDK8+553.05~ZDK8+609.90（99~146环）	56.85	$12.58 \leqslant h \leqslant 14.54$	E（黏土、泥炭质土、砂、砾砂、圆砾）	无	黏土、粉土、泥炭质土、圆砾	层间潜水距隧道顶部 8.24~11.90 m	9.3	侧穿加油站油库	III	E_{III}
ZDK8+609.90~ZDK8+749.20（146~262环）	139.30	$14.54 \leqslant h \leqslant 18.38$	E（黏土、砂、砾砂、圆砾）	无	黏土、砾砂、圆砾	层间潜水距隧道顶部 7.42~15.03 m	13.5	侧穿小菜园立交桥	II	E_{II}
ZDK8+749.20~ZDK8+847.68（262~344环）	98.48	$18.23 \leqslant h \leqslant 20.52$	E（黏土、砂、圆砾）	无	黏土、粉砂、砾砂、圆砾	层间潜水距隧道顶部 14.45~16.98 m	12.2	下穿海心特科创中心；侧穿通用水务公司	III	E_{III}
ZDK8+847.68~ZDK8+970.04（344~441环）	122.36	$20.52 \leqslant h \leqslant 22.97$	C（圆砾）	无	黏土、粉土、砾砂、圆砾	层间潜水距隧道顶部 16.98~21.35 m	11.7	侧穿学府路调蓄池	III	C_{III}
ZDK8+970.04~ZDK9+021.41（441~483环）	51.37	$17.19 \leqslant h \leqslant 17.94$	C（圆砾）	无	粉砂、圆砾	层间潜水距隧道顶部 21.04~21.18 m	14.2	下穿盘龙江	II	C_{II}

续表2-2

起始里程（环号）	长度/m	隧道埋深/m	掘进范围内土层	特殊地质	上覆土层	地下水位情况	上覆土加权平均 N	建构筑物情况	建构筑物分级	综合划分
ZDK9+021.41~ZDK9+121.05（483~567 环）	99.64	23.90≤h≤25.43	E（黏土、粉质黏土、圆砾）	无	黏土、粉土、粉砂、砾砂、圆砾	层间潜水距隧道顶部 19.75~22.52 m	11.5	无	无	E_{II}
ZDK9+121.05~ZDK9+175.53（567~612 环）	54.48	25.43≤h≤26.41	C（圆砾）	无	粉质黏土、泥炭质黏土、圆砾	层间潜水距隧道顶部 21.25~22.64 m	10.7	下穿距昆北铁路新村小区房屋	III	E_{III}
ZDK9+175.53~ZDK9+300.57（613~717 环）	125.04	26.29≤h≤28.94	E（粉质黏土、粉土、砾砂、圆砾）	无	黏土、粉质黏土、砂、砾砂、圆砾	层间潜水距隧道顶部 21.25~25.17 m	9.8	下穿距昆北铁路新村小区房屋；下穿万华路	III	E_{III}
ZDK9+300.57~ZDK9+386.95（717~789 环）	86.38	28.94≤h≤30.03	C（圆砾）	无	黏土、粉质黏土、粉土、砂、砾砂、圆砾	层间潜水距隧道顶部 25.17~27.44 m	10.5	侧穿北站铁路工程小区房屋	III	C_{III}
ZDK9+386.95~ZDK9+439.00（789~832 环）	52.05	29.22≤h≤30.03	E（粉土、圆砾）	无	黏土、粉质黏土、泥炭质土、粉砂、圆砾	层间潜水距隧道顶部 27.02~27.51 m	11.2	侧穿北站铁路工程小区房屋	III	E_{III}
ZDK9+439.00~ZDK9+463.26（832~852 环）	24.26	28.84≤h≤29.22	C（圆砾）	无	黏土、粉质黏土、粉土、砂、圆砾	层间潜水距隧道顶部 26.75~27.02 m	8.8	无	无	C_{III}
ZDK9+463.26~ZDK9+595.7（852~962 环）	132.44	26.30≤h≤28.84	E（粉质黏土、圆砾）	无	黏土、粉质黏土、泥炭质土、砂、粉砂、圆砾	层间潜水距隧道顶部 23.94~26.75 m	10.3	侧穿北站铁路工程小区房屋	III	E_{III}

续表2-2

起始里程(环号)	长度/m	隧道埋深/m	掘进范围内土层	特殊地质	上覆土层	地下水位情况	上覆土加权平均 N	建构筑物情况	建构筑物分级	综合划分
ZDK9+595.7~ZDK9+657.96 (962~1014环)	62.26	25.18≤h≤26.30	C(圆砾)	无	黏土、粉土、粉质黏土、砾砂、圆砾	层间潜水距隧道顶部 20.40~23.94 m	11.4	无	无	C_Ⅲ
ZDK9+657.96~ZDK9+739.83 (1014~1083环)	81.87	23.91≤h≤25.18	E(粉质黏土、粉砂、砾砂、圆砾)	无	黏土、粉土、粉质黏土、砾砂、圆砾	层间潜水距隧道顶部 19.36~20.40 m	12.5	无	无	E_Ⅲ
ZDK9+739.83~ZDK9+754.61 (1083~1095环)	14.78	23.50≤h≤23.91	C(圆砾)	无	黏土、粉土、粉质黏土、砂、圆砾	层间潜水距隧道顶部 17.53~19.36 m	11.3	无	无	C_Ⅲ
ZDK9+754.61~ZDK9+781.71 (1095~1118环)	27.10	22.95≤h≤23.50	E(粉质黏土、粉土、圆砾)	无	黏土、粉土、砾砂、圆砾	层间潜水距隧道顶部 17.53~19.43 m	10.7	无	无	E_Ⅲ
ZDK9+781.71~ZDK9+835.26 (1118~1162环)	53.55	21.71≤h≤22.95	C(圆砾)	无	黏土、粉土、粉质黏土、砂、圆砾	层间潜水距隧道顶部 18.28~19.43 m	9.6	无	无	C_Ⅲ
ZDK9+835.26~ZDK9+956.64 (1162~1263环)	121.38	19.91≤h≤21.71	E(粉质黏土、粉土、砂、圆砾)	无	黏土、粉土、粉质黏土、砂、圆砾	层间潜水距隧道顶部 16.30~18.28 m	10.2	下穿北京路北站隧道、地铁2号线	I	E_Ⅰ

表2-3 小~火区间右线隧道组段划分

起始里程(环号)	长度/m	隧道埋深/m	掘进范围内土层	特殊地质	上覆土层	地下水位情况	上覆土加权平均N	建构筑物情况	建构筑物分级	综合划分
YDK8+435.25~YDK8+524.20 (0~74环)	88.95	$10.45 \leq h \leq 12.65$	E(黏土、粉土、圆砾)	无	黏土、泥炭质土、粉砂、圆砾	层间潜水距隧道顶部6.75~9.82 m	10.4	侧穿121数码城	无	E_{III}
YDK8+524.20~YDK8+553.05 (74~99环)	28.85	$12.65 \leq h \leq 12.73$	C(圆砾)	无	黏土、粉土	层间潜水距隧道顶部7.79~8.69 m	11.2	无	无	C_{III}
YDK8+553.05~YDK8+609.90 (99~146环)	56.85	$12.58 \leq h \leq 14.54$	E(黏土、粉砂、砾砂)	无	黏土、粉土、泥炭质土、圆砾	层间潜水距隧道顶部8.24~11.90 m	9.8	无	无	E_{III}
YDK8+609.90~YDK8+749.20 (146~262环)	139.30	$14.54 \leq h \leq 18.38$	E(黏土、泥炭质土、粉砂、圆砾)	无	黏土、砾砂、圆砾	层间潜水距隧道顶部7.42~15.03 m	8.7	侧穿小菜园立交桥	II	E_{II}
YDK8+749.20~YDK8+847.68 (262~344环)	98.48	$18.23 \leq h \leq 20.52$	E(黏土、砾砂、圆砾)	无	黏土、粉砂、砾砂、圆砾	层间潜水距隧道顶部14.45~16.98 m	9.6	无	无	E_{III}
YDK8+847.68~YDK8+970.04 (344~441环)	122.36	$20.52 \leq h \leq 22.97$	C(圆砾)	无	黏土、粉土、砂、砾砂、圆砾	层间潜水距隧道顶部16.98~21.35 m	10.1	侧穿昆明市五华平台华敬老院、殡仪馆	III	C_{III}

续表2-3

起始里程(环号)	长度/m	隧道埋深/m	掘进范围内土层	特殊地质	上覆土层	地下水位情况	上覆土加权平均 N	建构筑物情况	建构筑物分级	综合划分
YDK8+970.04 ~ YDK9+021.41 (441~483 环)	51.37	17.19 ≤ h ≤ 17.94	C(圆砾)	无	粉砂、圆砾	层间潜水距隧道顶部 21.04~21.18 m	11.0	下穿盘龙江	Ⅱ	C_Ⅱ
YDK9+021.41 ~ YDK9+121.05 (483~567 环)	99.64	23.90 ≤ h ≤ 25.43	E(黏土、粉质黏土、圆砾)	无	黏土、粉土、粉砂、砾砂、圆砾	层间潜水距隧道顶部 19.75~22.52 m	12.2	下穿昆北铁路新村小区房屋	Ⅲ	E_Ⅱ
YDK9+121.05 ~ YDK9+175.53 (567~612 环)	54.48	25.43 ≤ h ≤ 26.41	C(圆砾)	无	粉质黏土、泥炭质土、圆砾	层间潜水距隧道顶部 21.25~22.64 m	9.7	下穿昆北铁路新村小区房屋	Ⅲ	E_Ⅲ
YDK9+175.53 ~ YDK9+300.57 (613~717 环)	125.04	26.29 ≤ h ≤ 28.94	E(粉质黏土、粉土、粉砂、砾砂、圆砾)	无	黏土、粉土、粉砂、圆砾	层间潜水距隧道顶部 21.25~25.17 m	8.5	下穿距昆北铁路新村小区房屋，下穿万华路	Ⅲ	E_Ⅲ
YDK9+300.57 ~ YDK9+386.95 (717~789 环)	86.38	28.94 ≤ h ≤ 30.55	C(圆砾)	无	黏土、粉土、粉砂、砾砂、圆砾	层间潜水距隧道顶部 25.17~28.07 m	11.3	无	无	C_Ⅲ
YDK9+386.95 ~ YDK9+439.00 (789~832 环)	52.05	30.55 ≤ h ≤ 31.53	E(粉土、圆砾)	无	黏土、粉质黏土、粉砂、圆砾	层间潜水距隧道顶部 28.07~29.52 m	10.8	无	无	E_Ⅲ

续表2-3

起始里程(环号)	长度/m	隧道埋深/m	掘进范围内土层	特殊地质	上覆土层	地下水位情况	上覆土加权平均N	建构筑物情况	建构筑物分级	综合划分
YDK9+439.00~YDK9+463.26 (832~852环)	24.26	31.53≤h≤32.00	C(圆砾)	无	黏土、粉质黏土、粉砂、圆砾	层间潜水距隧道顶部 29.52~29.91 m	11.7	无	无	C_{III}
YDK9+463.26~YDK9+509.17 (852~891环)	45.91	32.00≤h≤32.87	E(粉质黏土、圆砾)	无	黏土、粉质黏土、泥炭质土、粉砂、圆砾	层间潜水距隧道顶部 28.91~29.91 m	10.6	侧穿北站铁路工程小区房屋	III	E_{III}
YDK9+509.17~YDK9+588.02 (891~956环)	78.85	32.87≤h≤33.95	C(圆砾)	无	黏土、粉质黏土、泥炭质土、粉砂、圆砾	层间潜水距隧道顶部 28.91~31.42 m	12.1	无	无	C_{III}
YDK9+~588.02 YDK9+764.09 (956~1103环)	176.07	31.27≤h≤33.95	E(粉质黏土、粉土、圆砾)	无	黏土、粉质黏土、泥炭质土、粉砂、圆砾	层间潜水距隧道顶部 6.86~31.42 m	11.3	侧穿、下穿北站铁路小区房屋	III	E_{III}
YDK9+764.09~YDK9+793.80 (1103~1128环)	29.71	30.62≤h≤31.25	C(圆砾)	无	黏土、粉质黏土、砾砂、圆砾	层间潜水距隧道顶部 25.94~27.90 m	10.2	侧穿、下穿北站铁路小区房屋	III	C_{III}
YDK9+~793.80 YDK9+956.64 (1128~1263环)	162.84	27.91≤h≤30.62	E(粉质黏土、粉土、圆砾)	无	黏土、粉质黏土、砂、圆砾	层间潜水距隧道顶部 24.30~25.94 m	9.8	下穿北京路北站隧道，地铁2号线	I	E_I

第3章

上下叠落盾构隧道掘进富水圆砾地层变形及控制试验研究

为了确保昆明地铁4号线小—火区间顺利下穿地铁2号线，在进行地质组合划分的基础上，开展了盾构隧道施工监测试验段方案比选，确定了下穿前试验段区段。然后，对下穿前盾构掘进试验段的地层变形情况进行监控测量，通过分析数据结果揭示了上下叠落盾构隧道掘进过程中富水圆砾地层变形特征，以及盾构掘进参数与地层变形的相互关系。

3.1　监测试验段比选

试验段应为重叠下穿段提供渣土改良参数、掘进参数等依据，因此选取的试验段应与实际重叠下穿段地质情况相似，且地表应开阔，便于安装地层变形监测设备。在地质组段划分和多次现场踏勘的基础上，对小—火区间隧道地表环境和水文地质条件进行了系统分析，共拟定4个试验段对比方案，最后通过比选确定最终的试验段方案。

1. 方案1

方案1选取右线第75~95环（左线第75~96环）处（见图3-1），该处左线侧穿小菜园加油站，地面较为开阔，盾构左线地表为密集的灌木绿化带；右线隧道一半位于米轨下方，一半位于人行道下方，隧道上方均无车辆经过（见图3-2）。根据地质资料显示（见图3-3），左右线均通过全断面圆砾地层，该试验段方案可为重叠下穿时左线提供掘进参数依据，但盾构通过该试验段时间较早，试验段准备时间较短，且和下穿段比较，该处埋深较浅。

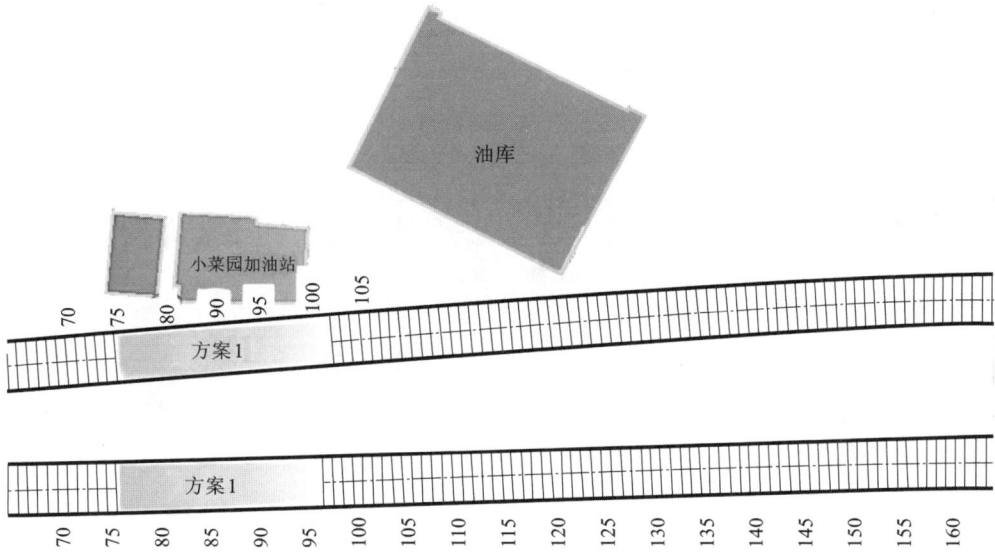

图 3-1　方案 1 平面图

图 3-2　方案 1 地面情况

图例：
- 杂填土
- 黏土
- 粉土
- 砾砂
- 粉质黏土
- 圆砾

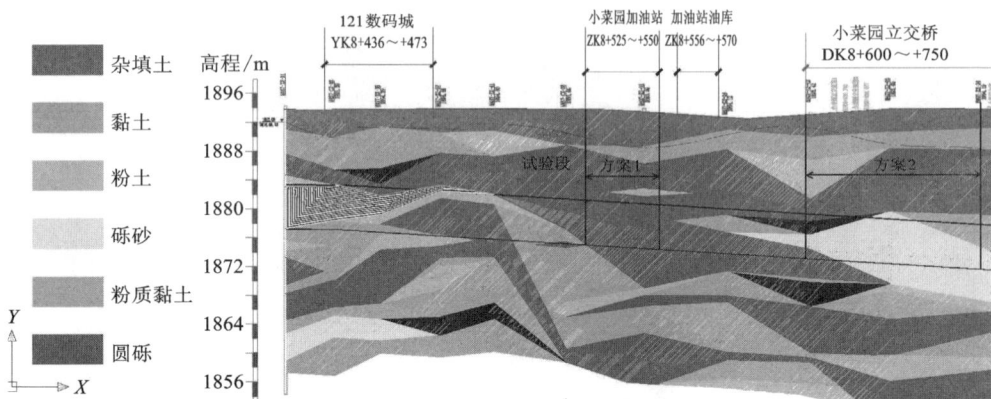

图 3-3　方案 1 地质纵断面图

2. 方案 2

方案 2 选取右线盾构隧道第 260～305 环侧穿云南海特科技创业中心楼处（见图 3-4），该处左线地表不具有监测条件，右线（见图 3-5）地表为米轨和绿化带，地面监测环境良好，但右线左侧有一排水箱涵，箱涵建设时在其边缘打设了钢板桩，箱涵会对监测数据产生影响。该处右线盾构穿越地层主要为圆砾，下方存少量黏土，上方存少量砾砂（见图 3-6），右线埋深为 19 m（下穿段左线埋深为 21 m），地下水位高为 15 m（下穿段水位高为 17.8 m），与下穿段左线地质情况相似。因此，该试验段数据可为左线盾构掘进提供依据。

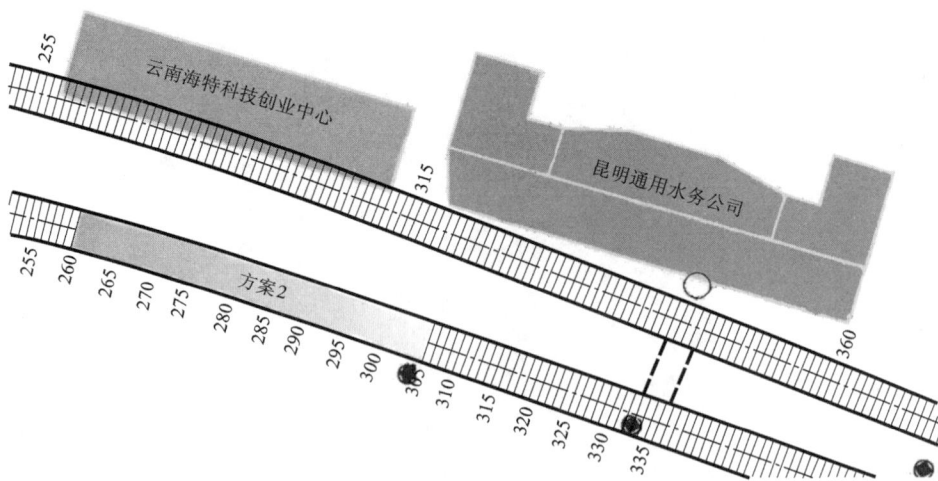

图 3-4　方案 2 右线平面图

图 3-5　方案 2 右线地面情况

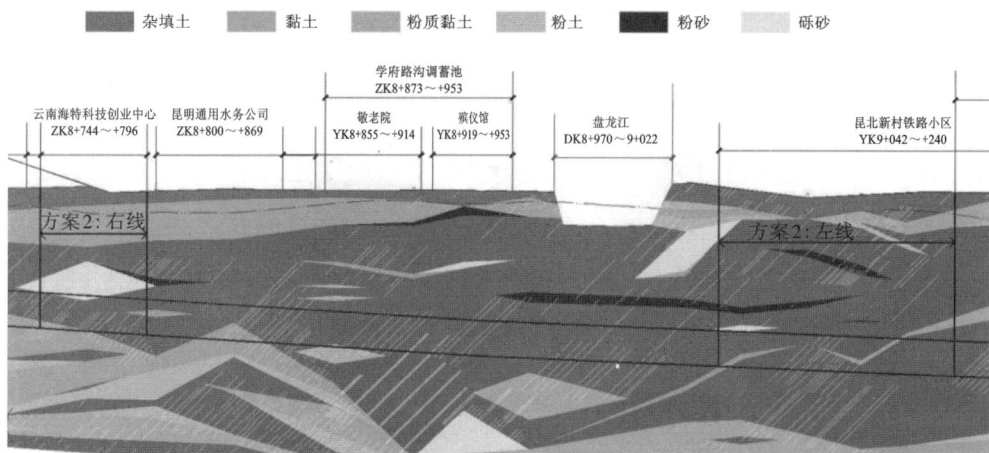

图 3-6　方案 2 地质纵断面图

3. 方案 3

并行段试验段选取左线第 785 ~ 830 环、右线第 760 ~ 870 环，左线隧顶右侧和右线隧顶左侧为米轨（见图 3-7）。该段左线为上坡掘进，右线为下坡掘进，左线隧顶地面开阔，但测量范围内存在围墙阻隔，墙内外两侧测量需绕行约 1.2 km；右线隧顶开阔，测量路径亦存在围墙阻隔（见图 3-8）。左右线主要穿越圆砾地层，中间有一段粉质黏土夹层，该段情况与下穿既有线段右线穿越地质类似，其他与下穿既有线段左线穿越地层类似(见图 3-9)。左线埋深为 29 ~ 28 m (下穿段左线埋深为 21 m)，地下水位高为 27.6 m(下穿段左线水位高为 17.8 m)；右线埋深为 29 ~ 28 m(下穿段右线埋深为 29 m)，地下水位高为 27.6 m(下穿段右线地下水位高为 25.7 m)。

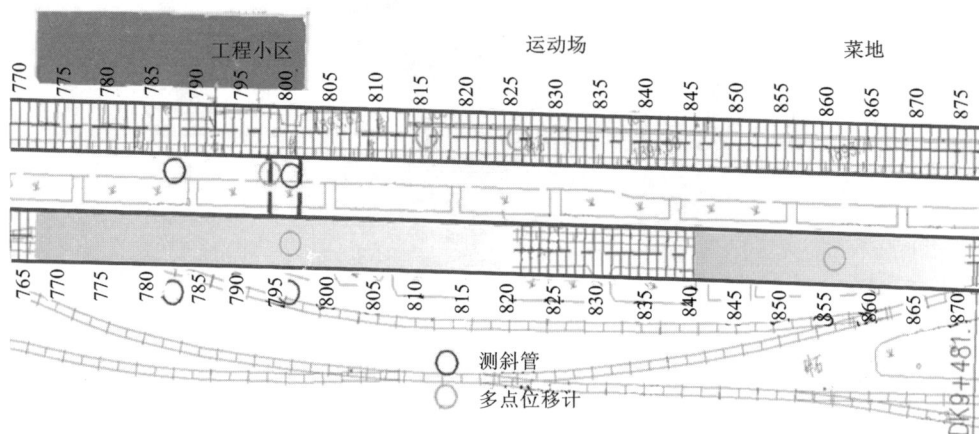

图 3-7　方案 3 平面图

图 3-8　方案 3 地面情况

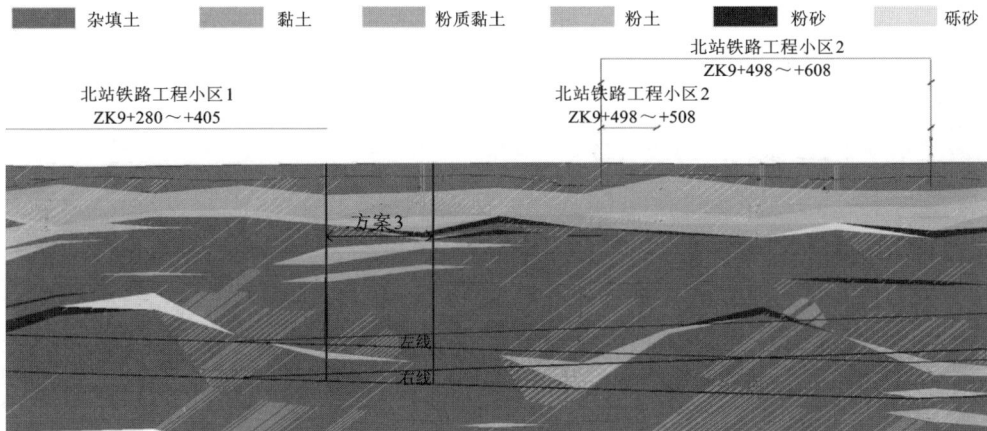

图 3-9　方案 3 地质纵断面图

4. 方案 4

方案 4 试验段（见图 3-10）选取右线第 1158～1168 环（左线第 1164～1173 环）处，该处地面为城市道路，车辆较少，测量条件良好（见图 3-11）。试验段地质纵断面图见图 3-12，试验段右线埋深为 21.6 m，地下水位高度为 18.4 m，全断面为圆砾地层；左线埋深为 29.6 m，地下水位高度为 26.4 m。穿越的地层情况如下：上部为圆砾地层，中部为砾砂地层，底部为粉质黏土地层。该段仅 10 环，地面条件良好，可作为试验段，但该处距离较短，盾构穿越该段后立即下穿北站隧道和地铁 2 号线，分析时间短，来不及应对下穿条件验收等工作。

综上所述，各方案优缺点见表 3-1。方案 1 和方案 4 由于路面交通因素均存在时间段问题，且试验段长度短，获取数据较少，盾构掘进参数调整周期时间短，不便于掘进参数分级调整。方案 2 右线含有下穿段未揭露的黏土，且临近隧道处有河流或箱涵，会影响地表变形监测；方案 3 地表监测虽然需要协调，但客观不利因素最少，且试验段左线与重叠下穿段都为上坡掘进，获取数据更具有参考意义。根据比选，最终选取方案 3 为试验段。该试验段从地层岩性、盾构姿态、盾构埋深等各方面与地铁 4 号线下穿地铁 2 号线段有较高吻合度，因此能够通过试验段的监测结果来制订相应方案，为下穿地铁 2 号线提供参考。

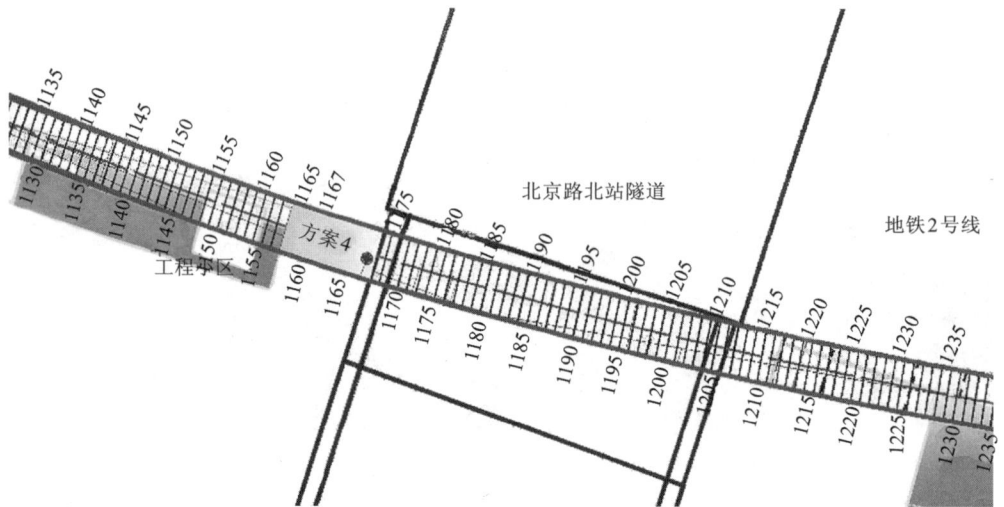

图 3-10　方案 4 平面图

图 3-11　方案 4 地面情况

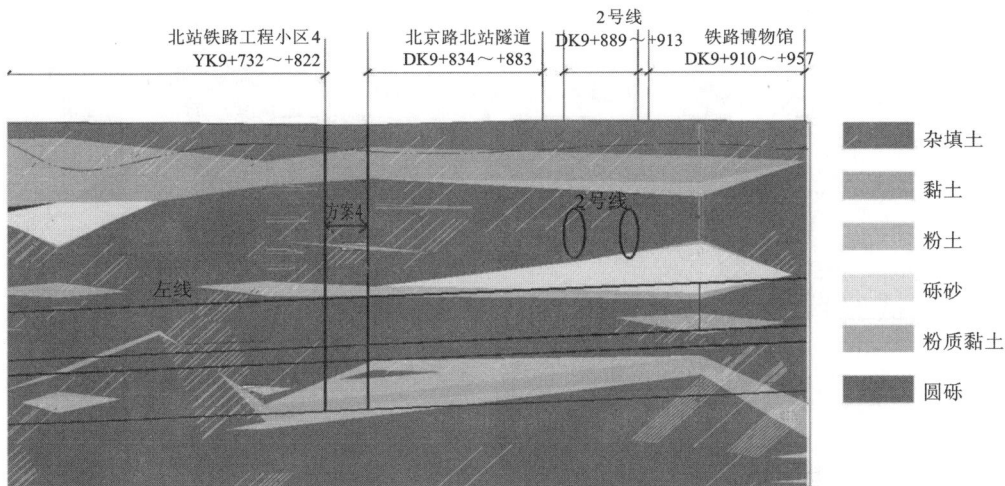

图 3-12　方案 4 地质纵断面图

表 3-1　各试验段方案优缺点

方案	环号	优点	缺点
1	右线：75～95 环 左线：75～96 环	①地表开阔，干扰少，测试条件良好 ②穿越地层类型与下穿段左线相似	①盾构始发后短时间内到达该试验段，准备时间短 ②与下穿段相比，该试验段埋深较浅
2	右线：260～305 环 左线：500～580 环	①地表开阔，无干扰，测试条件良好 ②试验段长，可获取更多数据 ③穿越地层类型与下穿段相似	①右线试验段左侧有箱涵，左线试验段左侧有河流，一定程度上影响测试数据 ②右线穿越地层中夹有透镜状黏土，下穿段未见该类土层 ③两试验段分开，测试原件需要分开埋设
3	右线：783～797 环 左线：787～801 环	①试验段长，可获取更多数据 ②左线为上坡掘进，与下穿段一致 ③与下穿段地层相似度高	①地面条件有钢格栅围栏和植被遮挡，创造同视条件需要后期协调 ②相比下穿段，埋深较深 ③与下穿段地质条件较为类似

续表3-1

方案	环号	优点	缺点
4	右线：1158～1167 环 左线：1164～1173 环	①试验段为重叠段，与下穿段一致 ②地质和下穿段相似度高	①试验段短，可获取数据少 ②试验段过后立刻下穿北站隧道，接着下穿地铁 2 号线，掘进参数分析时间短

3.2　试验段施工控沉措施

3.2.1　盾构壁后注浆控沉技术

壁后注浆包括同步注浆和二次注浆，其中同步注浆依靠同步注浆系统及盾尾的注浆管，与盾构向前推进盾尾脱离管片同时进行，浆液在盾尾空隙形成的瞬间及时起到充填作用，从而使周围岩体获得及时的支撑，可有效地防止岩体的坍陷，控制地表的沉降。注浆材料是关系注浆成败的关键之一，它直接影响注浆成本、注浆效果、注浆工艺。为此，结合昆明地铁 4 号线小—火区间的地质条件，开展试验研究，选择最适宜的注浆材料，根据拟定的技术指标，寻求最优配合比设计。

1. 壁后注浆材料优化设计

（1）参考标准

①《建筑砂浆基本性能试验方法》（JGJ/T 70—2009）[75]。

②《普通混凝土拌合物性能试验方法标准》（GB/T 50080—2016）[76]。

③《土工试验规程》（SL 237—1999）[77]。

④《水下不分散混凝土试验规程》（DL/T 5117—2000）[78]。

⑤《水泥胶砂流动度测定方法》（GB/T 2419—2005）[79]。

⑥《水泥胶砂强度检验方法（ISO 法）》（GB/T 17672—1999）[80]。

（2）注浆浆液选择

盾尾注浆浆液的种类有很多，从浆液性质角度，可分为惰性浆液和活性浆液。惰性浆液是由粉煤灰、砂、石灰膏、水和外加剂等拌和而成，浆液中不含水泥等凝胶物质。活性浆液是由粉煤灰、砂、水泥、水和外加剂等拌和而成，具备一定的早期强度和后期强度。惰性浆液强度、初凝时间、和易性和含水量密切相关，活性浆液的这些指标与水灰比密切相关。

从浆液组成角度，可分为单液浆和双液浆。双液浆包含 A 液和 B 液两种浆液，其中 A 液是含有水泥的砂浆，B 液是速凝剂（一般为水玻璃）。根据 A 液和

B 液的配比不同可以控制混合后浆液的硬化时间。双液浆均是活性浆液，其初凝时间很短，最小可达到 10 s 以内。单液浆不管是惰性浆液还是活性浆液，其凝结时间一般都很长，在几个小时以上。

先前施工的昆明地铁 4 号线苏家塘站—小菜园站区间穿越地层以黏土、粉砂、全风化或强风化白云质灰岩为主，地下水位埋深较浅，地层渗透性中等。该区间采用的壁后注浆材料为单液硬性浆，包括水泥、膨润土、粉煤灰、砂、水，各部分配比及技术指标见表 3-2。现场应用效果显示，注浆效果比较理想，能有效地控制地层沉降及管片上浮情况。

表 3-2　现有浆液配比及技术参数

水泥 /kg	膨润土 /kg	粉煤灰 /kg	砂 /kg	水 /kg	生石灰 /kg	密度 /(kg·m³)	3d 抗压强度 /MPa	28d 抗压强度 /MPa
200	80	300	800	420	30	1880	1.9	5.6

由于小—火区间穿越区域大部为富水圆砾地层，地下水位较高，地层渗透性强。注浆浆液不仅要具有良好的和易性、填充性能、早期强度等，而且对浆液的保水性要求更高。普通的单液砂浆一般采用膨润土来获得较高的稳定性，但在高水压富含水条件下灌注很容易造成离析、浆液流失、灌注不均匀、不密实等现象，达不到背衬注浆要求的效果。因此，本区间拟采用优化配合比的单液快硬性注浆材料，以实现快速充填，保水性强，不离析，倾析率小等性能。

研究同步注浆的惰性单液快硬性注浆材料配比优化，以期通过优化设计的方法，对比不同配比浆液的性能指标，综合多种因素得到最优性能的浆液材料配比，以期对地铁 4 号线下穿过程中地铁 2 号线沉降进行有效控制。

（3）试验目的及要求

经过大量试验研究及相关资料分析，在富水强渗透性地层盾构快速掘进中，同步注浆的材料需要满足如下要求：①充填性好，不流窜到盾尾空隙以外的其他区域，不漏失到掘削面及围岩土体中去。②浆液流动性好、离析少。③浆液应不被地下水稀释。④材料分离少，以便能长距离压送。⑤壁后注浆填充后，早期强度与原状土的强度相当。⑥浆液硬化后体积收缩率和渗透系数要小。⑦无公害、价格便宜。具体技术性能要求见表 3-3，其中最重要的是充填性、流动性及不向盾尾以外的区域流失等特性，满足这些特性是实现壁后注浆目标的关键所在。

表 3-3 同步注浆材料性能指标

检验项目	技术性能要求
胶凝时间/h	初凝 3~5，终凝 4~10
固结体强度/MPa	一天不小于 0.2，28 d 不小于 2.5
浆液稠度/cm	9~13
泌水率/%	泌水率小于 5
浆液稳定性/%	静置不沉淀、不离析或在胶凝时间内静置沉淀离析少，倾析率小于 5
浆液固结率/%	固结收缩率小于 5
砂浆密度/(g·cm⁻³)	1.15~1.30
浆液流动性/mm	初始大于 250，6 h 内 200~250，8 h 后约为 190

2. 壁后注浆材料配合比试验

（1）均匀试验设计方法简介

其中膨水比为膨润土与水的含量之比，减水剂为减水剂含量所占胶凝材料的百分数，粉灰比为粉煤灰与水泥的含量之比。

均匀设计是由中国统计学家方开泰教授和中科院院士王元首创，是处理多因素多水平试验设计的首选方法，可用较少的试验次数，完成复杂的科研课题和新产品的研发。均匀设计将试验点在高维空间内充分均匀分散，使数据具有更好的代表性，为揭示规律创造必要条件。当变量和水平数少于 4 个时，试验设计用户易于选择，适用的方法较多，如正交试验设计、回归正交试验设计、旋转设计、D-最优设计等，试验次数通常是十几个，用户能够接受。但当描述复杂自然现象和探讨复杂规律，且实验因素和水平在 5 个以上时，用上述方法试验次数会剧增，使用户难以接受，只好简化条件或是取消试验考察。

均匀设计的最大特点是，试验次数可以等于最大水平数，而不是实验因子数平方的关系，试验次数仅与需要考察的因子个数有关，但一般来说，试验次数选为实验因子个数的 3 倍左右为宜，有利于建模和优化。

（2）确定试验方案

将根据工程常用注浆材料的分析，单液硬性浆的影响因子可分为 4 个，分别是水胶比、胶砂比、膨水比、粉灰比。参考我国类似地层盾构隧道同步注浆材料配比（见表 3-4），并结合小—火区间隧道盾构段实际情况，初步选择主要由水泥、粉煤灰、膨润土、砂和水组成的单液类活性水泥砂浆注浆材料作为注浆研究方向。为了分析各影响因子对浆液施工性能的影响以及寻求最优配合比设计，对每个影响因子设定了 5 水平的试验。如果采用正交设计的方法来安排试验，则至少需要进行 180 次试验。显然这个试验量是很大的，因此本研究采用了均匀设计的试验方法，可有效避免过多的试验次数。

表 3-4　国内部分工程实例采用单液型活性水泥砂浆同步注浆材料配比

项目编号	水泥 /kg	粉煤灰 /kg	膨润土 /kg	砂 /kg	水 /kg	外加剂 /kg	其他
成都地铁	120~260	241~381	70~80	779	460~470		
广州地铁 3 号线	122	223	248 黏土	910	248	2.5 减水剂	
广州地铁 4 号线	240	320	30	1100	470	2.5 减水剂	
广州地铁	120	381	54	779	465		
南京地铁 15 标 （洞门段）	225	400	50	1000	245	0~2 膨胀剂	
南京地铁 15 标 （区间段）	100	300	75	1350	225	0~2 膨胀剂	
上海地铁 11 号线	100	360	20	400	210		
深圳地铁 1 号线	180	310	37	875	310	2.5 减水剂	
重庆排污过江隧道 （始发段）	120	381	54	779	344		
重庆排污过江隧道 （区间段）	80	381	60	779	460		
重庆排污过江隧道 （到达段）	160	341	56	779	324		
武汉长江隧道	80~260	241~381	50~60	779	460~470		
南水北调中线 一期穿黄工程	187	313	37.5	770	375	4.25 减水剂	
台山核电取水隧洞	198	351	60	829	358	3.65 减水剂	纤维絮凝剂

根据表3-4统计数据并结合小—火区间盾构隧道实际情况，确定水泥取值范围为100～180 kg，粉煤灰取值范围为320～480 kg，膨润土取值范围为40～120 kg，砂的取值范围为650～850 kg，水的取值范围为300～400 kg。通过设计以水泥、粉煤灰、膨润土、砂、水这五个因素的均匀试验，开展密度、稠度、流动度、泌水率、凝结时间、砂浆试件抗压强度、砂浆试件抗折强度等试验。考虑到试验次数选为实验因子个数的3倍左右为宜，故安排15组试验，即5因素15水平均匀设计，选用U15(55)均匀设计表安排试验，设计试验见表3-5。

表3-5　各浆液材料配比参数表

配比编号	水泥/kg	粉煤灰/kg	膨润土/kg	砂/kg	水/kg	配比
1	100	320	100	700	350	1 : 3.2 : 1 : 7 : 3.5
2	100	400	60	700	400	1 : 4 : 0.6 : 7 : 4
3	100	480	80	850	325	1 : 4.8 : 0.8 : 8.5 : 3.25
4	120	360	40	750	325	1 : 3 : 0.33 : 6.25 : 2.71
5	120	400	120	650	300	1 : 3.33 : 1 : 5.42 : 2.5
6	120	440	100	800	375	1 : 3.67 : 0.83 : 6.67 : 3.13
7	140	340	60	800	400	1 : 2.43 : 0.43 : 5.71 : 2.86
8	140	360	120	850	350	1 : 2.57 : 0.86 : 6.07 : 2.5
9	140	480	40	650	350	1 : 3.43 : 0.29 : 4.64 : 2.5
10	160	360	80	650	375	1 : 2.25 : 0.5 : 4.06 : 2.34
11	160	440	60	800	300	1 : 2.75 : 0.38 : 5 : 1.88
12	160	480	120	750	400	1 : 3 : 0.75 : 4.69 : 2.5
13	180	340	80	750	300	1 : 1.89 : 0.44 : 4.17 : 1.67
14	180	400	40	850	375	1 : 2.22 : 0.22 : 4.72 : 2.08
15	180	440	100	700	325	1 : 2.44 : 0.56 : 3.89 : 1.81

3.试验结果分析

根据上述均匀试验设计的方法，得出的实验结果见表3-6。

表 3-6　均匀设计试验结果

组号	密度/(kg·m⁻³)	稠度/cm	流动度					泌水率/%	凝结时间	抗压强度/MPa	
			初始	2 h	4 h	6 h	8 h			1 d	28 d
1	2.02	14.2	30.0	27.4	23.7	22.7	21.4	1.1	9 h 30 min	0.16	1.97
2	2.03	14.4	30.0	27.2	26.8	26.5	25.3	3.1	13 h 45 min	0.05	1.12
3	2.13	12.2	28.4	23.2	19.3	18.4	17.6	0.3	10 h 45 min	0.19	1.8
4	2.07	13.9	30.0	27.1	26.1	25.7	24.8	2.5	9 h 45 min	0.33	2.65
5	2.08	10.1	25.0	17.7	14.9	15.0	13.8	0.1	9 h 15 min	0.27	2.78
6	2.08	13.0	28.5	21.4	20.1	19.3	18.0	1.2	9 h	0.24	2.49
7	2.06	14.3	30.0	29.0	27.5	26.3	25.5	4.1	9 h 45 min	0.24	1.45
8	2.13	12.6	28.6	20.3	18.8	17.8	15.5	0.5	9 h 15 min	0.13	2.07
9	2.06	13.1	29.0	23.5	22.8	21.0	18.7	2.7	8 h	0.27	3.02
10	2.00	13.5	30.0	24.3	20.5	18.5	17.0	2.7	9 h 15 min	0.48	3.54
11	2.16	10.4	24.5	19.8	19.5	14.5	13.5	1.3	8 h 45 min	0.86	4.78
12	2.03	12.9	29.5	20.4	17.6	15.5	14.1	1.6	9 h 15 min	0.48	3.46
13	2.10	11.3	24.9	19.3	16.5	14.4	12.9	1.4	5 h 45 min	1.05	5.27
14	2.07	13.1	30.0	24.5	22.3	19.8	17.8	3.2	8 h 30 min	0.71	4.15
15	2.12	6.7	17.7	13.5	12.0	10.8	10.3	0.2	4 h 30 min	1.64	7.63

（1）各组分对浆液性能影响原因分析

首先进行注浆材料各组成成分对于流动度、泌水率、凝结时间、抗压强度影响的原因分析。壁后注浆材料组成成分中的水作为浆液的关键成分，影响浆液性能的各项指标。水的添加量至关重要，水的添加量多，则浆液流动性大，凝结时间延长，泌水率高，早期强度相对较低，浆液流动性的损失快；水的添加量少，则浆液流动性小，凝结时间短，泌水率低，体积收缩率低，甚至用于与胶凝材料反应的水过少时，根本就没有流动性。

水泥作为单液硬性浆不可缺少的组成成分之一，属于胶凝材料。水泥净浆具有结石体强度高，既可防渗又可加固地基，无毒性和环境污染问题，因而被广泛应用，但水泥浆析水性大，稳定性差，可灌性较差，且胶凝时间不长。因此，使用粉煤灰替代部分水泥的方法，既可降低泌水率，提高稳定性，减少体积收缩，也可降低成本。

　　与水泥一样，粉煤灰也是粒状材料，在水中容易沉积。在纯水泥浆液中加入粉煤灰可以代替砂作为填充物，同时在水泥作用下的粉煤灰也具有胶凝性，这有利于提高浆液结石体强度。掺入了粉煤灰的注浆材料具有流动性能好、便于施工、减少施工设备磨损和提高抗渗性等优点。但粉煤灰仍然存在以下缺点：①活性较低，因而胶结特性不好；②早期强度偏低，使其在注浆工程中的应用受到了限制。以粉煤灰代替部分水泥形成的水泥–粉煤灰浆液与纯水泥浆相比，可以改善水泥注浆材料的一些缺点，既满足技术可行性，又有一定的经济合理性。

　　膨润土属于溶胀材料，其溶胀过程将吸收大量的水，使砂浆中的自由水减少，导致砂浆流动性降低，流动性损失加快，凝结时间缩短，泌水率和体积收缩率降低；膨润土为类似蒙脱石的硅酸盐，主要具有柱状结构，因而其水解以后，在砂浆中可形成卡屋结构，增大砂浆的稳定性，同时其特有的滑动效应，在一定程度上提高砂浆的滑动性能，增大可泵性，可在一定程度上防止堵管。

　　（2）配合比优化

　　同步注浆材料由于其施工的特殊性，浆液需要满足短时间内可泵性好，浆液注入后，又能较快地凝结，并具有一定的早期强度，面对这种具有两个以上目标的问题，研究一般会采用多目标规划法进行分析求解。它是运筹学中的一个重要分支，是在线性规划的基础上，为解决多目标决策问题而发展起来的一种科学管理的数学方法。任何多目标规划问题，都由两个基本部分组成：①两个以上的目标函数；②若干个约束条件。

　　本研究中采用 fmincon 函数进行砂浆配比优化。硬性浆液在实际施工中，强度和泌水率一般能达到要求，但人们最关注的是浆液注入前的堵管问题及浆液注入后尽快发挥的强度问题，根据实际工程中浆液一般在拌制完后 2.5 h 后才会开始注入，在这个过程中，浆液在带有低转速叶轮的运浆车及储浆箱中，每一环注浆时间约为 1 h，为了防止浆液堵塞注浆管路系统，浆液的凝结时间宜为 8 h 左右。故认为浆液达到以下要求，即可认为浆液的性能达到最优：

　　①浆液的初始稠度应为 9 ~ 13 cm。

　　②浆液的初始流动度值应大于 25 cm。

　　③浆液 4 h 后的流动度值应不小于 20 cm，8 h 后的流动度值不小于 16 cm。

　　④浆液的泌水率应小于 5%。

　　⑤浆液的 1 d 强度应大于 0.2 MPa。

　　⑥浆液的 28 d 天强度应大于 2.5 MPa。

　　根据浆液最佳凝结时间，得到目标函数：

$$\min \left| f_{凝结时间} - 8 \right| = 125.0102 - 182.38x_1 - 126.479x_2 - 135.846x_3 + 61.842x_1^2$$
$$+ 123.88x_1x_2 + 88.432x_1x_3 + 111.207x_2x_3 + 6.202x_2x_4$$
$$+ 82.013x_3^2 - 13.088x_3x_4 \tag{3-1}$$

式中：x_1 是水胶比；x_2 是胶砂比；x_3 是膨水比；x_4 是粉灰比。

为了提高本注浆材料配比优化试验的实用性，获取更高的经济效益，考虑优化后的砂浆配比注浆成本不高于目前现场采用砂浆配比的注浆成本原则。砂浆各材料的市场价格见表 3-7。

表 3-7　浆液各原材料市场价格

水泥/(元·t^{-1})	粉煤灰/(元·t^{-1})	膨润土/(元·t^{-1})	砂/(元·m^{-3})
290	244	330	122

实际施工中，每环的注浆量按方量来计算，由试验结果可知，各配比的单液浆浆液的密度为 2.03 ~ 2.16 kg/L，因此，将每环的注浆量近似按照质量计算，浆液各原材料的密度见表 3-8，得到每 1000 kg 浆液各材料组分的质量(水泥、粉煤灰、膨润土、砂、水的质量分别用 C、F、B、S、W 表示)。

表 3-8　浆液各原材料密度

水泥/(g·cm^{-3})	粉煤灰/(g·cm^{-3})	膨润土/(g·cm^{-3})	砂/(g·cm^{-3})
2.60	2.40	2.20	2.50

水泥的质量：

$$C = \frac{1000x_2}{(x_2 + x_1 x_2 x_3 + 1 + x_1 x_2)(1 + x_4)} \tag{3-2}$$

粉煤灰的质量：

$$F = \frac{1000x_2 x_4}{(x_2 + x_1 x_2 x_3 + 1 + x_1 x_2)(1 + x_4)} \tag{3-3}$$

膨润土的质量：

$$B = \frac{1000x_1 x_2 x_3}{x_2 + x_1 x_2 x_3 + 1 + x_1 x_2} \tag{3-4}$$

砂的质量：

$$S = \frac{1000}{x_2 + x_1 x_2 x_3 + 1 + x_1 x_2} \tag{3-5}$$

水的质量：

$$W = \frac{1000x_1 x_2}{x_2 + x_1 x_2 x_3 + 1 + x_1 x_2} \tag{3-6}$$

式中：x_1 是水胶比；x_2 是胶砂比；x_3 是膨水比；x_4 是粉灰比。

经过计算，现场采用的单液型活性水泥砂浆的成本为 123.7 元/t，因此，同步注浆材料对应的成本约束条件如下式：

$$c_{成本}=\frac{290x_2+244x_2x_4+330x_1x_2x_3(1+x_4)+48(1+x_4)}{(x_2+x_1x_2x_3+1+x_1x_2)(1+x_4)}-123.7\leqslant0 \quad (3-7)$$

在 MATLAB 优化工具箱中，输入以上约束条件，得出浆液的优化配比见表 3-9，该配比的注浆成本为 115.9 元/t。

表 3-9　最优配合比

水/kg	粉煤灰/kg	膨润土/kg	砂/kg	水/kg	配比
175.8	501.6	52.4	861.8	408.2	1：2.56：0.30：4.90：2.32

（3）配合比优化结果验证

分别采用优化后的配比和现场实际采用的配合比进行砂浆试验，以验证配比优化试验的正确性和有效性。试验结果见表 3-10。

表 3-10 最优配合比验证试验结果

砂浆配比	稠度/cm	流动度					泌水率/%	凝结时间	抗压强度/MPa	
		初始	2 h	4 h	6 h	8 h			1 d	28 d
基准	11.1	26.0	16.5	15.0	13.5	12.5	1.3	8 h 45 min	0.43	3.25
最优	12.5	29.0	25.5	23.8	21.2	19.0	1.7	8 h 15 min	0.58	4.32

由表 3-10 可知，和现场实际采用的配合比相比，采用最优配合比砂浆的流动度、凝结时间、抗压强度性能均有明显改善，泌水率则略有增大，但小于 5%。现场实际配比砂浆的流动度经时损失性较大，无法满足表 3-3 提出的注浆浆液的各项物理性能指标要求，最优配比的试验结果则达到了以上要求。优化配比试验的正确性与有效性获得了验证。

根据均匀试验及优化试验的结果，对于昆明地区富水圆砾地层盾构掘进工况，推荐选用水泥：粉煤灰：钠基膨润土：砂：水＝1：2.56：0.30：4.90：2.32 配合比的浆液。最优配合比砂浆的流动度、凝结时间、抗压强度性能相对于原设计配比砂浆均有明显改善，可弥补其流动度经时损失性较大的不足。

4.减水剂对浆液材料性能的影响

基于均匀试验设计结果，以得出的最优配合比为基础，拟添加外加剂，分析外加剂对浆液材料性能的影响，进一步提升其性能。

（1）减水剂物理性能分析

高效减水剂是高分子表面活性剂，并且有强的固-液界面活性作用。在水泥分散体系中，它们能吸附在水泥粒子表面，并形成带负电的强电场，使水泥胶凝体分散，因此极大提高水泥浆体的流动性。相反，它们的气-液表面活性弱，几乎不降低水的表面张力，因此起泡作用很小，对水泥砂浆无引气作用。当与基准水泥砂浆保持相同流动度时，添加高效减水剂可大幅度减少水泥砂浆的用水量，并且减水率随着添加量的增加而提高。

（2）试验方案

减水剂含量应适宜，减水剂含量过少，则不能起到缩短凝结时间、提高强度的作用；如减水剂含量过多，除了造成浪费，会使浆液的泌水率过大。因此需要进行对比试验确定减水剂添加的量。基于其他工程实例及文献资料，认为减水剂添加量在1%以下较为合适。因此本次试验基于采用MATLAB工具箱优化得出的配比做了四组不同减水剂含量的配比，其减水剂含量分别占浆液总质量的0.1%、0.2%、0.4%、0.8%。其基本材料组成见表3-11。

表3-11 不同减水剂添加量的浆液配比

组号	水泥/kg	粉煤灰/kg	膨润土/kg	砂/kg	水/kg	减水剂/kg
1	87.9	250.8	26.2	430.9	204.1	—
2	87.9	250.8	26.2	430.9	204.1	1
3	87.9	250.8	26.2	430.9	204.1	2
4	87.9	250.8	26.2	430.9	204.1	4
5	87.9	250.8	26.2	430.9	204.1	8

（3）试验结果分析

开展密度、泌水率、流动度、凝结时间、抗压强度等物理性能试验。当减水剂含量为0.8%时，由于水泥胶凝体过度分散，不能对细砂形成包裹作用，引起浆液离析率过大，导致试验无法进行（见图3-13），故剔除该组试验。

图3-13 减水剂添加量为0.8%拌置的浆液

添加减水剂后，浆液的泌水率均有显著增加，且随着减水剂含量的增加呈递增趋势，当减水剂加到0.4%后，泌水率达到10.4%；浆液的流动度随着减水剂含量的增加呈一定递增趋势，当减水剂添加量为 0.4% 时，凝结时间已接近 10 h；浆液的 1 d 与 28 d 强度随减水剂添加量的增加先增加后减小，均在添加量为 0.1% 时达到最高值，超过 0.1% 后递减，但变化幅度较小，仅为 5% 左右(见表 3-12，图 3-14～图 3-19)。

表 3-12　不同减水剂添加量下的试验结果

添加量	稠度/cm	流动度					泌水率/%	凝结时间	抗压强度/MPa	
		初始	2 h	4 h	6 h	8 h			1 d	28 d
0	12.5	29.0	25.5	23.8	21.2	19.0	1.7	8 h 15 min	0.58	4.32
0.1%	13.1	30	26.2	24.2	22.9	20.1	2.0	7 h 45 min	0.65	4.82
0.2%	13.4	30	27	25.5	22.5	20.5	4.2	9 h 15 min	0.60	4.77
0.4%	14.2	30	28.2	26.1	24.8	22.5	10.4	10 h 15 min	0.54	4.19

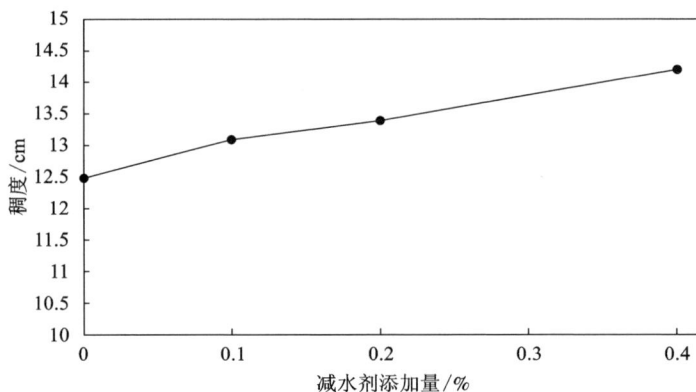

图 3-14　浆液稠度与减水剂添加量关系变化曲线

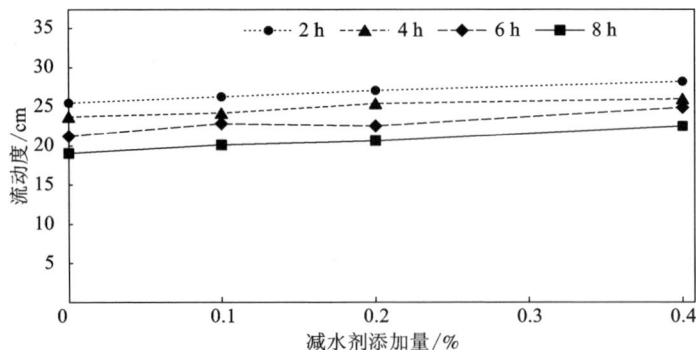

图 3-15　浆液流动度与减水剂添加量关系变化曲线

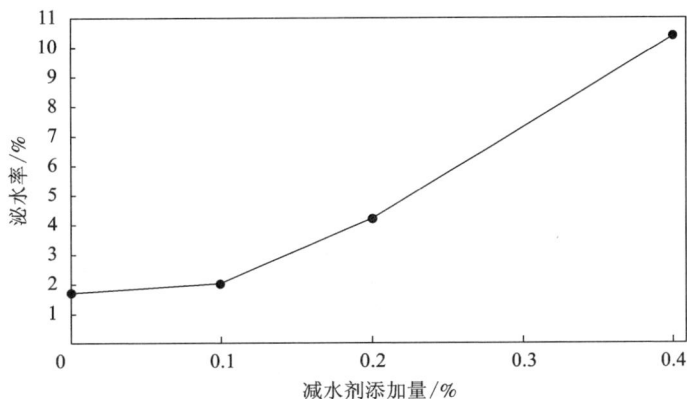

图 3-16　浆液泌水率与减水剂添加量关系变化曲线

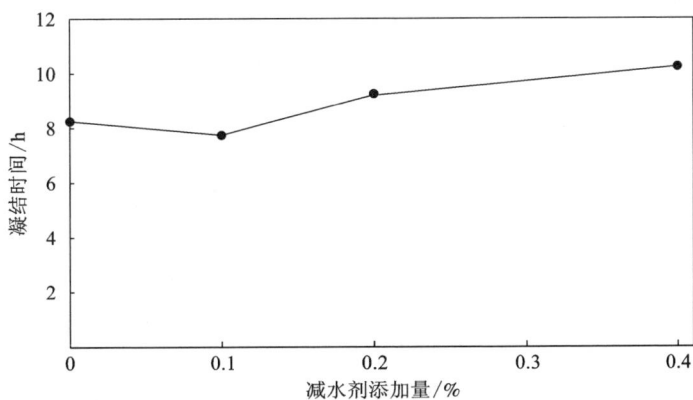

图 3-17　浆液凝结时间与减水剂添加量变化曲线

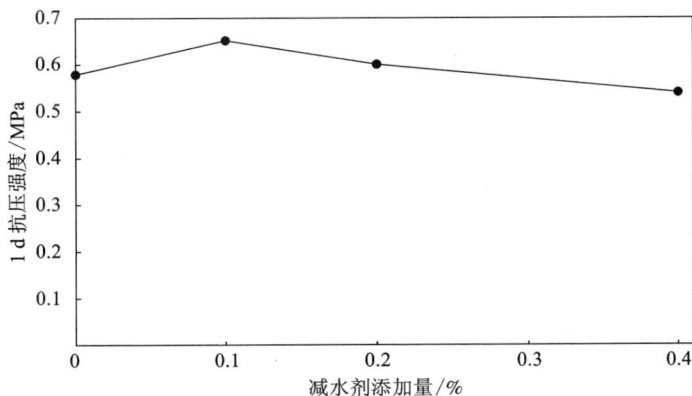

图 3-18　浆液 1 d 强度与减水剂添加量变化曲线

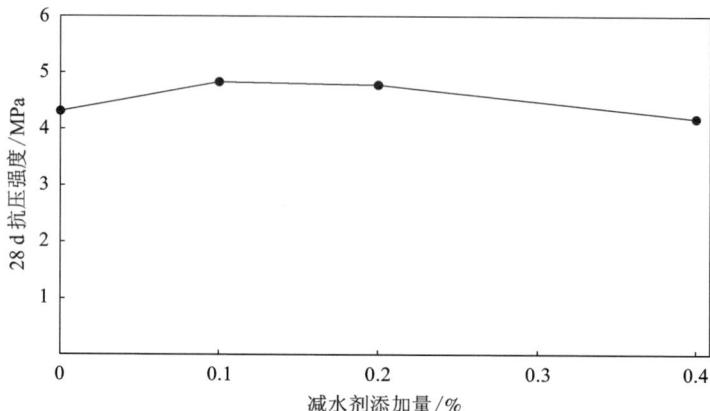

图 3-19   浆液 28 d 强度与减水剂添加量变化曲线

基于上述试验结果的对比分析可知，当减水剂含量为 0.1% 时，浆液稠度增加 5%，泌水率增加 18%，流动度增加约 4%，凝结时间缩短了约 6%，抗压强度增加约 12%。如果继续增加减水剂的含量，浆液的泌水率、凝结时间均显著增加，抗压强度则有所降低。因此，本试验认为减水剂添加量占浆液总质量的 0.1% 左右比较合理。

5. 注浆量与注浆压力

（1）注浆压力

注浆压力应略大于该地层位置的静止水土压力，同时应避免浆液进入盾构机的土仓中。最初的注浆压力是根据理论静止水土压力确定的，在实际掘进中将不断优化。如果注浆压力过大，会导致地面隆起和管片变形，还易漏浆。如果注浆压力过小，则浆液填充速度赶不上空隙形成速度，又会引起地面沉陷。一般而言，注浆压力取 1.1～1.2 倍的静止水土压力较合适，最大不超过 3.0～4.0 bar[①]。

由于从盾尾圆周上多点同时注浆，考虑到水土压力的差别和防止管片大幅度下沉和浮起的需要，各点的注浆压力将不尽相同，并保持合适的压差，以达到最佳效果。

（2）注浆量

根据刀盘开挖直径和管片外径，可以按下式计算出一环管片的注浆量：

$$Q = \frac{\pi(D^2 - d^2)L}{4}K \tag{3-8}$$

式中：Q 为一环注浆量，m^3；L 为环宽，m；D 为开挖直径，m；d 为管片外径，m；

---

① 1 bar＝1×10⁵ Pa。

K 为扩大系数，取值为 1.5 ~ 2。

根据式(3-1)计算每环(进尺 1.2 m)注浆量为 $Q = 4.9 ~ 6.6$ m³。

(3)注浆时间和掘进速度

在不同的地层中，需要根据不同凝结时间的浆液及掘进速度来具体控制注浆时间的长短。做到"掘进、注浆同步，不注浆、不掘进"，通过控制同步注浆压力和注浆量双重标准来确定注浆时间。同步注浆速度与掘进速度匹配，按盾构完成一环掘进时间内完成当环注浆量的原则来确定平均注浆速度。

(4)注浆结束标准及注浆效果检查

采用注浆压力和注浆量双指标控制标准，即当注浆压力达到设定值，注浆量达到设计值的85%以上时，即可认为达到了质量要求。

注浆效果检查主要采用分析法，即根据压力、注浆量、时间曲线，结合管片、地表及周围建筑物量测结果进行综合评价。必要时，对拱顶部分采用超声波探测法通过频谱分析进行检查，对未满足要求的部位，进行补充注浆。

3.2.2　盾体锥形间隙填充技术

盾构刀盘开挖直接要稍大于盾体直径，而且盾构为前部稍大于后部的锥形体，故盾壳与地层之间存在间隙，从而引起地层沉降。另外，盾构掘进过程中盾体与地层存在摩阻力，会进一步扰动地层。因此，为了及时填充盾壳背后间隙，降低摩阻力，见图 3-20，施工期间通过盾壳径向孔注入克泥效(黏土性的泥浆与水玻璃系的混合剂混合后即刻产生塑性状态的变化)，及时填充开挖直径和盾体之间的空隙，注入率为 120 ~ 130%，同时控制注入压力和注入量。

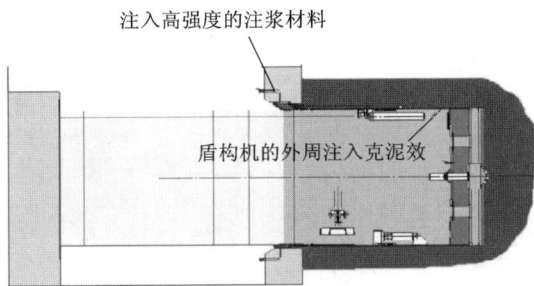
注入高强度的注浆材料

盾构机的外周注入克泥效

图 3-20　盾体锥形间隙填充示意图

3.3　试验段现场监测方案

3.3.1　监测目的及项目

1.监测目的

为研究富水圆砾地层中盾构施工引起的地层变形规律和盾构掘进参数的合理性，同时为地铁 4 号线小—火区间下穿既有地铁 2 号线运营线提供指导，选取与下穿段工程地质情况相近的试验段进行地层变形监测。

2. 监测项目

具体监测项目包括地表沉降、地层水平位移、地层竖向位移和水位变化，具体方法见表3-13。

表3-13　监测项目及方法

监测对象	监测项目	方法
盾构施工对周边环境影响	地表沉降	水准仪或全站仪
	地层水平位移	测斜管+测斜仪
	地层竖向位移（隧道两侧）	多点位移计
	地层竖向位移（隧道顶部）	多点位移计
	地下水位变化	测斜管+水位计

3.3.2　监测方案

下面对现场实施的地层水平位移、地层竖向位移以及地下水位变化监测的具体方法进行详细说明。

1. 地层竖向位移监测

（1）监测仪器

地层竖向位移采用 JMDL-31XX 系列智能数码多点位移计进行监测。该仪器采用电感调频原理设计制造，具有高灵敏度、高精度、高稳定性、温度影响小的优点，适用于长期观测。

多点位移计是由位移传感器、测杆、测杆保护管（PVC 管）、锚头、安装保护基座、灌浆管、气管等部分组成，其构造图见图3-21。锚头锚固采用灌水泥浆锚固方式，位移传感器采用并联连接方式，传递杆采用 ϕ10 mm 不锈钢管。

（2）仪器埋设方法

①在仪器埋设位置钻孔，宜选用 ϕ90 mm 钻头，钻孔深度应为测点埋设深度的 1.05 倍，以防止因泥沙沉淀导致埋设不到预设深度。因试验段隧道埋深较大，钻孔时采用泥浆护壁。

②安装最深测点的位移计。首先根据设计深度计算出所需长度及数量的测杆和 PVC 管。然后将锚头与一节测杆相连，测杆另一端拧上测杆等径接头，再将一节 PVC 管拧到锚头上。将连好的测杆和锚头插入安装保护基座的导管内，连接第二根测杆和 PVC 管，测杆采用测杆等径接头连接，连接一定要牢固，可用防松胶锁固，PVC 管采用接头连接，连接处必须涂给水胶。按上述方法将剩下的测杆

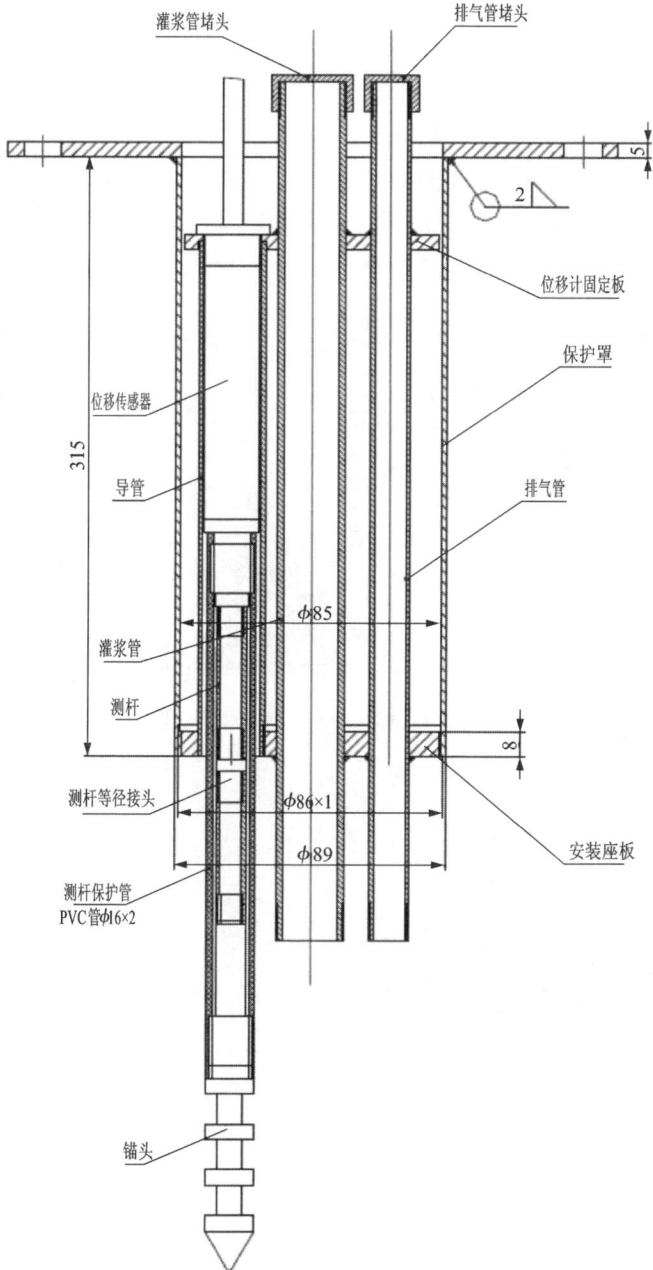

图 3-21　JMDL-31XX 多点位移计构造图

和 PVC 管连接完毕。最后将测杆与位移计的塞杆相连，并将位移计连接综合测试仪器读数，将塞杆拉至设计所需量程位置，确认最后一段 PVC 管长度，用刀具切割，再将此段 PVC 管与位移计螺纹连接。

③灌浆回填。浆液灰砂比为 1∶1，水灰比为 0.38～0.4。确保最深测点锚头处浆液饱满。灌浆结束，应进行检测。将电缆按要求引出，同时用仪器读数监视。最后用水泥砂浆将位移计完全封堵。

④安装完毕。测仪器初值，测初始读数每隔 30 min 测一次，以连续 3 次所读数值差小于 1% 的平均值作为观测基准值。总体安装过程见图 3-22。

图 3-22　多点位移计埋设示意图

（3）数据采集

使用 JMZX-3001 综合测试仪采集数据，见图 3-23。

2. 地层水平位移监测

（1）检测仪器

地层水平位移采用测斜管配套滑动式测斜探头监测。JMQJ-7040Y 测斜探头

图 3-23　多点位移计数据采集

是将 3D-MEMS 硅电容双轴倾角传感器作为敏感元件的滑动式测斜测头。其被广泛用于监测大坝、建筑物基坑、堤坡、地下建筑工程、岩土边坡、港务工程等土体内部的水平位移变化，是一种必要的精密测试仪器，主要由测杆和电缆两部分组成。

测杆头部装有利用 3D-MEMS 硅电容原理的高精度双轴倾角传感器，其具有良好的密封性、抗震性。测杆中部上下有两组导轮，便于沿剖面沉降管的导槽滑动。测杆尾部可用橡胶垫、拉环两种形式。橡胶垫防止受冲击损坏，拉环用于拉绳或配重（测沉降用）。电缆将测杆和 JMZX-7000 综合测试仪连接起来，它除了向内部倾角传感器供电和传输信号，还是测试的刻度尺和拉动的绳索。为了使电缆在负重时有最小的长度变化，采用了特制的设有一加强钢芯的专用电缆。电缆上每 0.5 m 的间距有标记，从测杆的两组导轮中点开始标记。电缆出厂前一端已经与测头连接固定好，另一端有专用插头，测试时只需要将插头插入 JMZX-7000 综合测试仪测试接口即可。

在路基断面垂直埋设有测斜导管，测头沿管中导槽缓缓滑动，有一定柔性的测斜管与被测路基同步倾斜，并形成一定的倾角，测头的传感器可以测出在某一处的倾角。测头的信号是以测斜管导槽为方向基准，在某一处测头上下导轮标准

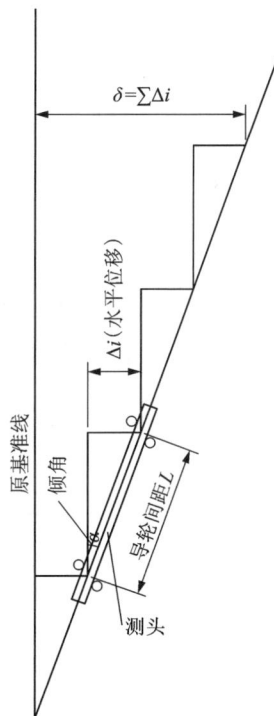

图 3-24　测斜原理示意图

间距（0.5 m）的倾角正弦函数即为倾斜量（见图 3-24）。由图 3-24 可知：$\Delta i = L \times \sin\alpha$，其中 Δi 为水平位移量，L 为测头的导轮标准间距 500 mm。JMZX-7000 综

合测试仪可直接读取水平位移量 Δi，再配合导线的刻度读数，经连续多次测量，即可知任一处的总水平位移量为 $\delta = \sum \Delta i$。

（2）仪器埋设方法

在仪器埋设位置钻孔，宜选用 $\phi 120$ mm 钻头，钻孔深度应为测点埋设深度的 1.05 倍，以防泥沙沉淀导致埋设不到预设深度。监测方案要求利用测斜管进行水位监测，为此在测斜管管壁上预先钻孔（注意不要破坏内部滑槽），然后用多层纱布覆盖，并用防水胶布固定，见图 3-25。

(a)　　　　　　　　　　(b)

图 3-25　测斜管管壁处理

测斜管自带底盖封底，并用防水胶带固定，见图 3-26。封底盖一方面能够防止泥沙涌进测斜管影响使用，另一方面使测斜管能够比较容易放入预先打好的孔洞中。

在安装时，根据实际需要长度，使用专用接头将测斜管一节一节地连接起来，接缝处涂上

图 3-26　测斜管封底处理

PVC 胶，并用自攻螺丝固定，最后在接口处做防水处理（见图 3-27）。测斜管埋设完成后立即用中砂回填，并进行封口处理。

（3）数据采集

JMQJ-7040Y 测斜探头配合 JMZX-7000 综合测试仪使用，见图 3-28，具体步骤如下：

①首先检查 JMZX-7000 综合测试仪是否正常，详见其使用说明书，然后将 JMCX-7000 综合测试仪与测头连接起来，检查测头的读数，确定仪器正常。仪表显示的 y 值反映导轮平面的倾角，x 值反映垂直导轮平面的倾角，检查各自平面

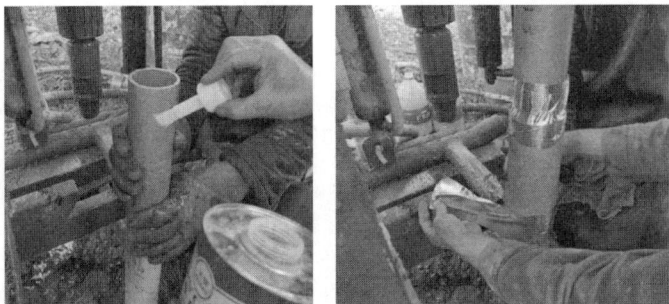

图3-27　测斜管接头处理

内测斜杆，可以看到x、y值从-250 mm到$+250$ mm变化。且在x平面内调整测斜杆，y值不会有很大的变化，同样x值也不会有很大变化，从而确定整个测斜设备都是正常的。设置仪表测斜功能，确定编号、方向、孔深、间距。

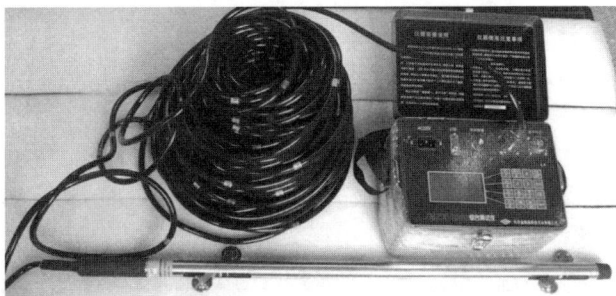

图3-28　测斜仪器组合示意图

②测斜时，测斜杆底部要安装橡胶垫。将测斜杆导轮卡置于测斜管的导槽内（通常是垂直于路基轴线的方向）。滑至管底向上拉起，利用电缆的刻度标志，每0.5 m或1 m测读一个数至最上端为止。然后将测斜杆旋转180°，重复测试。注意：①拉动电缆0.5 m或1 m后按仪表的"左右方向"键改变测深值，当测杆拉出时按"保存"一次保存所有测值；②由于测斜元件安装在测斜杆中存在固定偏差，需要旋转180°测试，以核算固定偏差值。

3. 水位监测

（1）检测仪器

水位采用钢尺水位计测量（见图3-29）。钢尺水位计是测量水位最精确的方法，通常用于测量井、钻孔及水位管中的水位，特别适合于水电工程中地下水位的观测或土石坝体的坝体浸润线的人工巡检。

钢尺水位计由测头、钢尺电缆和接收系统部分组成。测头部分由不锈钢制成，内部安装了水阻接触点，当触点接触水面时，便会接通接收系统；当触点离开水面时，就会关闭接收系统；钢尺电缆由钢尺和导线采用塑胶工艺合二为一，既防止了钢尺锈蚀，又简化了操作过程，测读更加方便、准确；接收系统由音响器、指示灯和峰值指示器组成。音响器发出连续不断的蜂鸣声响，指示灯点亮，峰值指示为电压表指示。

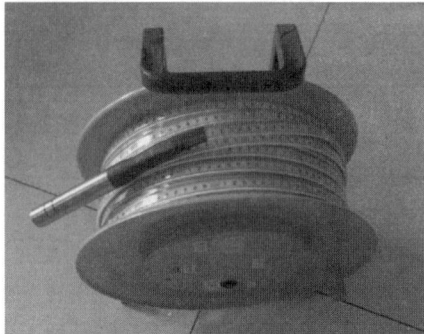

图3-29　钢尺水位计

（2）仪器埋设

测斜管表面提前做好了开孔和防泥处理，可以充当水位管使用。

（3）数据采集

测量时，让绕线盘自由转动后，按下电源按钮，把测头放入水位管内，手拿钢尺电缆，让测头缓慢地向下移动，当测头的接触点接触水面时，接收系统的音响器会发出连续不断的蜂鸣声。此时读出钢尺电缆在管口处的深度尺寸，即为地下水位离管口的距离。（若在噪声比较大的环境中测量时，听不见蜂鸣器，可观测指示灯和电压表。）

当测头的触点接触水面时，蜂鸣器会发出声音，指示灯亮，电压表指针转动。此时应缓慢地放入钢尺电缆，以便仔细地寻找发音或指示灯亮瞬间的确切位置，然后读出该点距孔口的深度尺寸。读数的准确性，决定于及时地判断蜂鸣器或指示的起始位置，测量的精度与操作者的熟练程度有关。

3.3.3　仪器布设方案

1. 多点位移计布设

试验段共布设5组多点位移计，形成4个监测断面，见图3-30。其中两组设置在左线隧道正上方，另外两组设置在右线隧道正上方，还有一组设置在左右线中间。每组设置3个测点，可以测量三个不同深度的地层情况。

各组多点位移计埋深见表3-14。其中测点1与拱顶的距离约等于左线与地铁2号线的距离，测点2与拱顶的距离约等于右线与地铁2号线的距离。

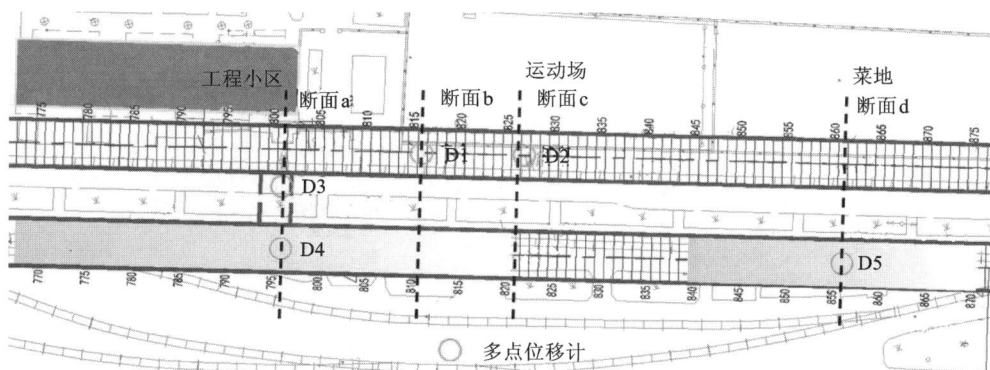

图 3-30　多点位移计布设平面图

表 3-14　多点位移计测点埋深

编号	位置	环号	测点埋深/m		
			测点 1	测点 2	测点 3
D1	左线上方	左线 816 环	25.5	17.5	6.5
D2	左线上方	左线 826 环	25.5	17.5	6.5
D3	左右线中间	右线 796 环	25.5	16.5	6.5
D4	右线上方	右线 796 环	24	16	6
D5	右线上方	右线 856 环	28.5	20.5	8.5

（1）监测断面 A（右线 796 环）

监测断面 A 由多点位移计 D3 和多点位移计 D4 组成，如图 3-31。其中多点位移计 D3 位于左右线中间，测点埋深分别为 25.5 m、17.5 m 和 6.5 m，用来分析左右线施工引起的累计沉降。多点位移计 D4 位于右线隧道正上方，测点埋深分别为 24 m、16 m 和 6 m，其中埋深为 24 m 的测点到拱顶的距离约等于小—火区间左线与既有地铁 2 号线的垂直距离，埋深为 16 m 的测点到拱顶的距离约等于小—火区间右线与既有地铁 2 号线的垂直距离，用来分析盾构施工引起隧道正上方沉降的规律。

（2）监测断面 B（左线 816 环）

监测断面 B 由多点位移计 D1 组成，如图 3-32。多点位移计 D1 位于左线隧道正上方，测点埋深分别为 25.5 m、17.5 m 和 6.5 m，其中埋深为 25.5 m 的测点到拱顶的距离约等于小—火区间左线与既有地铁 2 号线的垂直距离，埋深为

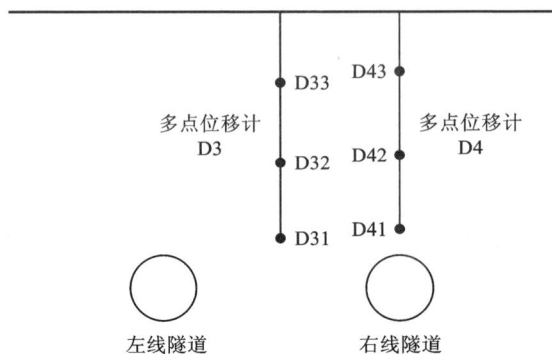

图 3-31　监测断面 A 示意图

17.5 m 的测点到拱顶的距离约等于小—火区间右线与既有地铁 2 号线的垂直距离,用来分析盾构施工引起隧道正上方沉降的规律。

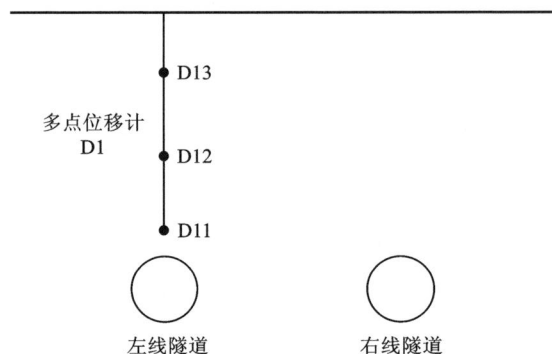

图 3-32　监测断面 B 示意图

(3)监测断面 C(左线 826 环)

监测断面 C 由多点位移计 D2 组成,如图 3-33。多点位移计 D2 位于左线隧道正上方,测点埋深分别为 25.5 m、17.5 m 和 6.5 m,其中埋深为 25.5 m 的测点到拱顶的距离约等于小—火区间左线与既有地铁 2 号线的垂直距离,埋深为 17.5 m 的测点到拱顶的距离约等于小—火区间右线与既有地铁 2 号线的垂直距离,用来分析盾构施工引起隧道正上方沉降的规律。

(4)监测断面 D(右线 856 环)

监测断面 D 由多点位移计 D5 组成,如图 3-34。多点位移计 D2 位于左线隧道正上方,测点埋深分别为 28.5 m、20.5 m 和 8.5 m,其中埋深为 28.5 m 的测点

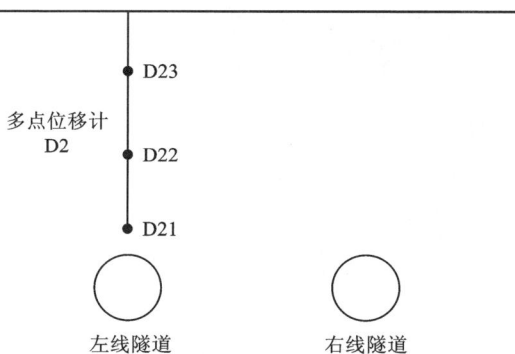

图 3-33　监测断面 C 示意图

到拱顶的距离约等于小—火区间左线与既有地铁 2 号线的垂直距离，埋深为 20.5 m 的测点到拱顶的距离约等于小—火区间右线与既有地铁 2 号线的垂直距离，用来分析盾构施工引起隧道正上方沉降的规律。

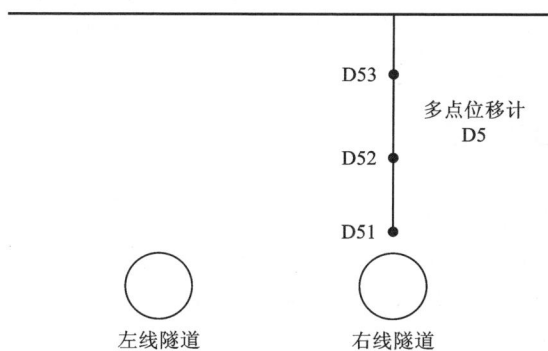

图 3-34　监测断面 D 示意图

2. 测斜管布设

由于现场场地限制，左线隧道左侧无法布设测斜管，故仅在左右线中间和右线右侧布设。试验段共布设四根测斜管，其中测斜管 C1、C2 位于左右线中间，测斜管 C3、C4 位于右线右侧，具体平面布置如图 3-35。测斜管埋设时，尽量使最下端锚固到隧道下方，各测斜管埋设深度如表 3-15。4 根测斜管共形成了两个监测断面。

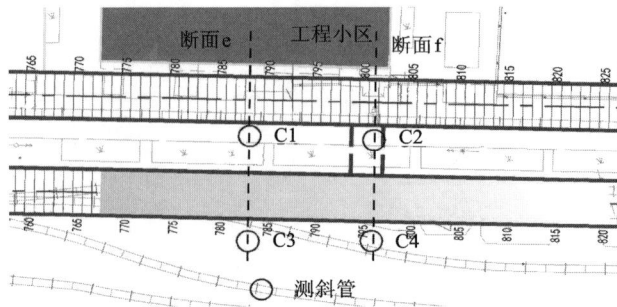

图 3-35　测斜管布设平面图

表 3-15　测斜管埋深

编号	位置	环号		埋深/m
		左线	右线	
C1	左右线中间	788 环	783 环	33
C2	左右线中间	801 环	796 环	43
C3	右线右侧	788 环	783 环	34
C4	右线右侧	801 环	796 环	37

（1）监测断面 E（右线 783 环）

监测断面 E 由测斜管 C1 和 C3 组成，见图 3-36。其中测斜管 C1 位于左右线隧道中间，埋深为 33 m；测斜管 C3 位于右线隧道右侧，埋深为 34 m。该断面两根测斜管底端均与隧道断面中部齐平。

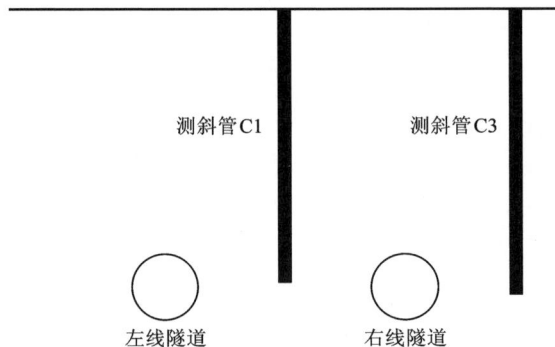

图 3-36　监测断面 E 示意图

（2）监测断面 F（右线 796 环）

监测断面 F 由测斜管 C2 和 C4 组成，见图 3-37 所示。其中测斜管 C2 位于左右线隧道中间，埋深为 43 m；测斜管 C4 位于右线隧道右侧，埋深为 37 m。该断面两根测斜管底端均在隧道底面以下。

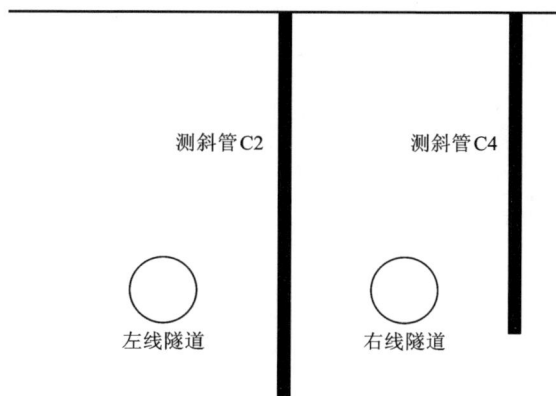

图 3-37　监测断面 F 示意图

3.3.4　监测频率

试验段监测频率见表 3-16。现场正常施工进度约为 10 环/d，考虑到盾构施工的影响范围，在盾构机刀盘离监测断面 30 环之前，即刀盘离测试断面 36 m 之前，地层水平位移每天监测一次，多点位移计每天监测两次。在盾构机刀盘与监测断面之间的间隔小于 30 环，即间距小于 36 m 后，地层水平位移每天监测两次，多点位移计每环监测。地下水位变化在盾构机刀盘离监测断面 20 环之前，即刀盘离测试断面 24 m 之前，每天监测两次；在盾构机刀盘与监测断面之间的间隔小于 20 环，即间距小于 24 m 后，每环监测。

表 3-16　监测频率表

编号	监测项目	监测方法	监测频率
1	地层水平位移	测斜管+测斜仪	刀盘离监测断面 30 环前：1 次/d 刀盘离监测断面 30 环后：2 次/d
2	地层竖向位移	多点位移计	刀盘离监测断面 30 环前：2 次/d 刀盘离监测断面 30 环后：每环监测
3	地下水位变化	测斜管+水位计	刀盘离监测断面 20 环前：2 次/d 刀盘离监测断面 20 环后：每环监测

3.4　试验段监测结果分析

3.4.1　深层沉降分析

1. 右线施工地层深层沉降分析

右线施工时，主要对断面 A 和断面 D 埋设的多点位移计进行监测，实际监测环数为 766～827 环及 836～869 环。其中在进行 845～865 环施工时采用了克泥效工艺。同时，每环及时进行壁后注浆。

（1）断面 A 监测结果分析

监测断面 A 位于右线 796 环，包括多点位移计 D3 和多点位移计 D4，两组多点位移计测点编号如图 3-31。除了多点位移计 D4 的测点 D42 无法正常读数，其他测点均正常，各测点监测数据见图 3-38。随着刀盘接近测试断面，各测点总体上呈现出沉降趋势，各测点的监测数据波动较大，且趋势大致相同；刀盘到达监测断面时沉降达到最大；当盾壳穿过监测断面后，在同步注浆的影响下各测点监测数据产生较大波动，盾尾离开约 25 环后测点读数逐渐稳定。

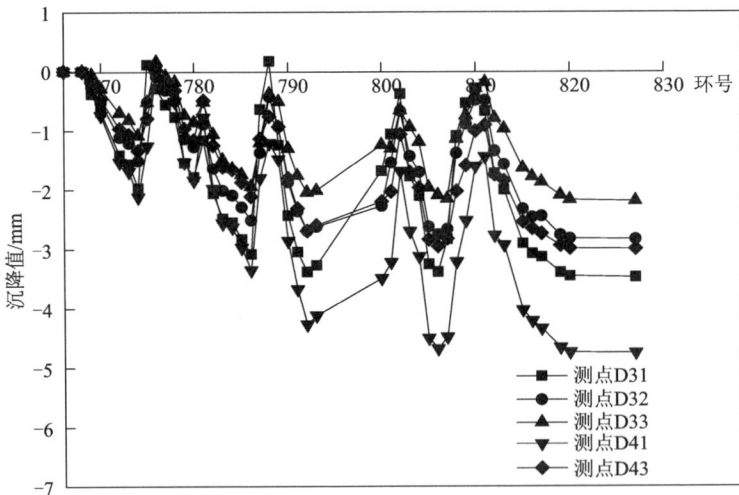

图 3-38　断面 A 多点位移计各测点沉降变化图

对各测点的最终沉降量展开分析：对于多点位移计 D3，测点 D31 的最终沉降量为 3.47 mm，测点 D32 的最终沉降量为 2.83 mm，测点 D33 最终沉降量为 2.79 mm；对于多点位移计 D4，测点 D41 的最终沉降量为 4.75 mm，测点 D43 最终沉降量为 2.99 mm。分析发现，随着测点埋深增大，地层沉降逐渐增大，且随着埋深增加，沉降值增加的梯度也增大。以多点位移计 D3 为例，埋深 16.5 m 处最终沉降值较 6.5 m 处增大了 1.4%，埋深 25.5 m 处最终沉降值较 16.5 m 处增大了 22.6%。比较同一深度的测点，位于右线正上方的测点 D41 的最终沉降量较左右线中间的测点 D31 沉降值增大了 36.9%。

现场实际施工时共发生四次短时间停推：第 1 次在 774 环处因出渣口龙门吊故障停推；第 2 次在 780 环处因螺旋输送机喷土停推；第 3 次因双轨梁故障在 786 环处停推；第 4 次因管片拼装机故障在 792 环处停推。这与盾构刀盘到达监测断面前的地层沉降数据波动相吻合（见图 3-39），表明盾构刀盘到达监测断面前的地层沉降波动与盾构停推密切相关。盾构停机期间掘进参数的变化对地层变形的影响将在后文详细论述。

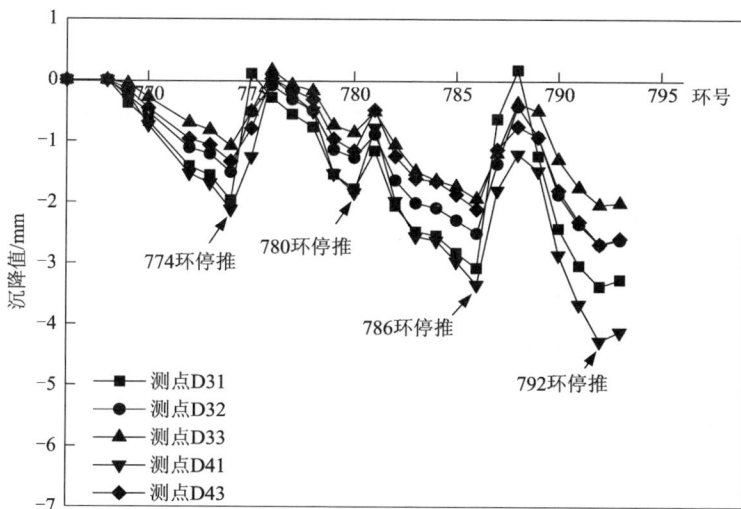

图 3-39　盾构停机与沉降的关系

（2）断面 D 监测结果分析

监测断面 D 位于右线 856 环，包括多点位移计 D5，多点位移计测点编号见图 3-34。该段施工采用了克泥效工法，根据断面 A 的监测结果对同步注浆量进行了严格控制，并且加强了施工管理。

各测点监测数据见图 3-40。随着刀盘接近测试断面，测点 D51 先发生小幅度的隆起，之后总体上呈现出沉降趋势；刀盘到达监测断面时沉降达到最大；当盾壳穿过监测断面后，由于采用了克泥效工艺，盾构工后沉降很小，测点 D51 沉降基本稳定，最终沉降量为 2.71 mm。埋深较浅的测点 D52 和测点 D53 仅发生小幅度波动，表明采用克泥效工法的盾构施工对浅层土的影响较小。

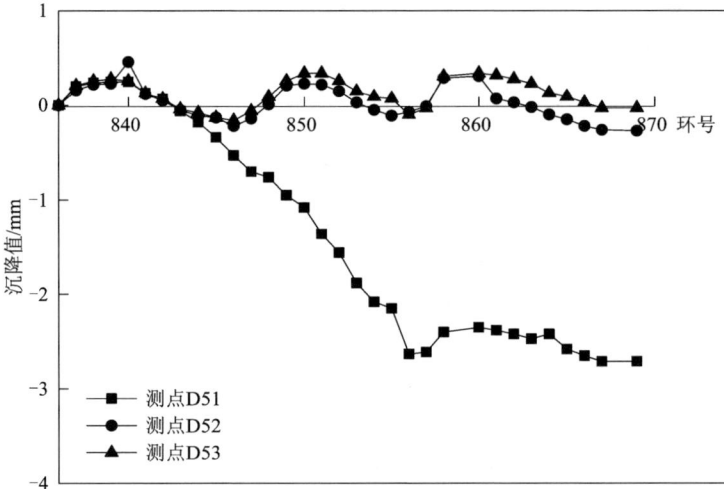

图 3-40　断面 D 多点位移计各测点沉降变化图

比较断面 A 和断面 D 的监测结果，可以得出如下结论：盾构掘进会使地层发生先小幅度隆起后沉降的变形；盾构掘进期间停推会使地层沉降出现波动，且波动幅度较大；同步注浆对盾尾后部地层的变形有较大的影响，应当严格控制注浆量和注浆压力；克泥效工艺能明显减小地层沉降及沉降范围，对工后沉降的控制效果格外明显。

2. 左线施工地层深层沉降分析

左线施工时，主要对断面 A、断面 B 和断面 C 埋设的多点位移计进行监测，实际监测环数为 747～847 环。其中在进行 820～835 环施工时采用了克泥效工艺。

（1）断面 A 监测结果分析

监测断面 A 位于右线 796 环，左线施工时对多点位移计 D3 进行监测，断面 A 多点位移计编号见图 3-31。各测点监测结果见图 3-41。当刀盘逐渐接近监测断面时，地层出现轻微隆起，最大隆起值为 1 mm 左右，这与左线盾构机推力过大有关。随着盾构的推进，各测点总体上呈现出大致相同的沉降趋势；当盾壳穿过监测断面后，在同步注浆的影响下各测点监测数据产生小幅度波动，然后继续沉降。与图 3-38 比较发现，左线施工时同步注浆过程较右线施工时控制得更好，同步注浆引起的地层变形波动更小。随着工后沉降继续发展，盾尾离开约 20 环后测点读数逐渐稳定。经分析发现，在整个地层沉降发展过程中，工后沉降约为 3 mm，占整个沉降量的 50% 左右。

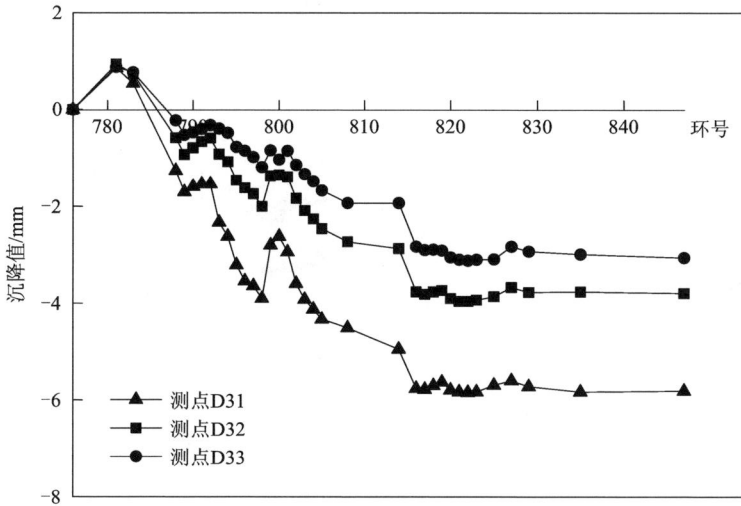

图 3-41　左线施工断面 A 多点位移计各测点沉降变化图

对各测点的最终沉降量展开分析：测点 D31 的最终沉降量为 5.81 mm，测点 D32 的最终沉降量为 3.79 mm，测点 D33 的最终沉降量为 3.06 mm。分析发现，随着测点埋深增大，地层沉降逐渐增大，且随着埋深增加，沉降值增加的梯度也增大。对于多点位移计 D3，埋深为 16.5 m 处最终沉降值较 6.5 m 处增大 19%，埋深为 25.5 m 处最终沉降值较 16.5 m 处增大 35%。与右线施工时多点位移计 D3 的监测数据进行比较（见图 3-38），右线施工完成后各测点的最终沉降量比左线施工完成后的值小，原因是右线施工时测点监测数据波动大，特别是同步注浆过程造成一定程度的地层隆起。

（2）断面 B 监测结果分析

监测断面 B 位于左线 816 环，包括多点位移计 D1，多点位移计各测点编号见图 3-32。各测点监测数据见图 3-42。随着刀盘的接近，地层出现轻微隆起，最大隆起值为 0.2 mm 左右。随着盾构的推进，各测点总体上呈现出大致相同的沉降趋势；当盾壳穿过监测断面后，在同步注浆的影响下，各测点监测数据产生小幅度波动，随后继续大幅度沉降，在盾尾离开监测断面约 10 环后沉降逐渐稳定。经分析发现，在整个地层沉降发展过程中，工后沉降约为 5 mm，占整个沉降量的 63% 左右。与断面 A 的监测结果相比，其工后沉降值明显更大，且占总沉降值的比例也更大。

结合盾构掘进参数进行分析，发现左线试验段推进速度（见图 3-43）逐渐上升，监测断面 B 附近的推进速度比监测断面 A 附近更大，初步分析工后沉降增大与推进速度上升有关。

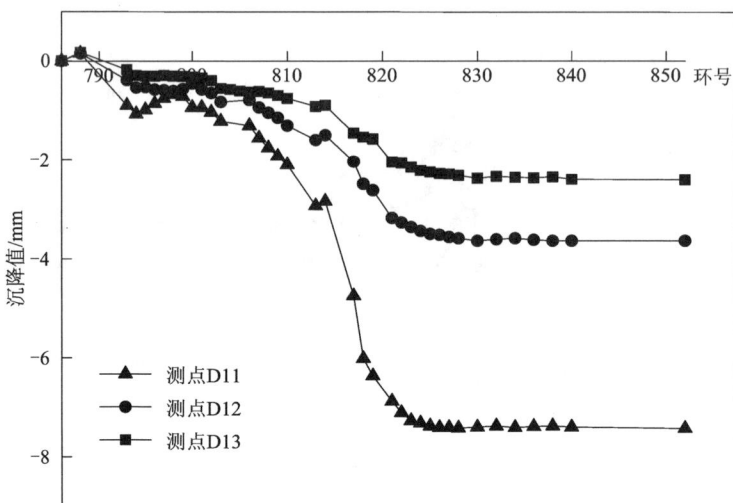

图 3-42　断面 B 多点位移计各测点沉降变化图

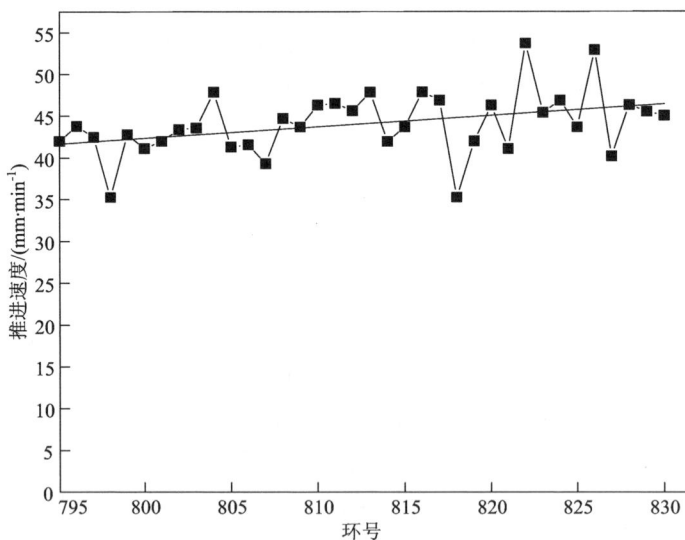

图 3-43　左线 795～830 环推进速度

对各测点的最终沉降量展开分析：测点 D11 的最终沉降量为 7.43 mm，测点 D12 的最终沉降量为 3.64 mm，测点 D13 的最终沉降量为 2.41 mm。分析发现，随着测点埋深增大，地层沉降逐渐增大，且随着埋深增加，沉降值增加的梯度也增大。对于多点位移计 D1，埋深 17.5 m 处最终沉降值较 6.5 m 处增大 33.8%，埋深 25.5 m 处最终沉降值较 17.5 m 处增大 51%。

（3）断面 C 监测结果分析

监测断面 C 位于右线 856 环，包括多点位移计 D5，多点位移计各测点编号见图 3-33，该段施工采用了克泥效工法。

各测点监测数据见图 3-44。随着刀盘接近测试断面，地层发生小幅度的波动，最大隆起值约为 0.5 mm，之后总体上呈现出沉降趋势；当盾壳穿过监测断面后，由于采用了克泥效工艺，盾构工后沉降很小，测点沉降基本稳定，其中测点 D21 的工后沉降约为 0.3 mm，占总沉降量的 15%，测点 D22 与 D23 的工后沉降值均小于 0.1 mm。

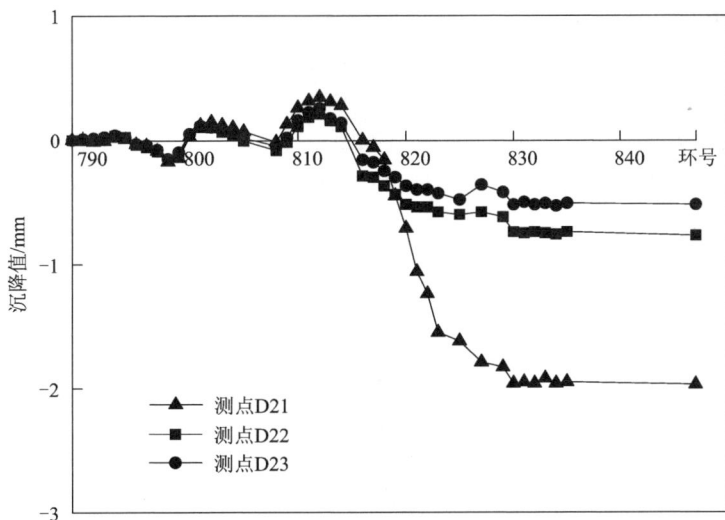

图 3-44　断面 C 多点位移计各测点沉降变化图

对各测点的最终沉降量展开分析：测点 D21 的最终沉降量为 1.97 mm，测点 D22 的最终沉降量为 0.77 mm，测点 D23 最终沉降量为 0.52 mm。分析发现，随着测点埋深增大，地层沉降逐渐增大，且随着埋深增加，沉降值增加的梯度也增大。对于多点位移计 D1，埋深为 17.5 m 处最终沉降值较 6.5 m 处增大 9.5%，埋深为 25.5 m 处最终沉降值较 17.5 m 处增大 61%。

与图 3-41、图 3-42 对比综合分析，可以得出如下结论：盾构掘进会使地层发生先小幅度隆起后沉降的变形；克泥效工艺能明显减小地层沉降及沉降范围，对工后沉降的控制效果格外明显；采用克泥效工艺能使盾构施工的影响范围减小，地层沉降在深度方向的发展范围减小。

3.4.2　地层水平位移分析

在右线施工监测时，测斜管 C3 出现探头无法下放到底部的情况，通过查阅资料和联系仪器制造商，得出是由于盾构推进或注浆导致测斜管某处变形过大，从而造成探头无法下放到底部。测斜管监测一次能同时得到沿盾构方向和垂直于盾构方向的变形，现分别对两部分进行分析。

1. 右线施工地层水平位移分析

（1）沿盾构方向变形分析

右线施工时测斜管 C1 沿盾构方向变形情况见图 3-45。位移为正表示地层朝盾构前进方向变形，位移为负表示地层朝盾构前进的反方向变形。实测结果表明，盾构施工引起的地层沿盾构前进方向的变形大致分为 3 个阶段：阶段①（-27.6～-14.4 m），刀盘离监测断面还存在一定距离，由于地层损失及掌子面前方土体变形，地层朝着刀盘方向变形，刀盘离监测断面 14.4 m 时，最大变形量约为 4 mm；阶段②（-14.4～19.2 m），随着盾构继续推进，在挤压作用下地层注浆朝着盾构前进方向变形，在盾壳离开监测断面 19.2 m 时，最大变形量为 6.6 mm；阶段③（19.2～27.6 m），盾壳离开监测断面一定距离后，地层出现小幅度回弹，最终最大变形量约为 4 mm。

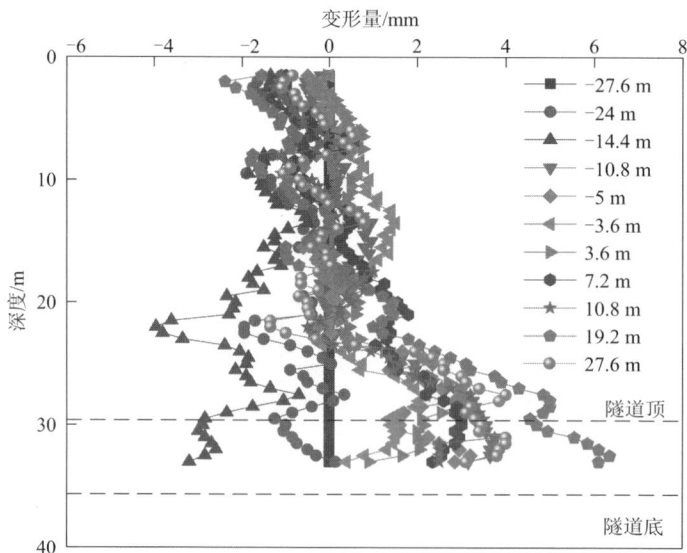

图 3-45　右线施工测斜管 C1 沿盾构方向变形图

　　监测结果显示,测斜管下部监测数据跳动幅度比较大,这与盾构同步注浆有关。由于测斜管没有锚固到隧道以下,监测结果显示最大变形出现在最下端。

　　右线施工时测斜管 C2 沿盾构方向变形情况见图 3-46。位移为正表示地层朝盾构前进方向变形,位移为负表示地层朝盾构前进的反方向变形。监测结果同样可以分为 3 个阶段:阶段①(-43.2 ~ -12 m),刀盘离监测断面还存在一定距离,由于地层损失及掌子面前方土体变形,地层朝着刀盘方向变形,刀盘离监测断面 124 m 时最大变形量约为 4 mm;阶段②(-12 ~ 12 m),随着盾构继续推进,在挤压作用下地层注浆朝着盾构前进方向变形,在盾壳离开监测断面 12 m 时,最大变形量为 11 mm;阶段③(12 ~ 28.8 m),盾壳离开监测断面一定距离后,地层出现小幅度回弹,最终最大变形量约为 10 mm。

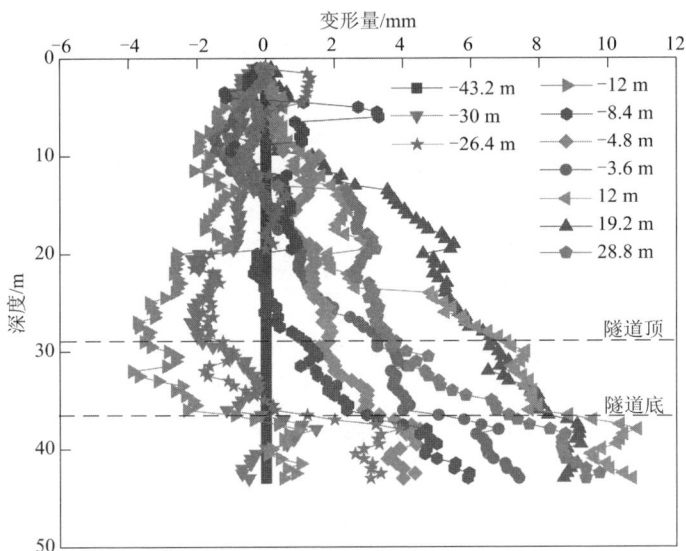

图 3-46　右线施工测斜管 C2 沿盾构方向变形图

　　测斜管 C2 的埋深为 43 m,锚固到隧道下方 7 m 处,但最大变形还是出现在最小端,这与之前的相关研究不符。这主要是由于测斜管埋深过大,底部没有填实,且同步注浆浆液更容易朝着密实度较低的地方流动,进一步导致了测斜管底部变形过大。

　　右线施工测斜管 C3 沿盾构方向变形情况见图 3-47。位移为正表示地层朝盾构前进方向变形,位移为负表示地层朝盾构前进的反方向变形。该测斜管监测结果非常明显,可以分为 3 个阶段:阶段①(-46.8 ~ -30 m),刀盘离监测断面还存在一定距离,由于地层损失及掌子面前方土体变形,地层朝着刀盘方向变形,刀盘离监测 30 m 时,最大变形量约为 5.2 mm;阶段②(-30 ~ 19.2 m),随着盾构继续推进,在挤压作用下地层注浆朝着盾构前进方向变形,在盾壳离开监测断面 19.2 m 时,最大变形量为 12.8 mm;阶段③(19.2 ~ 28.8 m),盾壳离开监测断面一定距离后,地层出现小幅度回弹,最终最大变形量约为 8.2 mm。

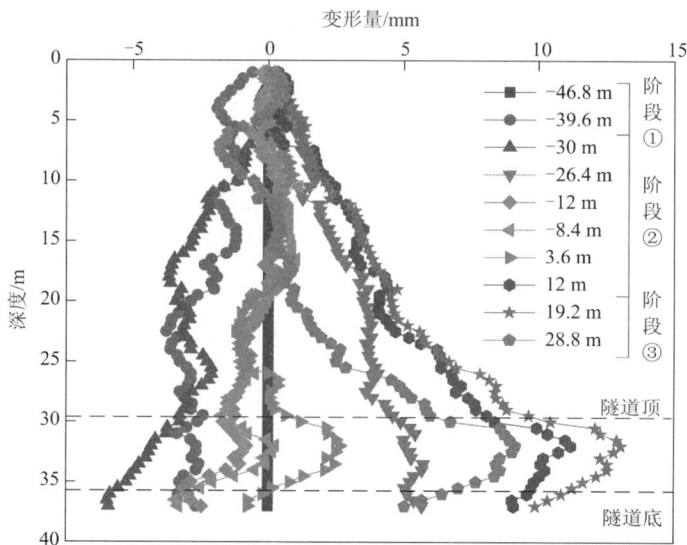

图 3-47 右线施工测斜管 C3 沿盾构方向变形图

测斜管 C2 的埋深为 43 m,锚固到隧道下方 1.5 m 处,监测结果显示最大变形出现在隧道轴线附近。

(2)水平面垂直于盾构方向变形分析

姜忻良等[27]对盾构施工引起的地层变形做了相应的实测研究,结果表明,在盾构推进过程中,隧道周围土体经历先挤压后应力释放的过程。当盾构开挖面距测试土体约为 3 m 时,土体开始受到挤压作用,有向隧道外的位移趋势;盾构通过时,周围土体有向隧道方向偏移的趋势;当盾尾管片脱离盾构时土体向隧道的位移明显增大,此时对应土体的应力释放过程;当盾尾管片脱离后,由于孔隙水压力的消散和盾尾浆液的凝结硬化,土体继续向隧道方向位移。

右线施工时测斜管 C1 垂直于盾构方向变形(见图 3-48),测斜管 C1 位于 783 环左右线中间。结果显示数据波动比较大,并没有明显的规律,变形左右波动幅度约为 5 mm。分析发现,盾构推进时在监测断面 E 附近频繁停机,由于反复的注浆变形-回弹-注浆变形,导致垂直于盾构方向波动较大。

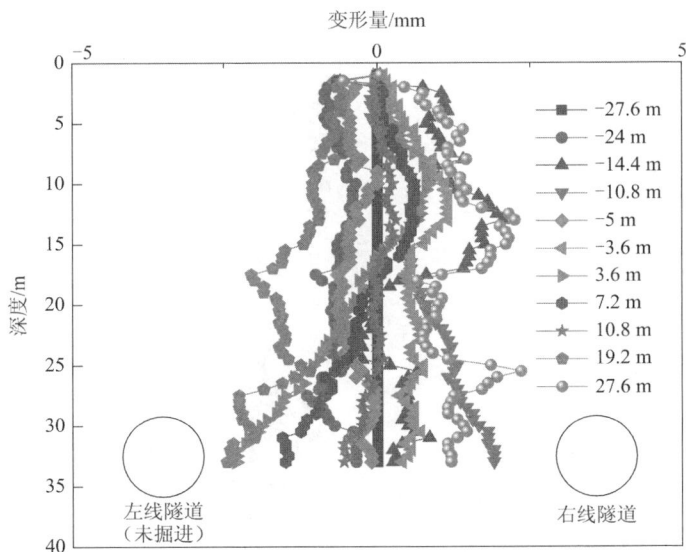

图 3-48　右线施工测斜管 C1 垂直于盾构方向变形图

右线施工测斜管 C2 垂直于盾构方向变形见图 3-49，测斜管 C2 位于 796 环左右线中间。地层变形明显经历了先挤压后应力释放的过程。盾构开挖面距土体约 10 m 左右时土体开始受到挤压作用，有向隧道外的位移趋势；盾构通过时，周围土体有向隧道方向偏移的趋势（3.6 m）；当盾尾管片脱离盾构时，土体向隧道的位移明显增大，此时对应土体的应力释放过程；当盾尾管片脱离后，由于孔隙水压力的消散和盾尾浆液的凝结硬化，土体继续向隧道方向位移（19.2 m 和 28.8 m）。

右线施工测斜管 C4 垂直于盾构方向变形见图 3-50，测斜管 C4 位于 796 环右线右侧。监测数据并没有明显的挤压过程，地层逐渐朝着隧道方向变形。值得注意的是，测斜管在隧道深度处有明显凸起，这与盾构推进对土体的挤压有关。

2）左线施工地层水平位移分析

（1）沿盾构方向变形分析

左线施工时测斜管 C1 沿盾构方向变形情况见图 3-51。位移为正表示地层朝盾构前进方向变形，位移为负表示地层朝盾构前进的反方向变形。实测结果表明，盾构施工引起的地层沿盾构前进方向的变形大致分为 3 个阶段：阶段①（-32.4～0 m），刀盘离监测断面还存在一定距离，由于地层损失以及掌子面前方土体变形，地层朝着刀盘方向变形，刀盘到达监测断面时，最大变形量约为 1 mm；阶段②（0～30 m），随着盾构继续推进，在挤压作用下地层注浆朝着盾构前进方向变形，盾壳离开监测断面 30 m 时，最大变形量为 3.5 mm；阶段③（30～43.2 m），

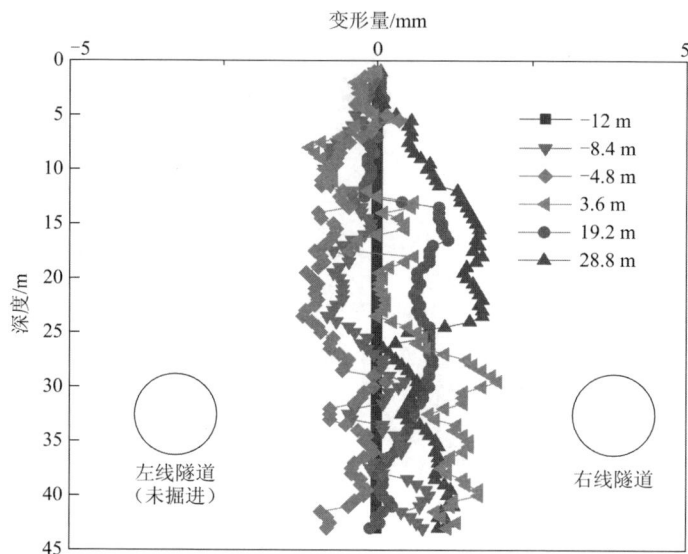

图3-49　右线施工测斜管 C2 垂直于盾构方向变形图

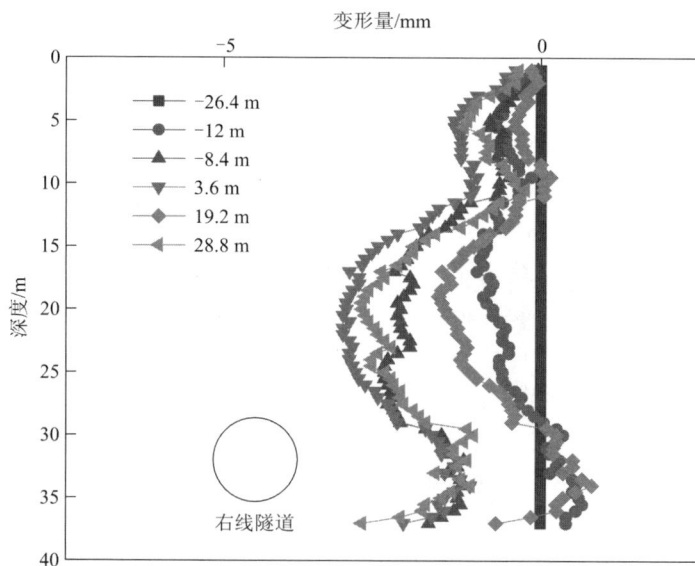

图3-50　右线施工测斜管 C4 垂直于盾构方向变形图

盾壳离开监测断面一定距离后，地层出现小幅度回弹，最终最大变形量约为1.8 mm。

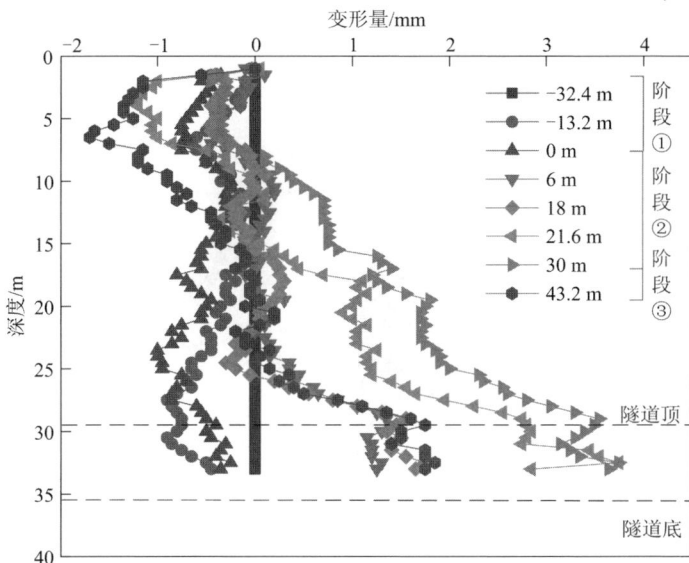

图 3-51　左线施工测斜管 C1 沿盾构方向变形图

监测结果显示，测斜管下部监测数据跳动幅度比较大，这与盾构同步注浆有关。由于测斜管没有锚固到隧道以下，监测结果显示最大变形出现在最下端。

左线施工时测斜管 C2 沿盾构方向变形情况见图 3-52。位移为正表示地层朝盾构前进方向变形，位移为负表示地层朝盾构前进的反方向变形。监测结果同样可以分为三个阶段：阶段①（-48～-3.6 m），刀盘离监测断面还存在一定距离，由于地层损失及掌子面前方土体变形，地层朝着刀盘方向变形，当刀盘离监测断面 3.6 m 时，最大变形量约为 4 mm；阶段②（-3.6～27.6 m），随着盾构继续推进，在挤压作用下地层注浆朝着盾构前进方向变形，当盾壳离开监测断面 27.6 m 时，最大变形量为 12 mm；阶段③（27.6～61.2 m），盾壳离开监测断面一定距离后，地层出现小幅度回弹，最终最大变形量约为 8 mm。

测斜管 C2 的埋深为 43 m，锚固到隧道下方 7 m 处，但最大变形还是出现在最小端，这与之前的相关研究不符。如前面所述是由于测斜管埋深过大，底部没有填实，一方面由于测斜管周围土体土体不密实导致测斜管整体变形增大，另一方面同步注浆浆液更容易朝着密实度较低的地方流动，导致测斜管底部变形过大，这也进一步印证了前面的推测。

（2）水平面垂直于盾构方向变形分析

左线施工时测斜管 C1 垂直于盾构方向变形见图 3-53，测斜管 C1 位于 783

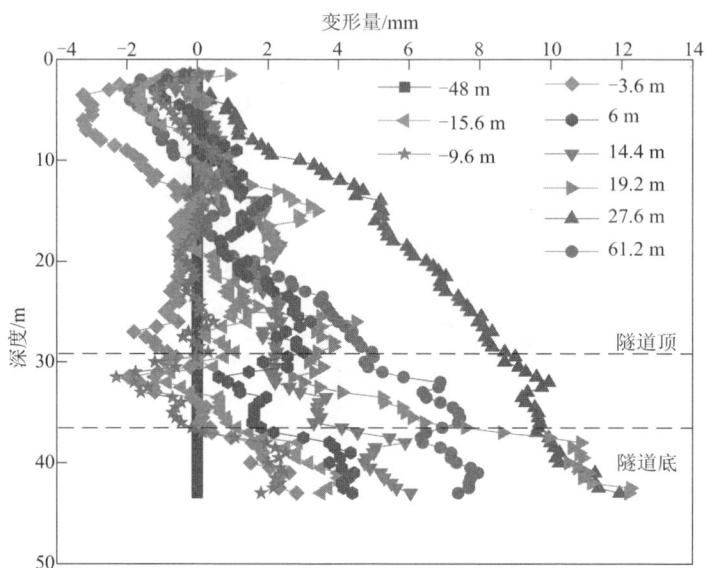

图 3-52　左线施工测斜管 C2 沿盾构方向变形图

环左右线中间。监测数据并没有明显的挤压过程，地层逐渐朝着隧道方向变形，且存在一定程度的波动。左线掘进过程中测得的最大水平变形量为 6.1 mm。

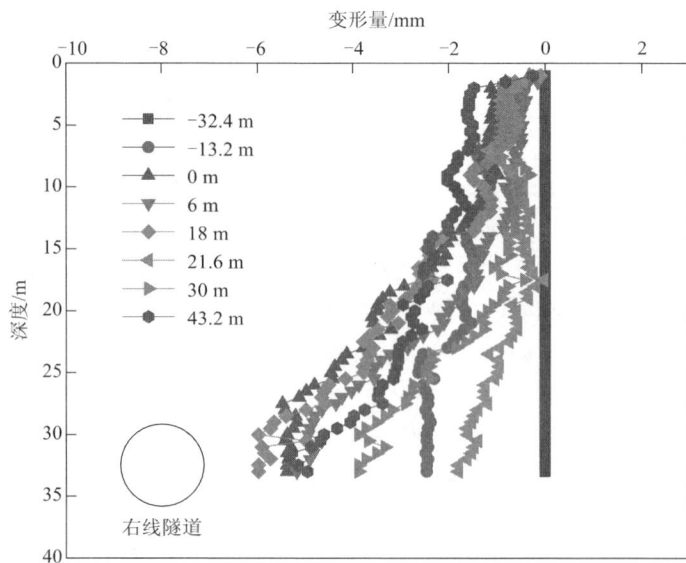

图 3-53　左线施工测斜管 C1 垂直于盾构方向变形图

左线施工测斜管 C2 垂直于盾构方向变形见图 3-54，测斜管 C2 位于 796 环左右线中间。地层变形明显经历了先挤压后应力释放的过程。盾构开挖面距土体约 15.6 m 左右时，土体开始受到挤压作用，有向隧道外的位移趋势；盾构通过时周围土体有向隧道方向偏移的趋势(6 m)；当盾尾管片脱离盾构时土体向隧道的位移明显增大，此时对应土体的应力释放过程；当盾尾管片脱离后，由于孔隙水压力的消散和盾尾浆液的凝结硬化，土体继续向隧道方向位移(14.4 m 和 19.2 m)。

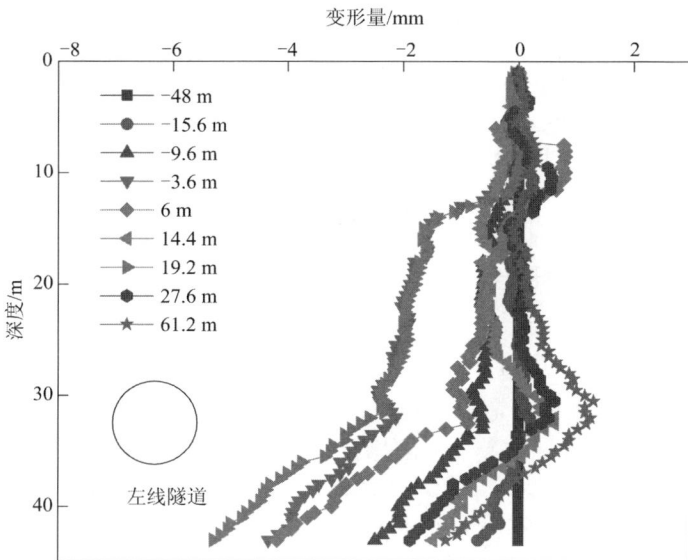

图 3-54　左线施工测斜管 C2 垂直于盾构方向变形图

3. 掘进参数与地层沉降关系分析

由前文分析可知，盾构停机会造成地层变形数据的大幅波动，现对停机期间掘进参数变化角度来分析数据波动的原因。

（1）上土仓压力与地层沉降的关系

右线 770~796 环上土仓压力与地层沉降的关系见图 3-55，其中地层沉降为位于 796 环多点位移计的测点 D41 测得的数据。由图 3-55 可知，盾构停机恢复掘进之后，上土仓压力会明显增大，这是由于停机期间采取了打膨润土、加气保压等措施，并且停机期间土仓内土量增加。盾构推进恢复后，随着土仓压力增大，地层沉降出现明显波动，这表明土仓压力的变化对盾壳前方的土体有较大影响，在推进中应将土仓压力控制在合理范围内。

（2）总推力与地层沉降的关系

右线 770~796 环总推力与地层沉降的关系见图 3-56，其中地层沉降为位于

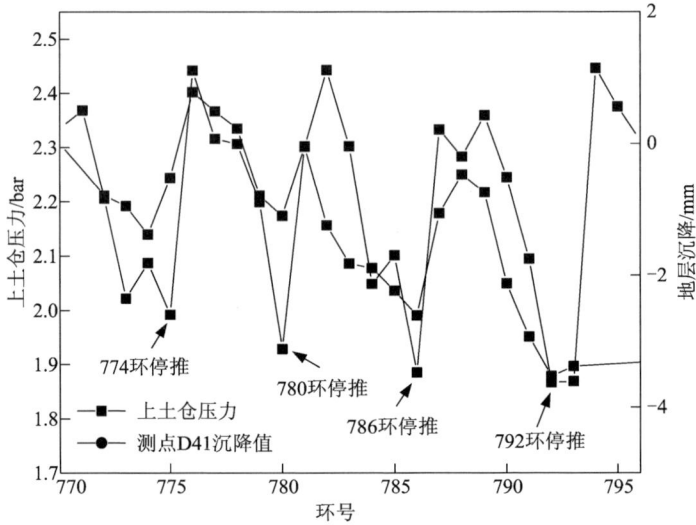

图 3-55　上土仓压力与地层沉降的关系

796 环多点位移计的测点 D41 测得的数据。由图 3-56 可知，盾构停机恢复掘进后，总推力会明显增大，这是由于圆砾地层中含有一定量的黏粒，盾构停机后盾壳周围受扰动土体结构性恢复，强度增加，与盾构体黏结更加紧密，从而导致重新启动需要更大的推力。盾构推进恢复之后，随着总推力增大，地层沉降出现明显波动，这表明总推力的变化对盾壳前方的土体有较大影响，在推进中应将总推力控制在合理范围内。

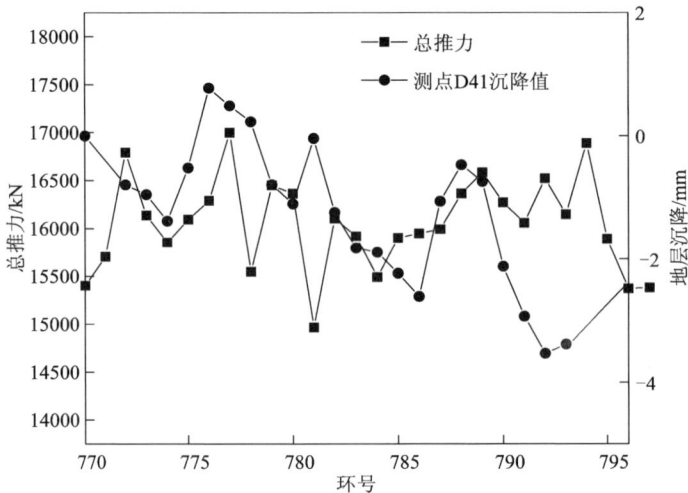

图 3-56　总推力与地层沉降的关系

（3）同步注浆量与地层沉降的关系

右线 800 ~ 820 环同步注浆量与地层沉降的关系见图 3-57，其中地层沉降为位于 796 环多点位移计的测点 D41 测得的数据。由图可知，在盾尾脱出后，同步注浆量的增加会使地层隆起，影响范围大致是盾尾脱出后 10 环。这表明同步注浆量的变化对盾尾后方的土体有较大影响，在推进中应采取合理方法计算和控制同步注浆量。

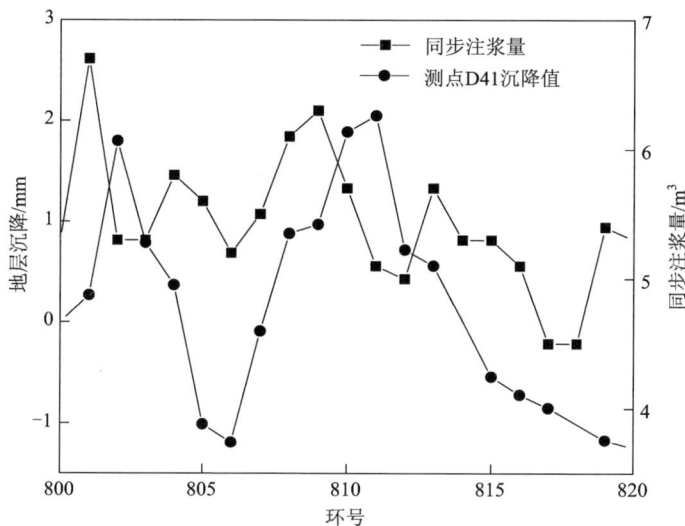

图 3-57　同步注浆量与地层沉降的关系

3.4.3　水位变化分析

1.右线施工水位变化情况

右线施工期间对断面 E 和断面 F 的地下水位变化进行了监测。

（1）监测断面 E 水位变化分析

监测断面 E 位于右线 783 环，包括测斜管 C1 和 C3，其中测斜管 C1 位于右线隧道左侧，测斜管 C3 位于右线隧道右侧，断面布置见图 3-36。右线施工时断面 E 的水位变化情况见图 3-58，测斜管 C1 的初始水位深度为 4.42 m，测斜管 C3 的初始水位深度为 4.22 m。随着盾构的推进，地下水位逐渐下降，盾壳通过监测断面 20 环左右后达到最小值，测斜管 C1 最低水位深度为 4.65 m，测斜管 C3 最低水位深度为 4.59 m，随后地下水位逐渐恢复。总体来说盾构施工引起的水位变化不大。

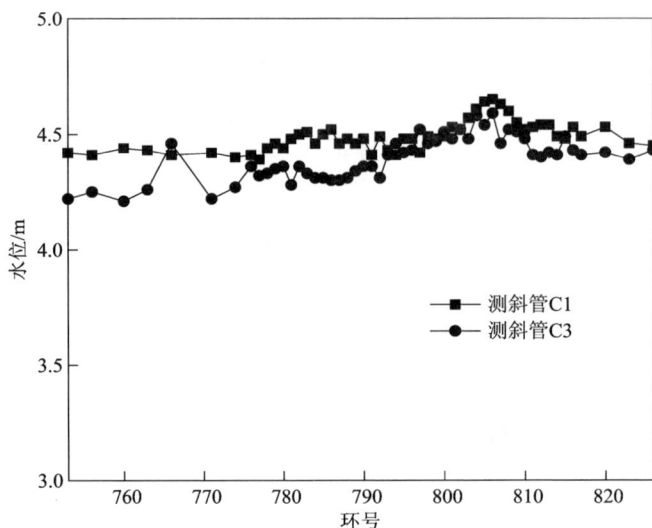

图 3-58　右线施工监测断面 E 水位变化分析

（2）监测断面 F 水位变化分析

监测断面 F 位于右线 796 环，包括测斜管 C2 和 C4，其中测斜管 C2 位于右线隧道左侧，测斜管 C4 位于右线隧道右侧，断面布置见图 3-37。右线施工时断面 F 的水位变化情况见图 3-59，测斜管 C2 的初始水位深度为 4.26 m，测斜管 C4 的初始水位深度为 4.02 m。随着盾构的推进，地下水位逐渐下降，盾壳通过监测断面 15 环左右后达到最小值，测斜管 C2 最低水位深度为 4.78 m，测斜管 C4 最低水位深度为 4.88 m，随后地下水位逐渐恢复。总体来说盾构施工引起的水位变化不大。

2. 左线施工水位变化情况

左线施工期间对测斜管 C1 和测斜管 C2 的地下水位变化进行了监测，测斜管 C1 及 C2 均位于左线隧道右侧，其中测斜管 C1 位于左线 788 环，测斜管 C2 位于左线 801 环。左线施工时水位变化情况见图 3-60，测斜管 C1 的初始水位深度为 5.02 m，测斜管 C4 的初始水位深度为 4.61 m，与右线监测时相比，水位明显下降，这与昆明 5—6 月长期干旱有关。随着盾构的推进，地下水位逐渐下降，测斜管 C1 最低水位深度为 5.31 m，测斜管 C2 最低水位深度为 5.19 m，随后地下水位逐渐恢复。总体来说盾构施工引起的水位变化不大，对地层变形造成的影响有限。

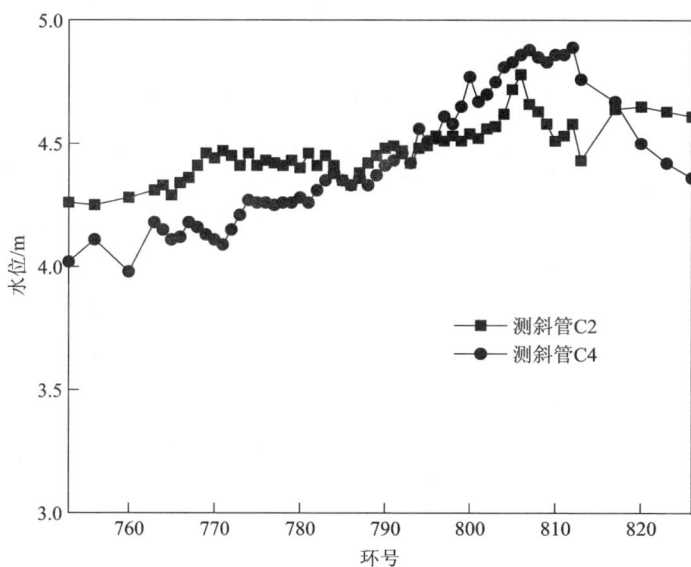

图 3-59　右线施工监测断面 F 水位变化分析

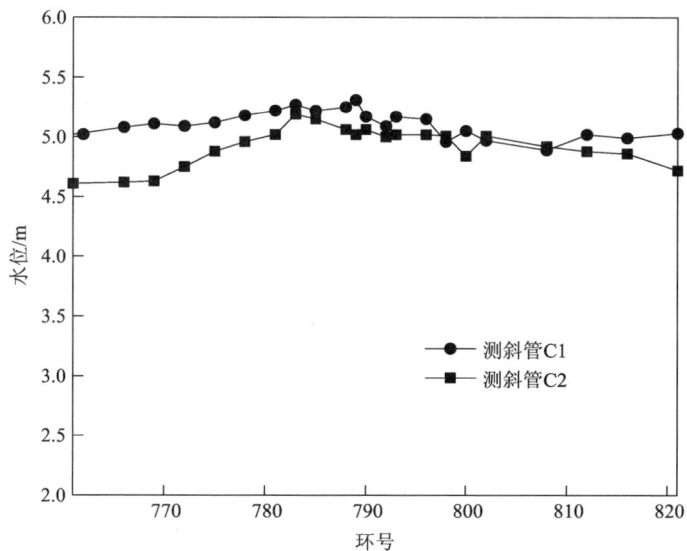

图 3-60　左线施工水位变化分析

3.5　本章小结

通过设置合理试验段，分析了现有盾构施工引起的地层变形沉降注浆控制方案，开展了盾构施工引起的地层变形及水位变化监测，总结了地层变形及水位变化规律，获得了以下结论及施工建议：

①盾体锥形间隙填充和推荐的同步注浆方案能明显减小地层沉降及沉降范围，对工后沉降的控制效果格外明显。以多点位移计 D1、D2 监测数据为例，未使用盾体锥形间隙填充和同步注浆控沉措施时，距离隧道顶部 3.5 m 处的沉降值为 7.43 mm，使用控沉措施时距离隧道顶部 3.5 m 处的沉降值为 1.97 mm，沉降值减少了 73.5%。此外，盾体锥形间隙填充和同步注浆技术的采用能使盾构施工的影响范围减小，地层沉降在深度方向的发展范围减小，有效减少了盾构施工对周边土体扰动，从而减小施工风险。

②监测结果显示同步注浆完成后地层深层沉降能很快趋于稳定，表明同步注浆浆液配比、注浆参数的合理选择，能及时起到充填作用，从而使周围岩体获得及时的支撑，有效地控制了地表的沉降。对于与本地区类的似富水圆砾地层盾构掘进工况，推荐选取质量比为水泥∶粉煤灰∶钠基膨润土∶砂∶水＝1∶2.56∶0.30∶4.90∶2.32 的同步注浆浆液配合比。当管片出现上浮问题时，可注入添加量为 0.1% 的减水剂来缩短浆液的凝结时间。

③盾构掘进刀盘逐渐接近监测断面时，地层出现轻微隆起；随着盾构进一步推进，地层逐渐沉降；当盾壳穿过监测断面后，在同步注浆的影响下地层变形出现一定程度的波动；盾尾脱出一定距离后，由于同步注浆浆液填充不密实及浆液流动等问题，地层继续沉降，且沉降值占总沉降量的比例较大，一段时间后地层逐渐稳定。

④盾构施工引起的地层垂直于盾构前进方向的变形呈现出如下规律：在盾构推进过程中，隧道周围土体经历先挤压后应力释放的过程。盾构开挖面距测量土体距离较近时土体开始受到挤压作用，有向隧道外的位移趋势；盾构通过时周围土体有向隧道方向偏移的趋势；当盾尾管片脱离盾构时土体向隧道的位移明显增大，此时对应土体的应力释放过程；当盾尾脱出和完成壁后注浆后，由于孔隙水压力的消散和浆液的凝结硬化，土体继续向隧道方向位移。

⑤随着盾构推进，地下水位呈现出先下降后上升的变化趋势，总体变化量不大，对地层变形造成的影响有限。

第 4 章

富水圆砾地层上下叠落盾构隧道渣土改良与高效掘进技术

　　土压平衡盾构在掘进过程中需要关注开挖面稳定性和进排土顺畅性两大关键问题[81]，如果掘进操作不当或盾构配置与地层不适应，施工会出现刀盘结"泥饼"[82-83]、螺旋输送机喷涌[84-85]、刀具磨损[86]等风险，常用的有效措施是掘进过程中对渣土进行合理改良，从而确保隧道顺畅掘进[87]。在昆明小—火区间中盾构下穿段主要穿越富水圆砾地层，螺旋输送机易出现喷涌等现象，危及隧道开挖面的稳定性，因此在盾构下穿前，采用理论推导、室内试验和现场试验等方法，对富水圆砾地层上下叠落双线隧道渣土改良与高效掘进技术进行了深入的研究，提出了盾构掘进过程中的渣土改良和掘进参数范围，为下穿段盾构隧道施工提供了相应的技术储备。

4.1　引言

　　昆明地铁 4 号线小—火区间盾构穿越大部分为富水圆砾地层，根据现场取样烘干后(图 4-1)进行筛分试验发现圆砾土中细粒含量极低(见图 4-2)，仅为 2% ~ 3%($d<0.075$ mm，d 为粒径)，主要含有圆砾石(2 mm$<d<$50 mm，占比 64% ~ 68%)和砂(0.075 mm$<d<$2 mm，占比 22% ~ 30%)，根据建筑地基规范划分，该类土属于圆砾土。圆砾土中孔隙大、连通率高，渗透系数大，隧顶水头高度为 10 ~ 25 m，水压力大，如果土仓中渣土不具有良好的抗渗性，盾构掘进时极易发生喷涌现象。因此，盾构下穿地铁 2 号线时，渣土改良应以避免发生喷涌为主，同时保证渣土具有良好的塑流性。在盾构下穿前，对圆砾土渣土进行室内改良试验，提前确定改良参数，再将室内改良参数应用到现场，根据出渣情况实时调整改良参数的方法并保证盾构顺利掘进。室内渣土改良试验应主要包括改良剂选取和渣土改良参数的确定两个方面，后期还需要跟踪渣土改良技术现场的应用效果，以及时调整。

图 4-1　小—火区间地层中的圆砾土

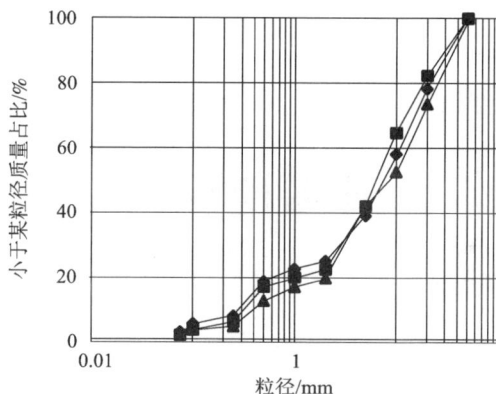

图 4-2　圆砾土级配曲线

4.2　富水圆砾地层渣土改良室内试验方案

4.2.1　改良剂选取及性能测试

常用的改良剂为水、泡沫、膨润土泥浆和高分子聚合物等[88]，几种常见的渣土改良剂特点见表 4-1。小—火区间盾构隧道施工渣土改良主要以防止喷涌并保证渣土的塑流性为目的，泡沫具有高压缩性，可在一定程度上补偿土仓压力波动，并降低渣土的渗透性。然而，在高水压的情况下，孔隙中泡沫极易被水直接冲走而导致改良失效，而膨润土泥浆在抗渗性的改良效果优于泡沫。因此，测试试验拟采用泡沫和膨润土两种改良剂相结合，泡沫采用康达特生产的盾构泡沫剂，膨润土泥浆采用钙基膨润土和钠基膨润土。

表 4-1　常见的渣土改良剂类型

添加剂	代表材料	主要效果	适用地层	缺点
矿物类	膨润土	降低透水性、增加流动性	无黏性土	需要使用大规模设备
高分子聚合物	聚乙烯酰胺/羧甲基纤维素	增稠、黏合、絮凝、吸水	无黏性土	废弃处理困难
界面活性材料	泡沫	降低透水性、提高流动性	各种地质	无

1.泡沫改良剂选取试验

由于圆砾地层中的黏土矿物成分含量较少，结泥饼的风险低，泡沫剂采用非分散型即可。为了确定泡沫剂生成的泡沫满足盾构掘进的需求,必须使半衰期和发泡倍率两个基本指标满足要求[87]。根据施工经验,要求泡沫的半衰期大于5 min,发泡倍率为 10～20。发泡试验采用的发泡设备为模拟盾构发泡系统而组装(见图4-3)。

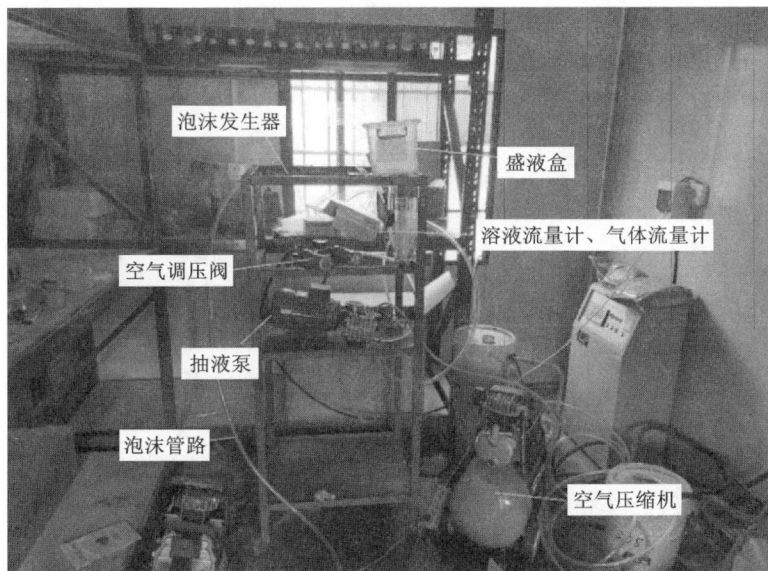

图4-3　实验室发泡设备

泡沫测试具体步骤如下:

①按照泡沫剂厂商的建议配置指定浓度的泡沫剂混合液。

②将泡沫剂混合液倒入混合液箱中,同时启动空压机储气,空压机额定压力为 8 bar。

③启动抽液泵,打开空气调压阀将气压设置为指定压力(根据现场发泡压力确定)后,再将泡沫剂混合液和空气的体积比调整为指定值(厂商建议)。

④称取层析柱的毛重 m_0,取一定量泡沫剂混合剂放入层析柱中后,再称取层析柱质量 m_1,则此时泡沫剂混合剂质量为 $m_f = m_1 - m_0$,然后将层析柱放在支架上,下方放置称和烧杯计时,待层析柱中消散的泡沫剂混合剂流入烧杯中的质量为 $m_f/2$ 时,结束计时。

⑤取 2000 mL 泡沫剂混合剂放入量筒中,待量筒中全部泡沫消散后,读取泡沫剂混合液体积 V_f,发泡率 $FER = 2000/V_f$。

试验泡沫剂混合剂浓度为厂商提供的建议值3%,发泡压力为 3 bar(盾构施工时发泡常用压力值)。试验结果见表4-2,由表4-2可知发泡剂性能良好,能够满足盾构掘进需求。

表 4-2　泡沫剂性能测试结果

发泡剂厂商	发泡剂类型	浓度/%	发泡压力/bar	发泡率/%	半衰期/s
康达特	非分散型	3	3	20	415

（2）泥浆性能测定

现场在小菜园地铁站基坑中板处设置有 6 个 32 m^3 的膨化池（因为左右线隧道先后相继掘进，单个盾构机使用 3 个膨化池），膨化后的膨润土从车站中板泵送到盾构机内膨润土箱后，再泵送到刀盘前方。施工单位根据现有设备提出最大膨化时间不超过 24 h 的要求，再根据以往的施工经验和文献调研，本研究泥浆的控制指标定为漏斗黏度大于 40 s，泥浆的密度达到 1.06～1.23 g/cm^3，胶体率达到 96% 以上。

试验膨润土泥浆采用施工单位提供的钠基膨润土和钙基膨润土，外加剂采用羧甲基纤维素（carboxymethyl cellalose，CMC），可起到一定增稠的作用。

膨润土泥浆的试验主要步骤如下：

①按水的质量为 10 kg 的标准称取膨润土和 CMC 的质量。

②将膨润土和 CMC 混合后倒入桶中用搅拌器（见图 4-4）以中速搅拌，开始计时。

③每隔 60 min 测试一次泥浆黏度和重度（见图 4-5），并记录测试数据，当相邻两次泥浆黏度不再增大时停止搅拌。

图 4-4　搅拌器搅拌泥浆　　　　图 4-5　马氏黏度计

④膨化时间达到 24 h 时停止试验，取 2000 mL 泥浆放入量筒中进行胶体率

（见图 4-6）和含砂率试验（见图 4-7），若静置 24 h 后两处泥浆析水体积为 V_w，则胶体率为（2000－V_w）/2000。

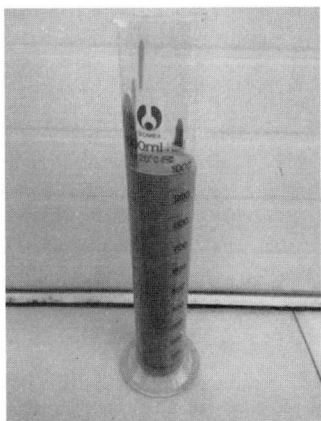

图 4-6　胶体率试验　　　　　图 4-7　含砂率试验

⑤绘制泥浆体积分数-黏度、泥浆体积分数-重度关系曲线，得出膨润土膨化效果最优时的泥浆体积分数，综合考虑泥浆的选取。

两类膨润土泥浆试验结果见表 4-3。钙基膨润土泥浆试验结果见图 4-8，该膨润土泥浆可在短时间内拌匀，泥浆黏度随着时间变化小。当无 CMC 掺入时，随着配比从 1∶7 增长至 1∶2 时，泥浆的黏度低，随着膨润土占比的增大，黏度有所增长，但总体上增长率低，泥浆胶体率低，离析严重。当配比为 1∶1 时，24 h 黏度骤变至约 90 s，胶体率明显增大，不易离析。当使用 1∶2 的配比并掺入 5% 的 CMC 时，可见黏度增大明显，30 min 黏度即增大至 317 s。

表 4-3　泥浆黏度试验结果

类型	配比	黏度/s									密度 /(g·cm⁻³)	含砂率 /%	胶体率 /%
		0.5 h	1 h	2 h	4 h	6 h	8 h	12 h	18 h	24 h			
钙基	1∶7	15.8	15.6	15.7	16.6	15.4	16.1	16	15.9	16	1.13	0.8	70
	1∶3	15.5	16.2	17.1	16.8	17.2	17.5	17	17.3	17.2	1.21	1.1	82
	1∶2	17	18.2	18.5	18.6	19.8	20.2	20.3	20.1	20.3	1.29	1.4	88
	1∶1	65	66	72	75	78	82	86	90	91	1.54	1.6	98
	1∶2 (5% CMC)	314	317	316	314	317	320	321	323	324	1.28	1.4	98

续表4-3

类型	配比	黏度/s									密度/(g·cm⁻³)	含砂率/%	胶体率/%
		0.5 h	1 h	2 h	4 h	6 h	8 h	12 h	18 h	24 h			
钠基	1：5	24	26	28	30	31	32	34	36	35.8	1.17	0.9	96
	1：4	31	37	41	47	52	58	62	63	64	1.19	1	98
	1：3	无法测量									1.20	1.2	100
	1：5（4% CMC）	47	52	58	66	72	78	88	90	92	1.17	0.9	98
	1：4（1% CMC）	55	64	75	83	90	96	104	106	108	1.20	1	100
	1：3（1% CMC）	无法测量									1.21	1.2	100

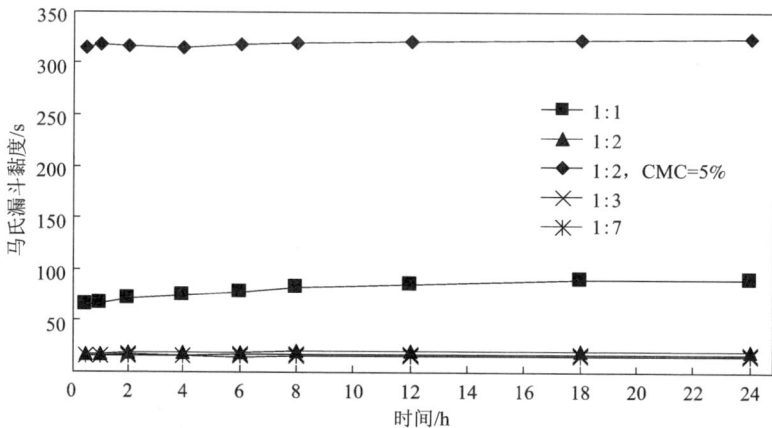

图4-8　不同配比钙机膨润土稠度-时间曲线

钠基膨润土泥浆试验结果见图4-9，黏度随着时间的增长而增大，当膨化时间为12 h时，泥浆黏度趋于稳定。当无CMC掺入，配比从1：5增大至1：4时，泥浆24 h黏度从35.8 s增大至64 s；当配比增大至1：3时，泥浆黏度过大，使用马氏黏度计测量时无泥浆下渗，无法测量。当配比为1：5的泥浆掺入4%的CMC时，相比无CMC掺入，24 h黏度从35.8 s提高至92 s；当配比为1：4的泥浆掺入1%的CMC时，相比无CMC掺入泥浆，24 h黏度从64 s提高至108 s。钠基膨润土泥浆整体胶体率都较高，不易离析。

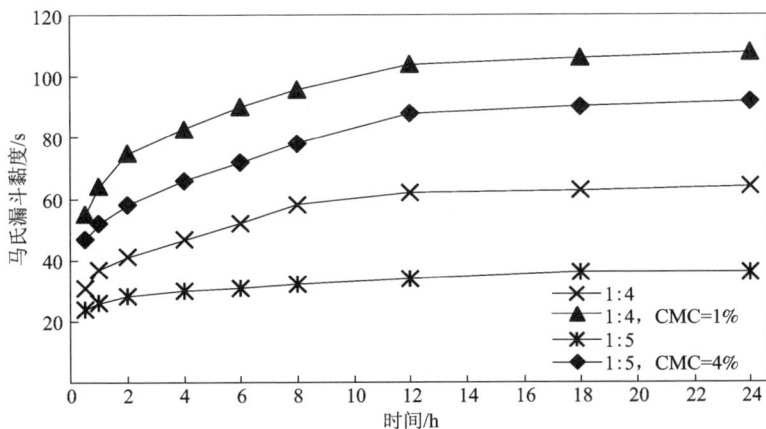

图 4-9　不同配比钠基膨润土泥浆稠度-时间曲线

（3）聚合物溶液配制

聚合物溶液采用聚丙烯酰胺（polyacrylamide，PAM）配制，溶液浓度为5‰，溶液密度为 1.01 g/cm³，聚合物马氏黏度为48 s。

4.2.2　渣土性能测试

1. 塑流性测试

改良剂参数确定后即可开展渣土的改良试验，改良以渣土具有较好的抗渗性[89]和一定的塑流性[90]为目的。然而，改良渣土的渗透试验时间长，准备工作量较大，对试验渣土需求大，而现场取到的原状土样有限，因此先对渣土进行塑流性试验，然后对达到塑流性要求的渣土进行渗流试验。坍落度试验（见图 4-10）是目前最普遍且可快速测量评价渣土塑流性的方法，先采用坍落度试验对渣土塑流性状态进行评价。

因为小—火区间全线在富水地层中掘进，试验渣土最小含水率为饱和含水率；渣土改良最主要的目的是改善渣土抗渗性，泡沫在高水压高孔隙率地层中的抗渗性改良效果并不理想，因此渣土

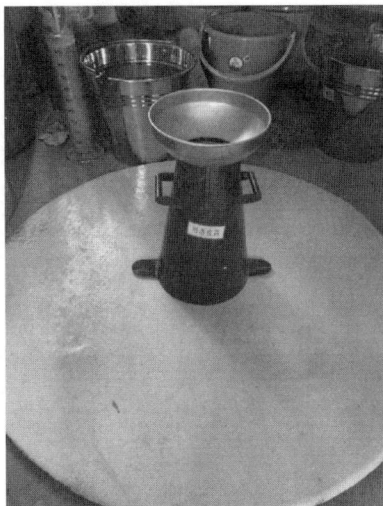

图 4-10　改良土塑流性测试坍落筒

改良试验应以膨润土泥浆改良为主、泡沫为辅的思路进行。坍落度试验也以泥浆改良为主，坍落度试验工况见表4-4。

表4-4　坍落度试验工况

渣土含水率/%	泥浆类型	配比	泥浆注入比/%
20 （天然饱和含水率）	钙基	1∶1	25、50、75、100
		1∶1.5	
		1∶2(5%CMC)	
	钠基	1∶5	
		1∶4	
		1∶4(1%CMC)	
		1∶3	
		1∶3(1%CMC)	

坍落度试验步骤如下：

①单次试验渣土用量的确定。因渣土泥浆和泡沫注入比都按照体积计算，但渣土（特别是粗颗粒土）在相同体积下，因孔隙率不同，渣土质量变化大。为保证试验的可重复性，应保证每次渣土的用量一致，用量的确定方法如下：a. 将试验渣土烘干；b. 将渣土放入15 L容器中；c. 将15 L容器中的渣土从1 m的高度缓慢倒入8 L容器中，待渣土填充至8 L位置时，停止倾倒，将渣土表面抹平，若渣土不满8 L，继续倾倒，若超过8 L，则拿出部分渣土，重复该步骤直至渣土体积为8 L；d. 重复该步骤三次，若三次渣土质量差均不超过5%，则取平均值为每8 L烘干试验渣土的质量（见表4-5）。三次试验误差在200 g以下，取平均值即为每次试验渣土使用量。

表4-5　每10 L渣土试验用量

	质量/g	均值/g
第一次试验	12216	12067
第二次试验	11994	
第三次试验	11991	

②试验中应提前准备泥浆，且泥浆的使用时间应与前述泥浆试验中最佳使用时间相对应。

③将一定量的渣土和水先倒入搅拌器中搅拌 1 min。

④将一定量的泥浆倒入搅拌器中搅拌 1 min。

⑤若要加入泡沫，在与泥浆搅拌完成后，再启动发泡系统，取定量泡沫导入搅拌器中。

⑥搅拌完成后即刻将渣土取出在 60 s 内完成在坍落筒中的装填。

⑦第 70 s 将坍落筒提起，测量其坍落度值和延展度值并将其表观状态拍照记录。

根据试验工况进行泥浆改良坍落度试验，试验结果见表 4-6。

表 4-6　坍落度试验结果

泥浆	注入比 /%	坍落度值 /cm	延展度值 /cm	状态	俯视图	整体图
钠基 1∶3	25	25	71	坍落筒提起后，渣土立即散开，颗粒呈散状，但泥浆包裹着颗粒，无析水现象		
	50	24.5	70			
	75	24	67			
	100	24	67			
钙基 1∶1	25	25	71			
	50	24.2	71.5			
	75	23	68			
	100	22.5	66.5			

续表4-6

泥浆	注入比/%	坍落度值/cm	延展度值/cm	状态	俯视图	整体图
钙基1.5:1	25	25.5	65	坍落筒提起后，渣土立即散开，颗粒呈散状，但泥浆包裹着颗粒，无析水现象		
	50	24.2	61			
	75	24.2	60			
	100	24.1	58			
	125	23.5	55			
	150	25.2	57			
	175	25	60			
钠基1:4（1%CMC）	25	26	71			
	50	25.2	71			
	75	25	72			
	100	25	73			

续表4-6

泥浆	注入比/%	坍落度值/cm	延展度值/cm	状态	俯视图	整体图
钠基1:3（1% CMC）	25	24.5	66.5			
	50	24	66			
	75	24.5	67			
	100	24	63	坍落筒提起后，渣土立即散开，颗粒呈散状，但泥浆包裹着颗粒，无析水现象		
钙基1:2（5% CMC）	25	24	65			
	50	24	63			
	75	24	64			
	100	24	64			

　　整理坍落度试验结果，见图 4-11，由图 4-11 可见，渣土坍落度都分布在 25 cm 左右，数值在小范围波动，波动原因是装样时有少数大颗粒渣土填入坍落筒后，渣土坍落后大颗粒一般都为最高点，因此坍落度有一定差别。因为试验渣土注水量为饱和注水量，和泥浆混合，搅拌桶内渣土几乎被混合后的泥浆淹没，取样进行坍落度试验时难以保证每次坍落筒中的土浆比，所以坍落度和延展度数值在小范围内无规律变化，但可明确得出的结论是，泥浆改良后渣土塑流性过大，仅用泥浆改良很难使饱和土样的塑流性保持在理想范围内。

　　综上所述，几种配比的泥浆按不同注入比改良后的渣土均具有很强的流动

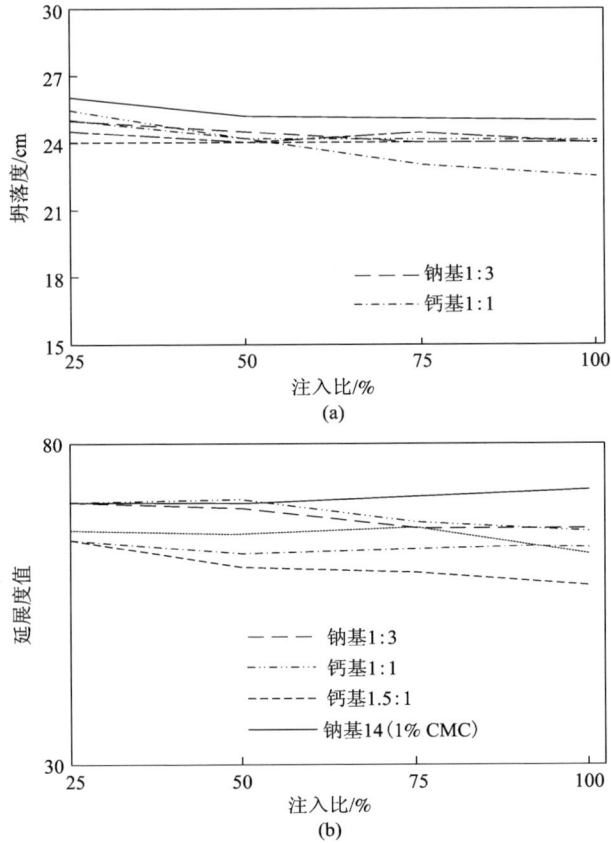

图 4-11　膨润土泥浆改良渣土塑流指标

(a)坍落度；(b)延展度

性，这种状态虽然可以使渣土轻松地从螺机中排出，但由于流动性过大，渣土极易因土仓中的压力而被直接挤出螺机，难以控制土仓压力。另外，泥浆的注入比最大已达到 100%，意味着盾构每环注入 40 m³ 的膨润土都无法改善渣土的塑流性，产生该现象的主要原因是渣土中含水率过大或是渣土级配不良，泥浆中细颗粒土无法有效包裹粗颗粒土。

为了验证含水率过大导致泥浆难以改良圆砾土渣土，将烘干渣土加入泥浆，若能使渣土具有较好的塑性，则造成塑流性过大并难以调节的主要原因是渣土中的含水率过大，稀释了混合后的泥浆。试验结果见表 4-7。

表 4-7　烘干土样泥浆改良坍落度试验结果

工况	注入比/%	坍落度值/cm	延展度值/cm	主视图	俯视图
烘干土样，泥浆采用 1∶3 钠基膨润土	25	0	20		
	50	15	25.5		
	75	24.5	48		
	100	25	50		

　　整理坍落度试验结果，见图 4-12，由图 4-12 可知，烘干的土样在注入比为 25% 时，渣土塑流性差，坍落筒提起后不发生坍落，但随着膨润土注入比的增大，渣土坍落度和延展度增大，渣土塑流性增强，呈良好的塑状流动性。且注入比为 50% 时，渣土坍落度值在合适的改良范围内，塑流性良好。综上所述，该类渣土塑流性是能够被泥浆改良成合理状态的，影响饱和渣土塑流性最主要的因素是渣土的含水率过大。

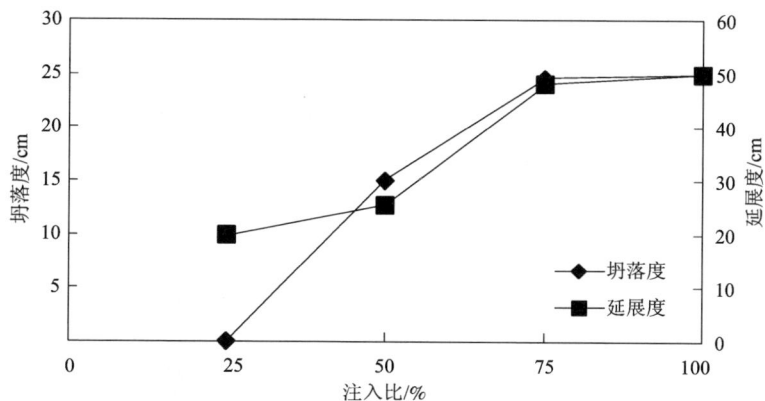

图 4-12　烘干土样坍落度试验结果

加入 PAM 溶液可以起到一定的吸水作用，使渣土的塑流性得到较好的改善（见表4-8）。因钙基膨润土达到指定黏度所需的量较大，且达到指定黏度后比重大于要求值，该钙基膨润土不适用于盾构掘进，不再对钙基膨润土进行试验；钠基膨润土配比为1∶4以下的黏度低，不能满足要求，也不适用于盾构掘进，因此选择工况仅为1∶4加入1%CMC的泥浆和1∶3的钠基膨润土泥浆。

表4-8　加入 PAM 溶液的改良渣土坍落度试验结果

工况	PAM 注入比 /%	坍落度值 /cm	延展度值 /cm	主视图	俯视图
钠基1∶3（25%注入比）	1.25	22.2	57		
	2.5	23.5	57		
	3.75	20.9	52.5		
	7.5	21.8	51		
	12.5	21.2	48.5		
	16.25	23.2	52		
	18.75	21.9	48		
	23.75	16.4	37		

续表4-8

工况	PAM 注入比 /%	坍落度值 /cm	延展度值 /cm	主视图	俯视图
钠基 1:4 （25% 注入比）	1.25	22.2	49		
	3.75	21.4	48		
	6.25	21.2	47.5		
	7.5	17.9	45.5		
	8.75	18.2	40		
	10	18	39		
	12.5	17.8	36.5		
	15	15.3	33		

　　通过试验数据可知（见图 4-13），随着 PAM 的注入比增大，渣土坍落度和延展度逐渐降低。膨润土泥浆配比为 1:3、泥浆注入比为 25% 的渣土在 PAM 注入比为 12.5% 时与膨润土泥浆配比为 1:4、泥浆注入比为 25% 的渣土在 PAM 注入比为 7.5% 时，渣土出现析水现象，析出的水干净并具有一定的黏稠性。继续增大 PAM 注入比，当 1:3 的泥浆在 PAM 注入比为 23.75% 时（1:4 泥浆在 PAM

注入比为 15%），渣土完全失去塑流性。造成该现象的原因是 PAM 对泥浆具有较强的絮凝作用，加入适当的 PAM 可使泥浆絮凝变得浓稠，但过量的 PAM 注入会导致泥浆中土颗粒絮凝成团与水分离，分离出的水直接从土析中，渣土保水性差。

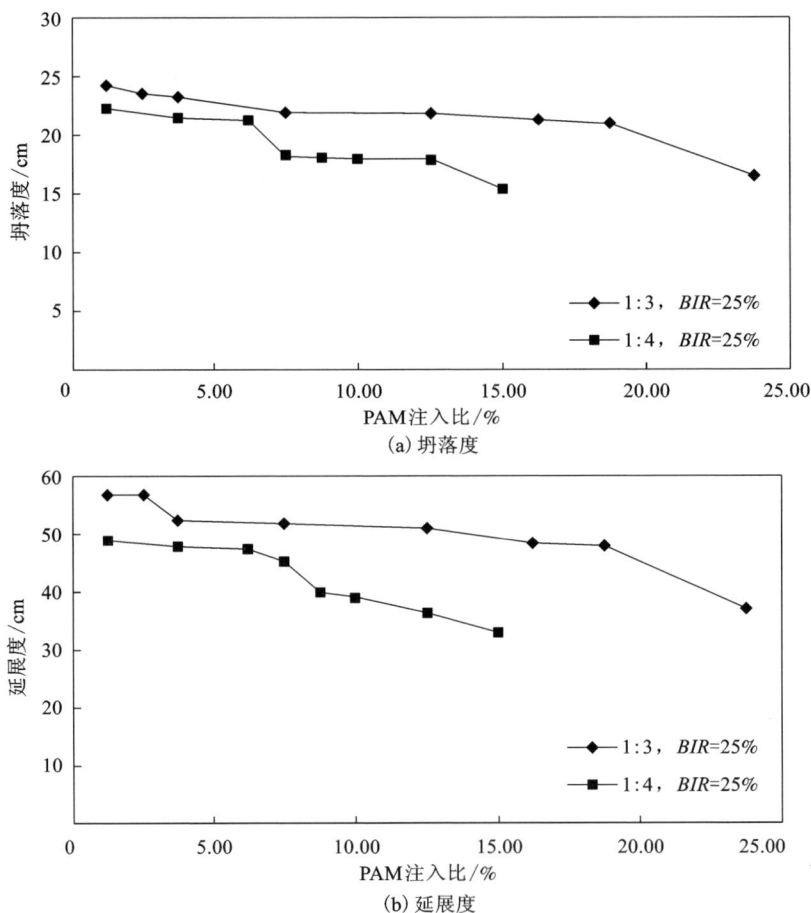

(a) 坍落度

(b) 延展度

图 4-13　加入 PAM 和泥浆改良渣土塑流性测试结果

　　泡沫作为一种常用的渣土改良剂被广泛使用，但是在富水地层中，由于含水率大，泡沫注入后容易破灭，改良的效果较弱。然而，泡沫具有较好的润滑效果，减少刀盘的磨损，且泡沫能够携带气体和渣土混合，使渣土中有一定量的气孔，增大渣土的压缩性。因此在选择好其他改良剂和改良参数后，再加入泡沫进行改良，目的是探究富水圆砾地层中注入了膨润土和聚合物等改良剂后，加入泡沫对渣土改良效果的影响及其规律。试验工况选择加入 PAM 后具有较好的塑流性且不析水的渣土，试验结果见表4-9。

表 4-9　加入泥浆、PAM 溶液和泡沫改良渣土的试验结果

工况	泡沫注入比 /%	坍落度值 /cm	延展度值 /cm	主视图	俯视图
钠基 1∶4 （25% 注入比， 加 1% CMC， 6.25% PAM）	0	21.2	49.5	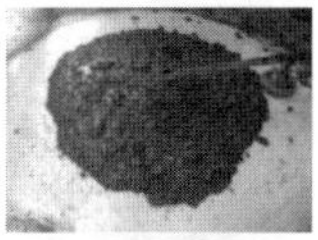	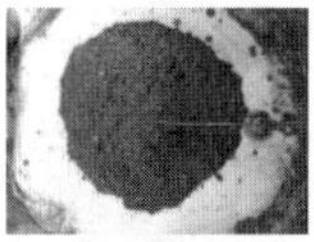
	20	19.2	51.2	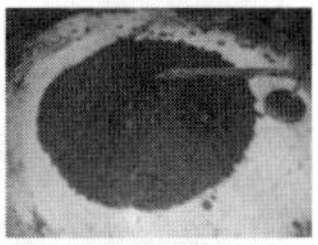	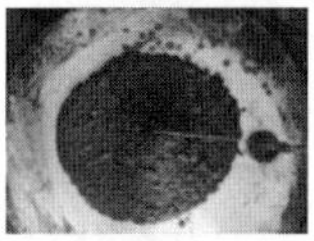
	40	19.6	50.3	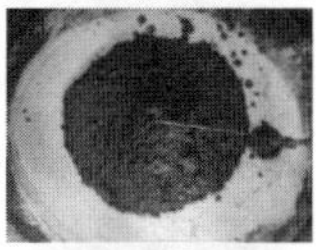	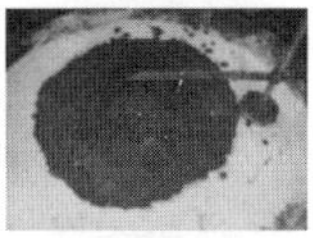
钠基 1∶3 （25% 注入比 12.5% PAM）	0	21.2	50.5		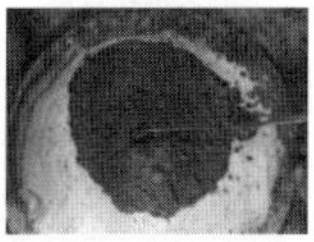
	20	20.3	49.9		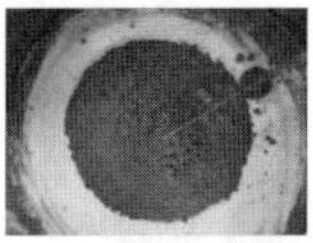
	40	20.6	50.8		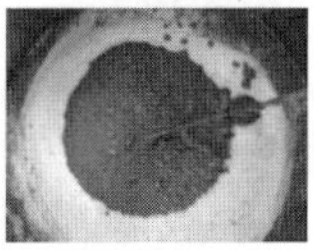

由试验结果可知，泡沫的注入比为20%～40%时，两种渣土的坍落度和延展度与注入比为0%时无异，即泡沫注入对渣土塑流性影响较小，这是因为混合前渣样中含有大量的泥浆，泡沫与混合后的泥浆加大了泡沫表面水膜的压力，导致泡沫的快速破灭。虽然泥浆与泡沫混合后泡沫即刻消散了，但盾构机中的泡沫喷口均位于刀盘处，在掘进过程中，泡沫持续喷出可使刀具上黏附一定量的表面活性剂，使刀盘和刀具减磨，因此必须使用泡沫。

2. 抗渗性测试

坍落度试验确定了使渣土具有良好塑流性的改良参数后，即可开展渗流试验

进一步筛选合理的改良参数；根据文献调研和施工经验总结，盾构施工的正常进行需要控制渣土的渗透系数在 $1×10^{-5}$ m/s 以下，考虑到盾构停止推进拼装管片等因素，渣土渗透系数应维持在 $1×10^{-5}$ m/s 以下至少保持 90 min。抗渗性试验采用自制的大型渗透仪（见图 4-14），渗透仪直径为 30 cm，高度为 70 cm（制样高度为 60 cm），在试样上方和下方设置测压孔以计算实时的压力差，该渗流仪可测量 $d_{85} \geqslant 6$ cm 的试样，最大水头高度可调至 5 bar[91-92]。

图 4-14　大型渗透仪

渗流试验步骤主要如下：

①试样准备阶段与坍落度试验一致。

②在渗流仪下方垫上滤纸，将混合好的改良渣土缓慢倒入渗流仪中，当渣土填至 60 cm 高度时停止，该过程应在 15 min 内完成。

③盖上渗流仪上盖，拧紧螺母，将入水管和溢流管连接到上盖，打开水龙头注水，并开始计时。

④调节水龙头和溢流管球阀的大小，将压力调至指定压力时开始记录数据。

⑤当出水量低于 500 mL/min 时，每 10 min 记录渗流量，同时记录渗流时的上下压力差，记录间隔由渣土渗流状态决定。

⑥当出水量高于 500 mL/min 时，记录累计渗流 5000 mL 所需的时间，同时记录渗流时的上下压力差。

⑦当渗透系数增大至 $1×10^{-4}$ m/s 量级时，停止渗流试验，并绘制时间-渗透系数图，筛选合理的改良参数。

根据坍落度试验结果将渗透试验工况拟定，见表 4-10。

表 4-10　渗流试验工况

水压/bar	含水率/%	泥浆类型	泥浆配比	泥浆注入比/%	泡沫注入比/%	聚合物注入比/%
2.5	20	钙基膨润土	1∶1	25	0	0
		钠基膨润土	1∶4	25	0	0
			1∶4（CMC 浓度 1%）	25	0	0
			1∶4（CMC 浓度 1%）	25	0	6.25
			1∶4（CMC 浓度 1%）	25	40	6.25
			1∶3	25	0	0
			1∶3	25	0	12.5
			1∶3	25	40	12.5

　　渗流试验渣土渗流系数的时变曲线图见图 4-15，从图 4-15 中可以看出，当使用 1∶1 的钙基膨润土、1∶3 和 1∶4 的钠基膨润土，在注入比为 25% 的情况下，一定量的泡沫和聚合物注入对渣土的渗流特征影响较小，所有渣土初始渗透系数均处于 10^{-7} m/s 量级，试样几乎不透水，随着时间增大，渗透系数均呈下降趋势，当渗透系数下降至 0 后，便不再出水。这是因为改良渣土在填样时，压力加在试样上方后，在压力的作用下，泥浆逐渐将土孔隙填实，使渣样完全不透水。所有试验工况均满足掘进的要求。

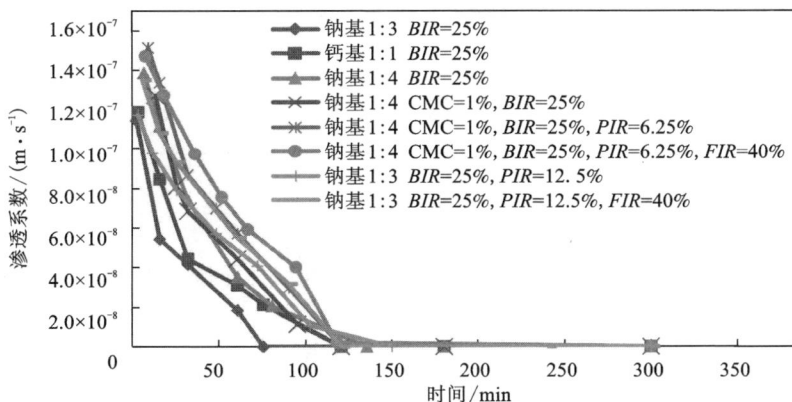

图 4-15　渗流试验结果

3.试验结果总结

①泥浆可以有效改善渣土的抗渗性,但因饱和渣土含水率较大,混合后泥浆被稀释,黏度降低,因此对塑流性的改良效果并不明显。

②PAM溶液和泥浆混合后对泥浆产生絮凝作用,少量PAM注入可使泥浆增稠,对富水地层渣土塑流性有改善效果,但过量PAM注入会使泥浆中土颗粒和水完全分离,导致渣土析水。

③针对该圆砾地层土样,当使用泥浆改良渣土时,泡沫的额外注入对塑流性和抗渗性影响小,但泡沫注入可使刀具减磨,因此泡沫的注入是必不可少的。

4.2.3　渣土改良方案建议

根据上述试验结果,拟定改良参数方案(见表4-11)。共设计4种方案,方案1和方案2采用1:4(1% CMC)的膨润土泥浆,方案3和方案4采用1:3的膨润土泥浆,两种泥浆均能够改善渣土的抗渗性,并使渣土具有很强的塑流性,做对比试验方案的目的是为了对比不同浓度的泥浆在盾构中改良后的渣土状态差异;方案1和2(方案3和4)之间的差异在于是否加入PAM溶液,溶液加入量的取值为使渣土具有一定的塑流性并不析水的注入量,对比试验是为了探究PAM在现场改良中的应用效果。

表4-11　现场渣土改良方案

方案	改良参数				
	泥浆类型	泥浆配比	泥浆注入比(BIR)/%	PAM注入比(PIR)/%	泡沫注入比(FIR)/%
1	膨润土泥浆	1:4(1% CMC)	20~40	0	20~40
2	膨润土泥浆	1:4(1% CMC)	20~40	3~6	20~40
3	膨润土泥浆	1:3	20~30	0	20~40
4	膨润土泥浆	1:3	20~30	5~10	20~40

右线采用铁建重工生产的盾构,盾构直径为6.44 m,设盾构掘进速度为控制面板显示值v(单位为mm/min),ζ为土的松散系数,取值为1.2,则每分钟盾构掘进时掘土量如下式:

$$V_\pm = A_盾 \times v \times 1.2 = 39.08v \quad (L) \tag{4-1}$$

式中:$A_盾$为盾构横截面积。

膨润土泥浆注入一共为3个管路,刀盘上有2个管路与泡沫共管注入,土仓中一个管路单独注入,膨润土泥浆主要以保证土仓中渣土的抗渗性和塑流性为目的,因此设置比例按照刀盘膨润土注入量为总注入量的 30%,土仓内膨润土注入量为总注入量的 70%。于是将盾构实际掘进特征带入表 4-11 所示的改良参数,可求得实际掘进情况下各改良剂注入方案,见表 4-12。

表 4-12　盾构泥浆和 PAM 溶液改良参数设置值

方案	改良参数设置值			
	泥浆注入比/%	现场泥浆注入设置值	PAM 注入比/%	现场 PAM 注入设置值
1	$20 \sim 40$	$7.8v \sim 15.6v$	0	0
2	$20 \sim 40$	$7.8v \sim 15.6v$	$3 \sim 6$	$1.1v \sim 2.2v$
3	$20 \sim 30$	$7.8v \sim 11.7v$	0	0
4	$20 \sim 30$	$7.8v \sim 11.7v$	$5 \sim 10$	$1.9v \sim 3.8v$

泡沫设置值:泡沫一共分为 6 个管路,根据泡沫性能测试,总发泡压力应设置为 $3.5 \sim 4$ bar,保证发泡时各管路发泡枪的压力计表显值大于 3 bar。根据各管路的分配拟定以心管路(1~2 号管路)占比 50%,其余管路(3~6 号管路)占比 50% 分配。类似于表 4-12,具体设置值计算方法见表 4-13。

表 4-13　盾构泡沫改良参数设置值

方案	改良参数设置值								
	泡沫注入比/%	泡沫浓度设置值/%	发泡压力设置值/bar	各管路流量设置值/($L \cdot min^{-1}$)					
				1	2	3	4	5	6
1	$20 \sim 40$	3	$3.5 \sim 4$	$2 \sim 4v$			$1 \sim 2v$		
2									
3									
4									

根据试验结果和工程经验,对小—火区间渣土改良提出如下建议:

①因泥浆黏度较大,泥浆膨化池中搅拌器的范围应覆盖整个膨化池,否则易导致搅拌影响较弱区域泥浆成团,无法混合均匀,有堵管风险。

②对 1:4 配比加入 1% CMC 的泥浆,CMC 应在搅拌前与膨润土混合均匀后

倒入膨化池，否则易导致 CMC 成团失效，加入 CMC 的泥浆应在膨化 24 h 后短期内使用，长期搁置会因化学反应导致泥浆黏度下降。

③切勿将 PAM 与泥浆在膨化池内同时混合，切不可将 PAM 溶液与泥浆共管注入，必须严格控制 PAM 溶液的注入量。

由于预先制订的渣土改良方案立足于室内试验角度，方案在应用过程中对小—火区间的渣土改良工作确实有积极作用，但相比于室内试验，盾构在现场掘进过程中渣土所处的环境条件一般更加复杂，再涉及室内试验土样重塑所造成的力学特性变化，导致很多情况下通过室内试验所制订的渣土改良方案无法满足现场实际掘进渣土改良需求。因此自本章 4.3 节起，基于现场掘进过程中渣土的改良工作，主要从现场掘进参数与渣土状态的适配性入手，开展了相关工作。首先分析了试验段掘进过程中各环渣土的塑流性、含水率、泡沫注入比等物理特性，以及渣土坍落度出现异常值的原因；然后计算了试验段盾构各项掘进参数的理论值，将理论值与实测值对比分析，从地质角度解释了掘进参数的发展趋势；其后将掘进参数与渣土坍落度进行耦合分析，从掘进参数控制角度给出了小—火区间各类地层适宜的坍落度范围；采用规划求解的方法给出确保盾构掘进参数处于正常范围的渣土改良方案，且针对高流动性渣土提出了专项改良方案。值得注意的是，虽然前面室内试验部分制订的渣土改良方案无法在现场实施，但是根据室内试验得到的改良剂类型、渣土随着改良剂添加比变化而呈现出的力学变化规律仍然对现场渣土改良起到了重要的指导意义。

4.3　试验段盾构渣土状态与掘进参数分析

4.3.1　试验段渣土现场测试

针对盾构每环所排出渣土，均选取 2 个试样进行坍落度试验和含水率测试，以跟踪渣土状态，评价渣土改良效果。对试验段内特征渣样进行筛分试验（例如 790 环渣土），对比分析渣土级配曲线，考察每环渣土的粒径分布情况，部分渣土状态展示见图 4-16。

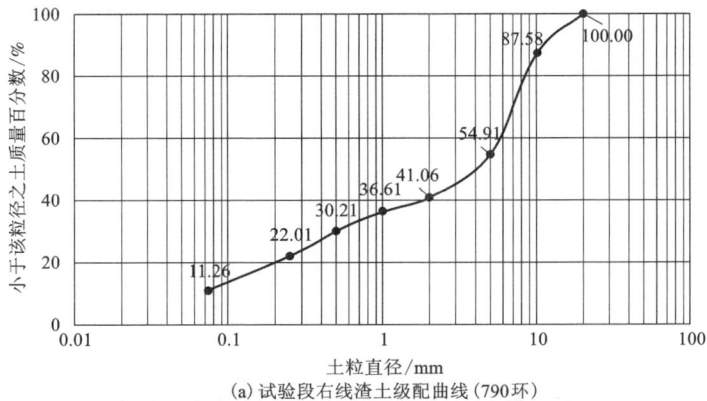

(a) 试验段右线渣土级配曲线（790环）

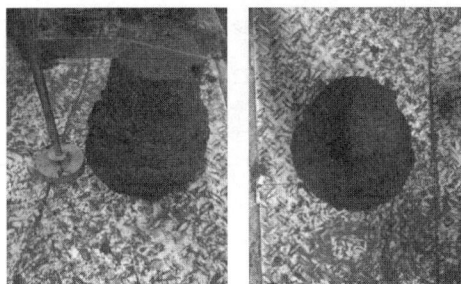

正视图　　　　　俯视图
(b) 试验段右线渣土坍落度试验效果图（790环）

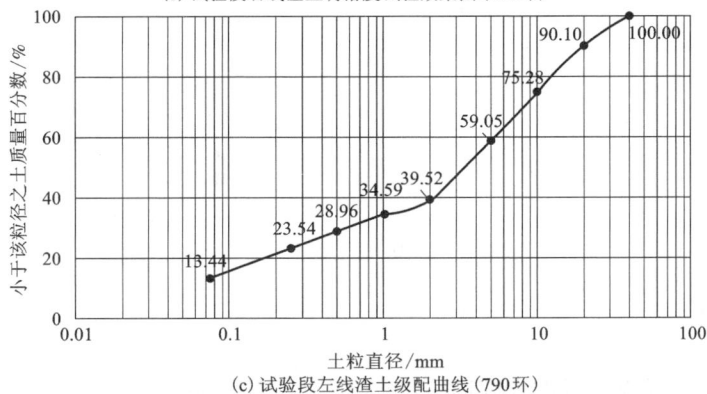

(c) 试验段左线渣土级配曲线（790环）

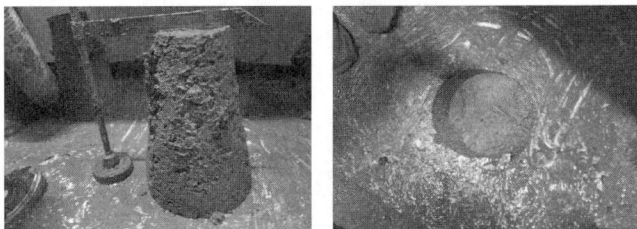

正视图　　　　　俯视图
(d) 试验段左线渣土坍落度试验效果图（790环）

图 4-16　试验段 790 环渣土级配及坍落度试验曲线

4.3.2　试验段渣土状态变化情况

跟踪测试每环渣土的坍落度情况及其含水率与泡沫注入比，考察坍落度随含水率及泡沫注入比的变化关系，针对某些坍落度异常环数，对其坍落度出现异常的原因进行分析，以防盾构施工中的风险。

1.试验段右线(记为 A 段)

(1)试验段 A1 段(760~820 环)测试结果

试验段右线盾构掘进期间(切口环 760~820 环)，跟踪每环出渣土的状态。盾构出渣土的含水率维持在 25%~40%，泡沫注入比控制在 20%~45%，坍落度值大部分保持在 0~10 cm 左右(见图 4-17~图 4-19)。在 780 环与 785 环时，渣土坍落度值明显增大，达到了 18 cm(见图 4-17)，经调查原因为在盾构停机时土仓内通水管路未关闭，导致土仓内渣土含水量增高，次环掘进时渣土流动性增大。

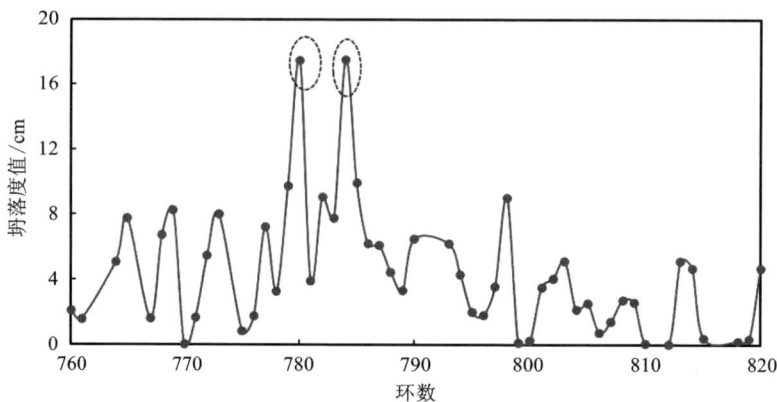

图 4-17　试验段 A1 段渣土坍落度值与环号对照图

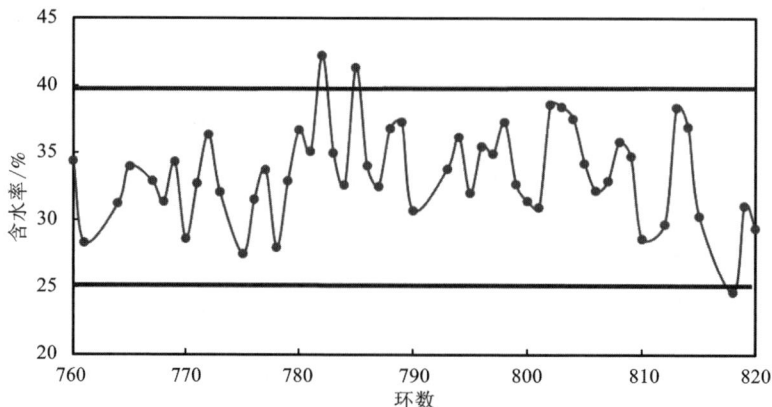

图 4-18　试验段 A1 段渣土含水率值与环号对照图

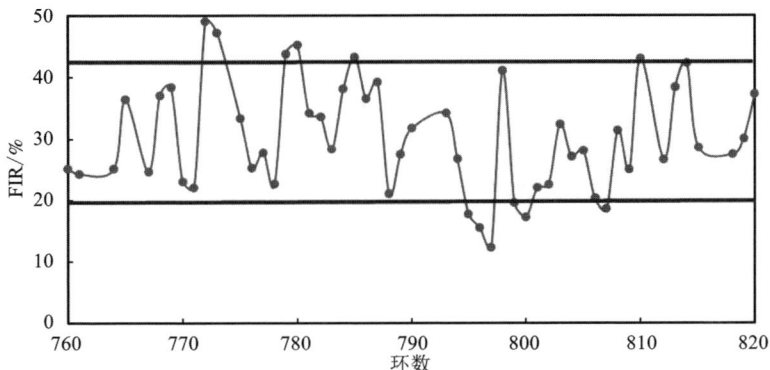

图 4-19　试验段 A1 段泡沫注入比与环号对照图

（2）试验段 A2 段（840～870 环）测试结果

对于试验段 A2 段（切口环 840～870 环），该段渣土的含水率主要集中在 28%～40%，泡沫注入比主要集中在 20%～43%（见图 4-20～图 4-22）。在 A2 段掘进过程中，小—火区间右线打入了克泥效以改良渣土，但克泥效的使用对渣土状态并无影响。在掘进前半段渣土情况与 A1 段类似，掘进参数和改良参数比较稳定，渣土状态正常；后半段在改良参数和改良剂无明显调整的情况下，渣土坍落度逐渐增大，塑流性越来越强，试验测得渣土黏粒含量减少同时含水率极大增加。

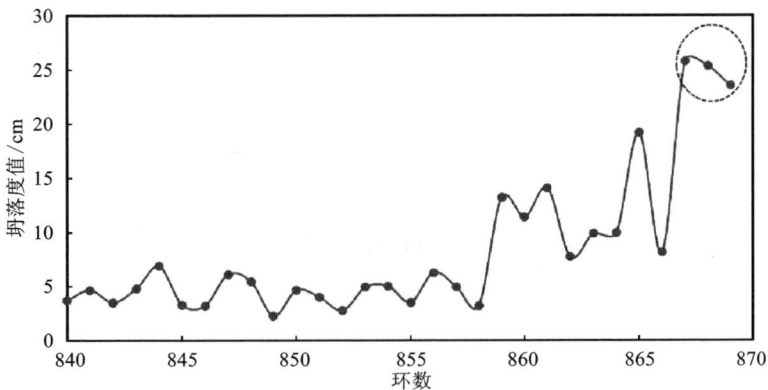

图 4-20　试验段 A2 段渣土坍落度值与环号对照图

当切口环位于 867～875 环时，渣土坍落度接近 25 cm，表现为过强塑流性

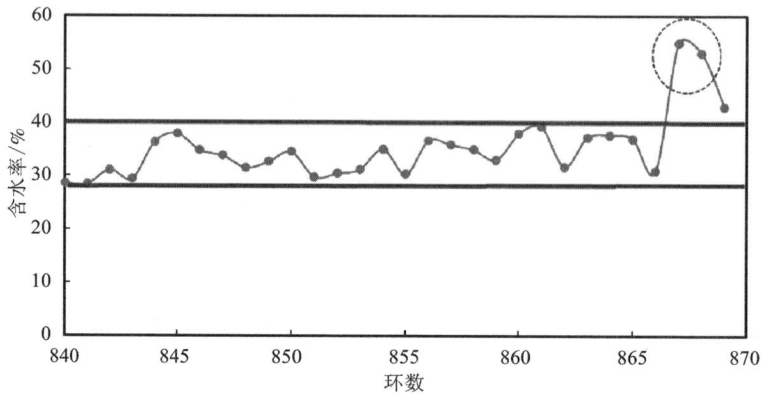

图 4-21　试验段 A2 段渣土含水率值与环号对照图

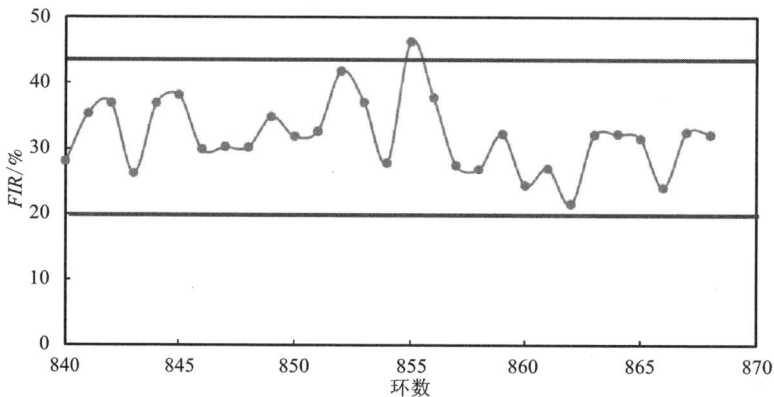

图 4-22　试验段 A2 段泡沫注入比与环号对照图

（见图 4-23）。渣土坍落体无法成型呈流态，流动性过强导致出现"喷渣"现象，初步认定该状态下只采用泡沫作为改良剂已不适用，急需探究新的渣土改良方式以防止螺机喷涌，否则当下穿段出现类似情况，掘进将引起地层大幅度沉降，危及上方既有线的正常运营。针对该类渣土的具体改良方案，可见本章第 4.4.4 节。

根据《昆明轨道交通四号线土建 3 标小—火区间详勘报告》（以下简称《详勘报告》）[93] 盾构在穿越该区段范围内时，区间存在圆砾地层与粉质黏土的交界面（见图 4-24），在地层交界面处岩土性质薄弱，一般富水且导水。在盾构通过此断面的过程中，地层交界面的地下水极大地增大了渣土的含水率。同时该区段虽然夹有粉质黏土（其筛分结果以切口环 867 环为例，见图 4-25），但是粉质黏土的

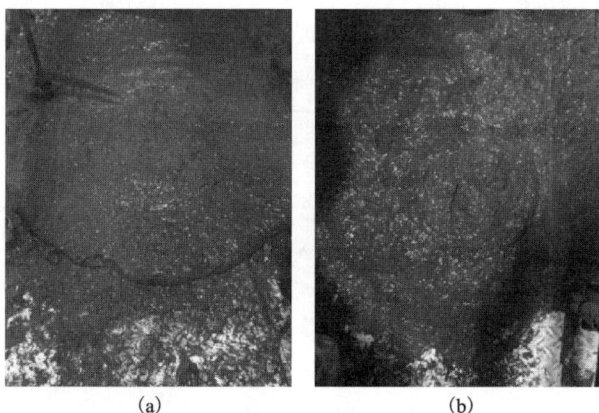

图 4-23　坍落度显著增大环(867 环)渣土坍落度试验效果图

液限较低,遇水很容易达到其液限,进而表现为流态。综上所述该区段内渣土表现为过强塑流性,坍落度值剧增。

2. 试验段左线(记为 B 段)

试验段左线盾构掘进期间(切口环为 786 ~ 830 环),对每环出渣土的状态进行跟踪,盾构渣土的含水率维持在 26% ~ 40%,泡沫注入比为 4.5% ~ 11%(见图 4-26、图 4-27)。坍落度值大部分保持在 1 ~ 5 cm(见图 4-28)。在拼装 812 ~ 814 环时,渣土坍落度值增大,达到了 7 ~ 9 cm。

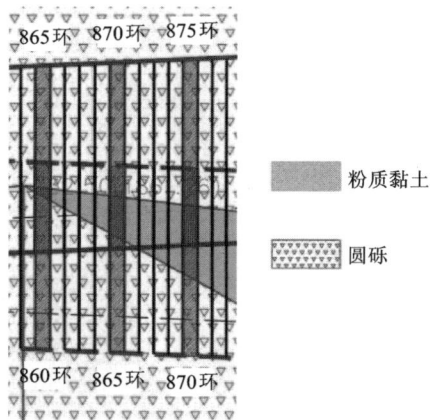

图 4-24　高流动性渣土环数地质情况图

经过调查,其原因是盾构施工员在掘进过程中发现出土不畅,故增大了渣土注水量,导致渣土状态变稀,坍落度增大。

本阶段渣土坍落度虽然各环之间具有一定离散型,但总体波动不大。即各环渣土含水率和泡沫注入比虽发生变化,但并未造成坍落度值剧烈波动。根据《详勘报告》[93],左线试验段所穿越的圆砾地层夹有大面积的粉土使所出渣土细粒含量较高,渣土吸水性强,并且其塑流性的变化对水含量变化不敏感,其工程地质断面图见图 4-29。

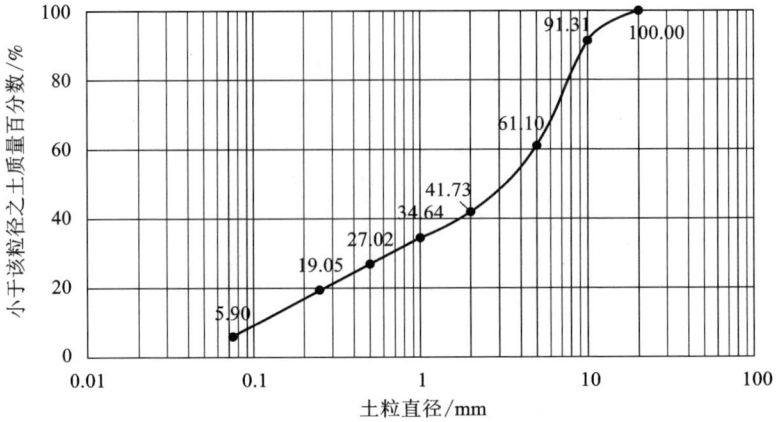

图 4-25　第 867 切口环的渣样级配

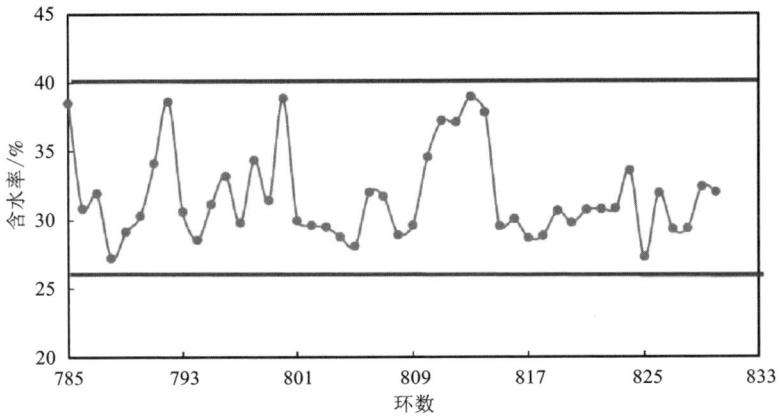

图 4-26　试验段 B 段渣土含水率值与环号对照图

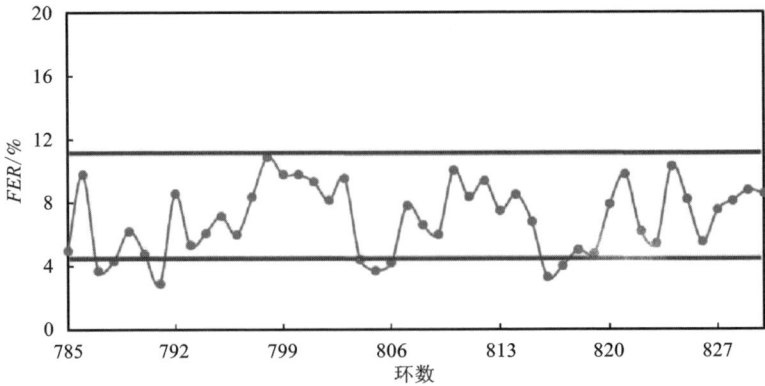

图 4-27　试验段 B 段泡沫注入比与环号对照图

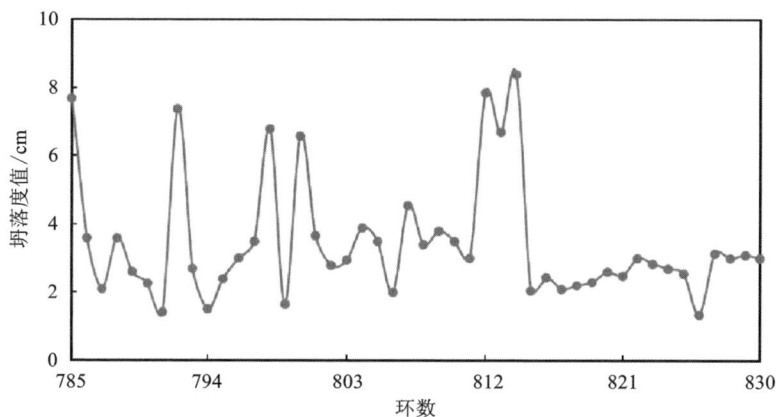

图 4-28　试验段 B 段渣土坍落度值与环号对照图

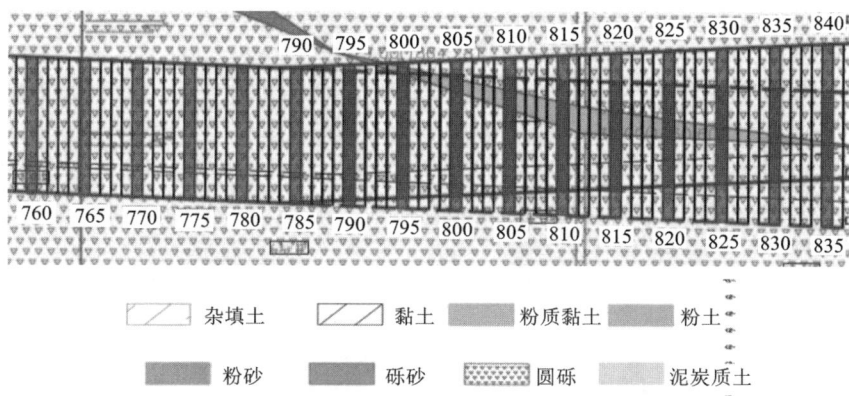

图 4-29　左线试验段盾构穿越地质剖面图(单位:环)

4.3.3　试验段右线掘进参数分析

试验段右线为下坡段,第 760 环埋深约为 29.5 m,第 870 环埋深约为 32.5 m。综合盾构施工的特殊性,主要对直接影响地表沉降的土仓压力、总推力、刀盘扭矩、掘进速度等进行了分析和研究。

1. 土仓压力分析

(1)理论地层侧向土压力计算

盾构土仓压力应介于侧向主动土压力和侧向静止土压力之间,并尽可能地接近侧向静止土压力。盾构施工一般采用朗肯土压力理论计算主动土压力 P,对于透水性较好的砾砂、圆砾地层，应选用水土分算。

$$P=K\sigma_z+P_水 \quad P_\pm=K\sigma_z+P_水 \tag{4-2}$$

式中：σ_z 为地层上覆土压力；K 为静止土压力系数；$P_水$ 为水的侧向压力。

对于地层上覆土压力 σ_z，可采用太沙基上覆土压力理论进行计算。太沙基上覆土压力理论是在松散压力理论的基础上，从应力传递的概念出发，综合考虑了隧道断面的几何尺寸、隧道的埋深、土体的黏聚力和内摩擦角对垂直土压力的影响。太沙基理论认为隧道开挖后，顶部土体在重力作用下向下滑动，在隧道两侧至地面之间出现两个垂直方向的剪切破坏面，引起上方土体发生位移，土体颗粒的相互错动使土体颗粒之间的应力传递，导致隧道上方周围土体对下移的土体有一定的阻碍作用，最小支护压力远小于地层原始应力，适用于可能会产生土拱效应的地层。太沙基理论假定的剪切破坏面包围的滑动土体计算模型见图4-30。

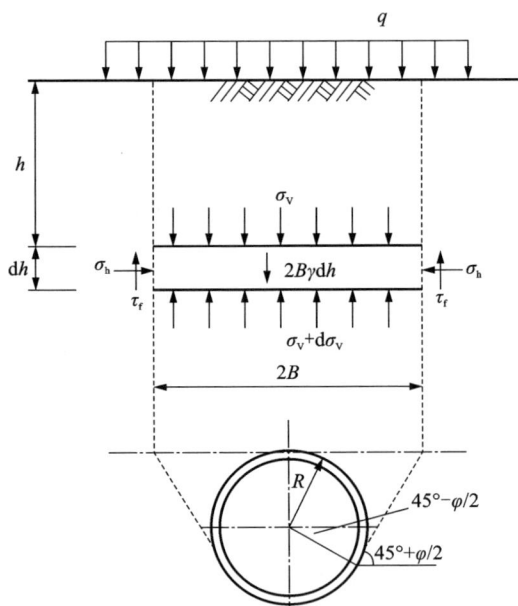

图4-30　太沙基松动土压计算简图

q—地面荷载；h—埋深；dh—隧道洞径；σ_h—侧面正应力；τ_f—侧面剪应力；
σ_v—上部土压力；$2B$—隧道长度；γ—土体重度；R—隧道半径

计算上覆土压力 σ_z 的方法如下式：

$$\sigma_z=\frac{B\left(\gamma-\dfrac{c}{B}\right)}{K_0\tan\varphi}\left[1-\exp\left(\frac{-K_0\tan\varphi}{B}z\right)\right]+P_0\exp\left(\frac{-K_0\tan\varphi}{B}z\right) \tag{4-3}$$

式中：P_0 为地表荷载；z 为埋深；$2B$ 为剪切破坏面滑动土柱宽度，$B = R + R\tan\left(45-\dfrac{\varphi}{2}\right)$；$R$ 为盾构管片外半径；c、φ、γ 分别为地基土的黏聚力、内摩擦角和容重；K_0 为侧压力系数，太沙基等人通过开展滑落门试验，建议 $K_0 = 1^{[94]}$。试验段右线土压力计算参数选取及计算结果见表 4-14 和表 4-15。

表 4-14　试验段右线理论地层侧向土压力计算参数表

环号	z	B_1	γ	c	K_0	K	φ
760	29.5	5.629309	11.87966	4.542373	1	0.470321	23.7966
790	30.3	5.651317	11.65333	5.082508	1	0.470321	23.4224
830	31.1	5.898136	11.47605	8.707395	1	0.470321	19.3762
850	31.3	5.719279	11.54856	6.121406	1	0.470321	22.2812
870	32.5	5.65781	11.5375	5.25	1	0.470321	23.3125

表 4-15　试验段右线理论地层侧向土压力计算结果表

环号	760	790	830	850	870
理论土压/bar	3.1	3.17	3.32	3.29	3.34

（2）理论地层侧向土压力与实际土压仓力偏差

利用太沙基土压力理论计算得到的土压力比实际盾构推进过程中所需的土压力高 0.45 bar 左右，其原因是由太沙基土压力理论的假设所致（见图 4-31）。太沙基土压力理论假设隧道开挖后，顶部土体在重力作用下向下滑动，在隧道两侧至地面之间出现两个垂直方向的剪切破坏面，引起上方土体发生位移，考虑上方土体已经产生破坏的临界情况。然而在本工程盾构掘进过程中，盾构上方土体并未像太沙基土压力理论中假设的那样发生剪切破坏，因此土颗粒之间仍然相互嵌固，抵消了土体一部分的下滑力。另外在盾构实际掘进过程中，开挖面的土压会稍大于土仓内土压，在刀盘开口处存在一定压力差，即刀盘承担了少许开挖面侧向土压力，正是由于此压力差的存在才使开挖面上开挖下来的渣土能够顺利进入土仓。因此实际盾构推进过程中的土仓压力会小于利用太沙基上覆土压力理论得到的土压力。

在试验段内盾构区间下行，埋深不断增大，为适应不断增大的地层土压力，土仓压力也需要不断增大。而实际上小—火区间右线盾构在试验段的土压力并未出现明显增大，原因是为防止地表隆起在合理范围内采用了欠土压推进，即推进

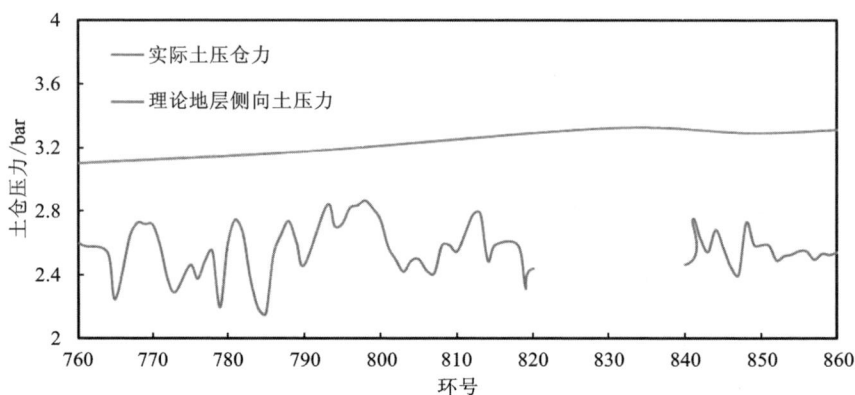

图4-31　理论地层侧向土压力与实际土压力对比图

土压稍低于保持"土压平衡"的理论土压力。

盾构在该试验段范围内土仓压力的离散性较大，主要因为区段内地下水条件较为复杂条件，使渣土状态变化频繁，而盾构司机无法迅速地采取合理的改良措施导致土仓内渣土状态差异比较大，所出渣土坍落度各异，因此渣土状态决定了在该区间范围内掘进很难将土仓压力控制在稳定范围内，因此土仓压力离散性比较大。

2. 推力分析

（1）理论盾构推力计算

管会生[95]指出在施工过程中，盾构承受着来自开挖面和盾壳周围的土压力和水压力的作用。因此，随着盾构的推进，盾构千斤顶必须克服盾壳与周围地层的摩阻力、盾构机推进时的正面推进阻力、管片与盾尾间的摩阻力以及后接台车的牵引阻力。此外，在切口环凸出于刀盘和盾构曲线施工时还应考虑切口环的贯入阻力和盾构变向阻力。由此可得到盾构机设计推进力的构成：

$$F = \sum_{i=1}^{6} F_i = F_1 + F_2 + F_3 + F_4 + F_5 + F_6 \qquad (4-4)$$

式中：F 为设计推力，kN；F_1 为盾构外壳与周围地层的摩阻力，kN；F_2 为盾构机推进时的正面推进阻力，kN；F_3 为管片与盾尾间的摩阻力，kN；F_4 为盾构机切口环的贯入阻力，kN；F_5 为变向阻力，kN；F_6 为后接台车的牵引阻力，kN。

从大量的实际计算结果发现，一般情况下，无论是砂层还是黏土层，盾构外壳与周围地层的摩阻力 F_1 与盾构机推进时的正面推进阻力 F_2 之和占盾构设计总推力95%～99%，其他各项阻力的贡献极小。因此，上式可简化为

$$F = F_1 + F_2 \qquad (4-5)$$

基于上述关系，胡国良等（2007）提出了盾构外壳与周围地层摩阻力 F_1 及盾构推进时的正面阻力 F_2 的计算公式，即

$$F_1 = f\gamma D\left[\frac{\pi}{2}(1+K_a)H - \frac{1}{3}D(2+K_a)\right]L + fL\omega \tag{4-6}$$

$$F_2 = (1-\eta^2)\int_0^{2\pi}d\theta\int_0^R K\gamma(H-r\sin\theta)rdr = (1-\eta^2)\pi R^2 K\gamma H \tag{4-7}$$

式中：γ 为土体重力密度；f 为盾体与周围土体之间的摩擦系数；D 为盾构直径；K_a 为主动土压力系数；ω 为盾构单位长度自重；L 为盾构长度；H 为土体顶部到盾构轴线的垂直距离；R 为盾构半径；K 为被动土压力系数。

结合上述两式式可得盾构的推进力为

$$F = F_1 + F_2 = f\gamma'D\left[\frac{\pi}{2}(1+K_a)H - \frac{1}{3}D(2+K_a)\right]L + fL\omega + (1-\eta^2)\pi R^2 K\gamma'_{sat}H \tag{4-8}$$

根据《详勘报告》[93]，公式计算所需参数见表 4-16。

表 4-16　试验段右线总推进力计算参数表

环号	γ'	γ'_{sat}	H	K_a	K	f	L	ω	D	η
770	11.88	20.35	29.50	0.31	0.33	0.31	9.39	229.6793	6.45	0.3
790	11.65	20.32	30.30	0.31	0.33	0.31	9.39	229.6793	6.45	0.3
830	11.48	19.89	31.10	0.31	0.33	0.31	9.39	229.6793	6.45	0.3
850	11.55	20.17	31.30	0.31	0.33	0.31	9.39	229.6793	6.45	0.3
870	11.54	20.29	32.00	0.31	0.33	0.31	9.39	229.6793	6.45	0.3

注：f 为盾体与地层的摩擦系数，朱北斗等[96]认为一般取 $0.5\tan\varphi$，φ 为土的内摩擦角。

计算可得小—火区间试验段盾构推力理论设定值见表 4-17。

表 4-17　试验段右线总推进力计算结果表

环号	770	790	830	850	870
理论推力/kN	18951.07	19223.60	19415.20	19710.63	20193.32

（2）理论推力与实际推力偏差

由图 4-32 可知，在试验段右线实际盾构推力主要分布为 15000～17000 kN。推力理论值比实际值高 2500 kN 左右，其原因主要在于理论模型在计算 F_1 的过程中将盾体考虑为与纯圆砾地层接触，一般情况下圆砾的内摩擦角较大，因而会

带来与盾体之间较强的摩阻。然而,根据现场实际钻探情况可知(见图 4-33),该地层虽为圆砾地层,但其中含有相当一部分粉粒,因此将与盾体接触的地层考虑为纯圆砾地层实际上是高估了该地层的摩擦系数,所计算的结果也高于实际掘进过程中的盾构推力。

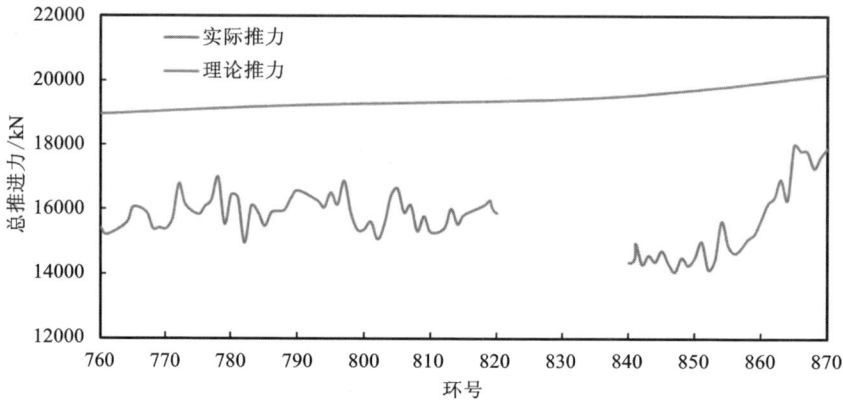

图 4-32　理论推力与实际推力对比图

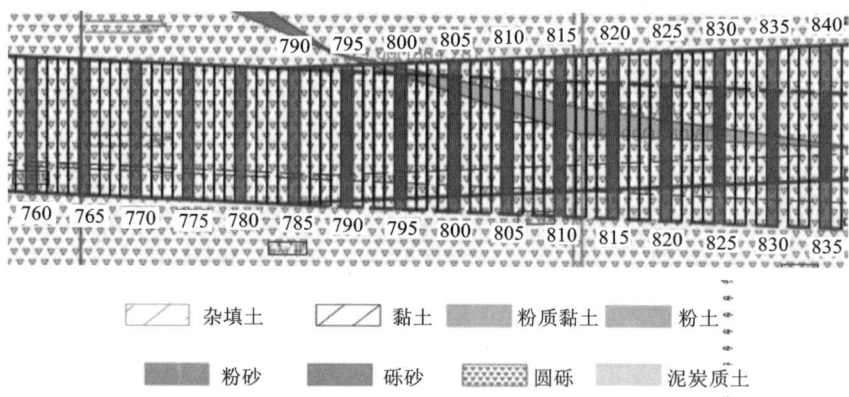

图 4-33　右线试验段盾构穿越地质剖面图(单位:环)

　　盾构推力与隧道埋深呈正相关,即随着盾构向前掘进盾构的推力有增大的趋势。此外,该趋势的出现还与盾构区间所穿越的地层情况密不可分,由于盾构在砂性土中掘进,砂性土具有一定的内摩擦角,内摩擦角的存在会增大土体与盾壳之间的摩阻力,导致盾构掘进中出现较大的推力。盾构在黏性土中掘进,由于开挖后盾构周围土体变形具有一定的滞后性,土压力不会完全、立即地施加于盾壳之上,因此在该类地层中掘进盾构推力一般较小。根据试验段不同特征环数的渣土的级配曲线可知,随着盾构往前掘进,地层中黏性土的含量越来越少,砂性土的含量越来越多,导致盾构推力相应增大。

值得注意的是右线试验段 A2 段第 845~860 环推力相较于 A1 段更小,因为在第 845~860 环于盾构中注入了克泥效,克泥效起到了减小盾构与周围岩土体之间摩阻的作用,因而在该段盾构推力较小。第 860~870 环内盾构总推力急剧增大,达到17000 kN 左右,部分环数推力甚至接近18000 kN。其原因是该区间范围内盾构土仓内渣土含水率增大,塑流性显著增强,因此土仓内土压有降低的趋势,为了保障仓内土压的稳定,盾构司机增大了盾构推力,以保证正常掘进。

由前文分析可知,土仓中的渣土改良状态对土仓压力影响很大,而根据本节分析盾构推力与土仓压力正相关,则在盾构掘进过程中遇到推力较大的情况,可考虑采用一定渣土改良手段减小土仓压力,推荐方法为适当增大土仓注水量及泡沫注入量。

3. 刀盘扭矩分析

（1）理论刀盘扭矩计算

施工过程中,土压平衡盾构刀具对土体进行切削,刀盘扭矩主要用于克服刀盘与土体之间的摩擦阻力扭矩、切削土体时的地层抗力扭矩、搅拌土体时的搅拌扭矩、刀具受到的摩擦阻力扭矩等。因此,胡国良等[97]认为对于土压平衡盾构机刀盘,其切削扭矩主要由以下几部分组成:

$$T = \sum_{i=1}^{8} T_i = T_1 + T_2 + T_3 + T_4 + T_5 + T_6 + T_7 + T_8 \qquad (4-9)$$

式中:T 为刀盘设计扭矩,kN·m;T_1 为刀盘正面与土体之间的摩擦阻力扭矩,kN·m;T_2 为刀盘侧面与土体之间的摩擦阻力扭矩,kN·m;T_3 为刀盘切削土体时的地层抗力扭矩,kN·m;T_4 为刀盘和搅拌叶片的搅拌扭矩,kN·m;T_5 为刀具受到的摩擦阻力扭矩,kN·m;T_6 为密封引起的摩擦阻力扭矩,kN·m;T_7 为轴承引起的摩擦阻力扭矩,kN·m;T_8 为减速装置摩擦损失的扭矩,kN·m。

实际上,影响刀盘扭矩大小的最主要因素是 T_1、T_2,其扭矩约占刀盘扭矩的 70%~90%,其余扭矩对刀盘扭矩的影响程度很小,分析时可不进行考虑。因此,上式可简化为

$$T = \lambda(T_1 + T_2) \qquad (4-10)$$

式中:λ 为刀盘扭矩系数,一般取值为 1.1~1.4。

刀盘正面与土体之间的摩擦阻力扭矩 T_1 为:

$$T_1 = \int_0^{2\pi} d\alpha \int_0^{\frac{D}{2}} Kf\gamma(H - r\sin\alpha) r^2 dr = \frac{\pi D^3}{12} Kf\gamma H \qquad (4-11)$$

式中:K 为被动土压力系数;f 为刀盘与土体之间的摩擦系数;γ 为土体的重力密

度；H 为土体顶部到盾构机轴线的垂直距离；r 为刀盘半径；α 为刀盘正面某点与水平线夹角；D 为盾构机外径。

实际计算时，对于面板式刀盘要去掉开口部分的面积。则式（4-11）可修正为

$$T_1 = \frac{\pi D^3}{12} Kf\gamma H(1 - \eta^2) \tag{4-12}$$

式中：η 为刀盘开口率。

刀盘侧面与土体之间的摩擦阻力扭矩 T_2 主要由刀盘侧面上的土压力引起，一部分由垂直土压力产生，另一部分由侧向土压力产生（见图4-34）。

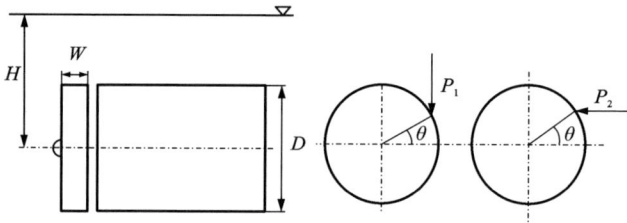

图 4-34　刀盘侧面土压力结构图

$$P_1 = \gamma\left(H - \frac{D}{2}\sin\theta\right)$$

$$T_{21} = \int_0^{2\pi} \frac{D^2}{4} f\gamma W\left(H - \frac{D}{2}\sin\theta\right)(\sin\theta)^2 d\theta$$

$$P_2 = \gamma K\left(H - \frac{D}{2}\sin\theta\right)$$

$$T_{22} = \int_0^{2\pi} \frac{D^2}{4} f\gamma WK\left(H - \frac{D}{2}\sin\theta\right)(\cos\theta)^2 d\theta$$

$$T_2 = T_{22} + T_{21} = \frac{\pi D^2}{4}(1 + K)f\gamma HW \tag{4-13}$$

式中：P_1 为垂直土压力；θ 为刀盘侧面某点与水平线夹角；W 为刀盘外沿的宽度；T_{21} 为垂直土压力在刀盘侧面上产生的摩擦阻力；P_2 为侧向土压力；T_{22} 为侧向土压力在刀盘侧面上产生的摩擦阻力。

由以上各式可得盾构刀盘扭矩 T 为

$$T = \gamma(T_1 + T_2) = \gamma\left[\frac{\pi D^3}{12} Kf\gamma H(1 + \eta^2) + \frac{\pi D^2}{4}(1 + K)f\gamma HW\right] \tag{4-14}$$

根据《详勘报告》[93]，选取相关参数见表4-18。

表4-18　试验段右线刀盘扭矩计算参数表

环号	γ	H	K_a	K	f	λ	W	D	η
770	11.88	29.50	0.31	0.33	0.3	1.1	6.46	6.45	0.3
790	11.65	30.00	0.31	0.33	0.3	1.1	6.46	6.45	0.3
830	11.48	30.90	0.31	0.33	0.3	1.1	6.46	6.45	0.3
850	11.55	31.30	0.31	0.33	0.3	1.1	6.46	6.45	0.3
870	11.54	32.00	0.31	0.33	0.3	1.1	6.46	6.45	0.3

注：在扭矩计算过程中根据胡国良等[97]认为砂性土一般取0.3，黏性土一般取0.2，因此针对圆砾地层本计算取0.3。

计算可得小—火区间试验段刀盘扭矩理论设定值见表4-19。

表4-19　试验段右线刀盘扭矩计算结果表

环号	770	790	830	850	870
理论扭矩/(kN·m)	3538.65	3511.63	3530.07	3585.63	3637.28

（2）理论刀盘扭矩与实际刀盘扭矩偏差

盾构于试验段右线中推进其扭矩主要分布在2800 kN·m左右，而通过理论计算得到的掘进扭矩约3800 kN·m，计算扭矩高于实际扭矩（见图4-35）。同盾构推力理论值与实际值的差别类似，计算扭矩高于实际扭矩主要归因于盾构与地层土体摩擦系数 f 的选取。由于小—火区间圆砾地层不完全为砾砂、圆砾，还有夹有相当一部分黏土，导致将开挖土体的摩擦系数直接取为圆砾的摩擦系数会导致计算结果偏大。

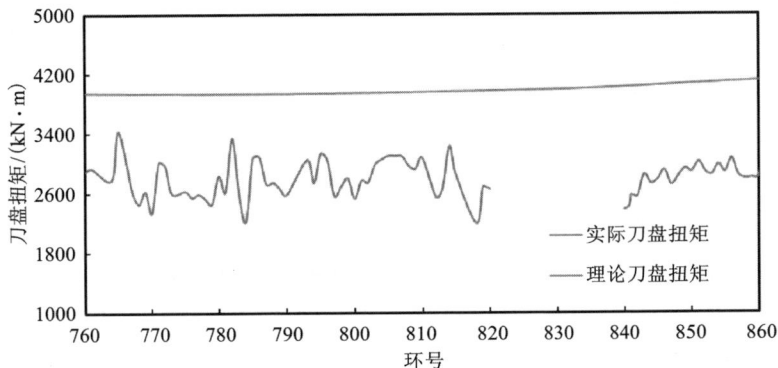

图4-35　理论刀盘扭矩与实际刀盘扭矩对比图

4. 掘进速度分析

（1）理论掘进速度计算

李杰等[98]认为土压平衡盾构在工作过程中，一般通过合理调节螺旋输送机与推进速度来维持土仓压力在设定的范围，其目的是控制开挖面稳定和减少地面变形。

张厚美等[99]、王洪新和傅德明[100]提出掘进速度模型与盾构推力、刀盘转速、土仓压力之间的线性数学模型为

$$V = b_0 + b_1 F + b_2 \omega + b_3 P \tag{4-15}$$

式中：V 为掘进速度，mm/min；F 为推力，kN；ω 为刀盘转速，r/min；P 为土仓压力，kN/cm^2；b_0，b_1，b_2，b_3 均为回归系数。

通过试验数据的线性回归得出本试验段掘进速度的数学模型如下：

$$V = 34.423 - 0.0028F + 47.892\omega - 7.433P \tag{4-16}$$

（2）理论掘进速度与实际掘进速度偏差

理论计算的盾构掘进速度与实际盾构掘进速度对比见图4-36，从图4-36中可以看出，在本试验段地质条件下盾构掘进速度与刀盘推力、刀盘转速和土仓压力之间的相关系数为0.61，相关程度较高，证明了理论公式的适用性，可为地铁4号线下穿地铁2号线时的掘进速度提供参考。

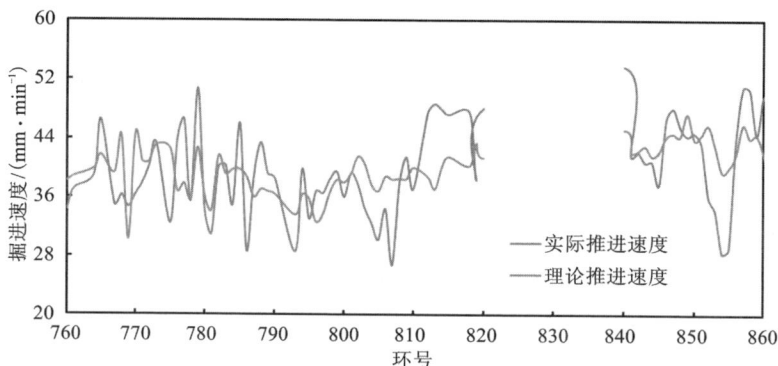

图4-36　掘进速度试验值与线性拟合值的对比

图4-36显示，随着盾构向前掘进，盾构的掘进速度整体呈增大的趋势。事实上在盾构掘进过程中，掘进速度一般与土仓压力呈正相关，因为土仓压力的控制主要是通过控制刀盘进土速度与螺机排土速度来实现的，当螺机排土速度维持恒定时，盾构掘进速度加快，单位时间进仓土量增多，会引起土仓压力的提升。同时，前文已提及，试验段右线为下坡段，为保证土压平衡需要提高盾构土仓压力，因此A1段的盾构通过提高掘进速度来增大土仓压力。

在试验段右线 A2 段掘进过程中，渣土越来越稀，坍落度越来越大，面临喷渣问题，此类地层为盾构的顺利高效掘进带来了诸多困难，使掘进效率低下，掘进速度较低。面对含水量较低、渣土较稠的环数，司机为了提高掘进效率而增大掘进速度。因此在试验段右线 A1 段掘进过程中，随着渣土越来越干稠，掘进速度相应越来越大；在 A2 段掘进过程中，随着渣土越来越稀，掘进速度相应越来越小。这时盾构仍处于下行段，降低掘进速度势必会得土仓压力不足以支撑开挖面前方的水土压力，有必要对土仓进行加气保压，以维持土压平衡。

对于盾构开挖过程中出现异常的渣土，即第 780 环、第 785 环及第 867～875 环，由于人为操作或地层岩性原因导致渣土很稀，使得盾构螺机有喷涌的风险，此时掘进难度较大，而盾构掘进速度也有减小的趋势。

另外，由图 4-36 可知，试验段右线掘进过程中掘进速度主要分布在 30～40 mm/min，与采用式(4-16)所得到的结果基本吻合，因此建议盾构在下穿段掘进过程中可根据该公式进行合理选取相应掘进参数。

4.3.4　试验段左线掘进参数分析

试验段左线为上坡段，第 785 环埋深约为 29.5 m，第 830 环埋深约为 28.6 m。综合盾构施工的特殊性，主要对直接影响地表沉降的土仓压力、掘进速度、刀盘扭矩、总推力等进行了分析和研究，具体如下：

1. 土仓压力分析

（1）土仓压力理论值计算

根据 4.3.3 中推介的太沙基上覆土压力理论，计算试验段左线的理论土仓压力设定值，其参数选取依据《详勘报告》[93]见表 4-20，由此计算出的理论地层侧向土压力见表 4-21。

表 4-20　试验段左线理论地层侧向土压力计算参数表

环号	z	B	γ	c	K_0	K	φ
780	29.5	5.649642	11.73424	4.962712	1	0.470321	23.4508
790	30.0	5.6552	11.62933	5.133333	1	0.470321	23.3567
800	29.1	5.944477	11.64437	9.305842	1	0.470321	18.646
810	29.3	5.664586	11.82632	5.255973	1	0.470321	23.198
830	28.6	5.685717	11.45601	5.403509	1	0.470321	22.8421

表4-21　试验段左线理论地层侧向土压力计算结果表

环号	780	790	800	810	830
土仓压力/bar	3.10	3.14	3.14	3.08	3.00

（2）理论地层侧向土压力与实际土压力偏差

利用太沙基土压力理论计算得到的土压力比实际盾构推进过程中所需的土压力高0.6 bar左右，其原因在第4.3.3节已经解释，在此不予赘述，图4-37。

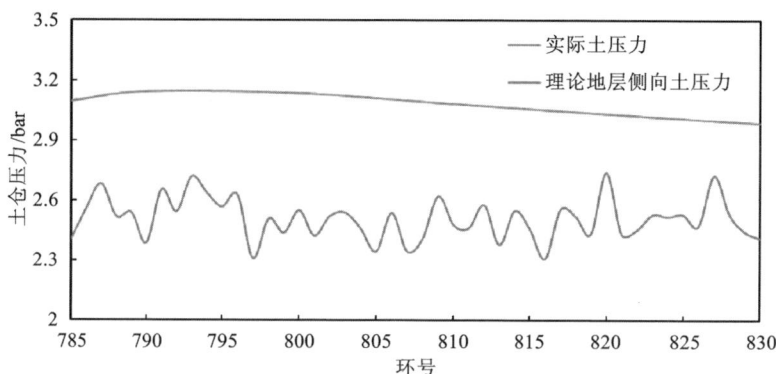

图4-37　理论地层侧向土压力与实际土仓压力对比图

试验段左线盾构埋深先增大后减小，按照理论分析土仓压力同样应当先增大后减小，但实际盾构在推进过程中土仓压力总体并无明显增大或减小的趋势。其原因与试验段右线类似，为了防止过大的地层变形，施工方一直保持着稳定的土压进行推进，以保证土仓压力稍低于侧向土压力。

2. 推力分析

（1）盾构推力理论值计算

根据第4.3.3节中推介的盾构推力理论计算模型试验段左线的理论推力设定值，其参数选取依据《详勘报告》[93]，见表4-22。

表4-22　试验段左线盾构推力计算参数表

环号	γ'	γ'_{sat}	H	K_a	K	f	L	ω	D	η
780	11.73	20.31	29.50	0.30726	0.33	0.31	9.387	229.6793438	6.45	0.3
790	11.63	20.30	30.00	0.30726	0.33	0.31	9.387	229.6793438	6.45	0.3
800	11.64	20.28	29.10	0.30726	0.33	0.31	9.387	229.6793438	6.45	0.3

续表4-22

环号	γ'	γ'_{sat}	H	K_a	K	f	L	ω	D	η
810	11.83	20.25	29.30	0.30726	0.33	0.31	9.387	229.6793438	6.45	0.3
830	11.46	19.77	28.50	0.30726	0.33	0.31	9.387	229.6793438	6.45	0.3

如第4.3.3节进行类似计算,得到左线范围内盾构的推力理论值,见表4-23。

表4-23　试验段左线盾构推力计算结果表

环号	780	790	800	810	830
理论推力/kN	18786.7	18996.57	18424.9	18733.67	17705.46

(2)理论推力与实际推力偏差

左线盾构实际掘进参数变化情况见图4-38,主要分布在19000~21000 kN。试验段左线计算得到的推力理论值比盾构推进中推力的实测值小2000 kN左右。按正常分析理论计算值应该高于其实际的盾构推力,但此处实际盾构推力明显较大,其原因是左线采用的盾构机设备老旧,其掘进性能差,因此掘进过程中产生了较大的推力。

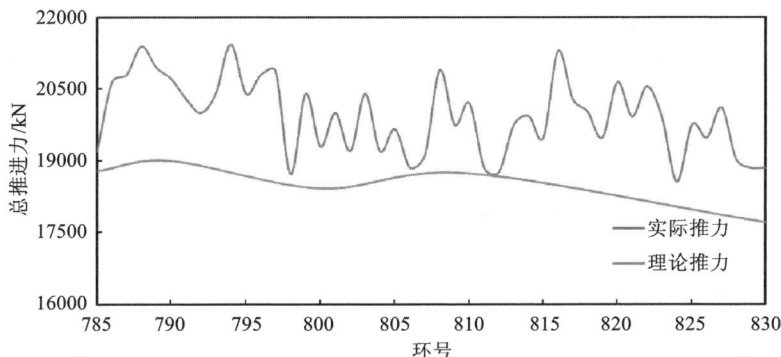

图4-38　理论推力与实际推力对比图

随着盾构向前掘进,第785~830环总体上盾构的推力无明显变化趋势。从掘进区间渣土表现上看其渣土的级配并无太大变化,则该区间范围内由于掘进地层变化而带来的盾体侧摩阻力变化小,进而造成微弱的盾构推力变化。

从土仓压力的角度来看,由于盾构推力和土仓压力一般保持着"同增同减"的关系,由图4-38可知,盾构在试验段左线推进过程中土仓压力基本保持不变,因此盾构推力在此过程中亦不会出现明显的变化趋势。

3. 刀盘扭矩分析

(1)刀盘扭矩理论值计算

根据第4.3.3中推介的刀盘扭矩理论模型,计算试验段左线的理论扭矩设定值,其参数选取依据《详勘报告》[93],见如表4-24。

表4-24 试验段左线盾构刀盘扭矩计算参数表

环号	γ'	H	K_a	K	f	λ	W	D	η
780	11.73	29.50	0.30726	0.33	0.3	1.1	6.46	6.45	0.3
790	11.63	30.00	0.30726	0.33	0.3	1.1	6.46	6.45	0.3
800	11.64	29.10	0.30726	0.33	0.3	1.1	6.46	6.45	0.3
810	11.83	29.30	0.30726	0.33	0.3	1.1	6.46	6.45	0.3
830	11.46	28.50	0.30726	0.33	0.3	1.1	6.46	6.45	0.3

如第4.3.3节进行类似计算,得到试验段左线范围内盾构的推力理论值,见表4-25。

表4-25 试验段左线盾构刀盘扭矩计算结果表

环号	780	790	800	810	830
理论扭矩/(kN·m)	3495.18	3504.39	3436.00	3506.17	3332.59

(2)理论刀盘扭矩与实际刀盘扭矩偏差

盾构与试验段右线中推进其扭矩主要分布在3300～3900 kN·m(见图4-39),而通过理论计算得到的掘进扭矩约为3800 kN·m,计算扭矩与实际扭矩相当。证明利用本节理论所计算的扭矩理论值很大程度上可为盾构实际推进过程中的扭矩选择提供参考。

4. 掘进速度分析

(1)掘进速度理论值计算

根据第4.3.3节中推介的盾构掘进速度理论模型,计算试验段左线的理论推力设定值,经过参数拟合得到如下计算公式。

$$V = 44.42 - 0.0006F + 15.341\omega - 7.433P \tag{4-17}$$

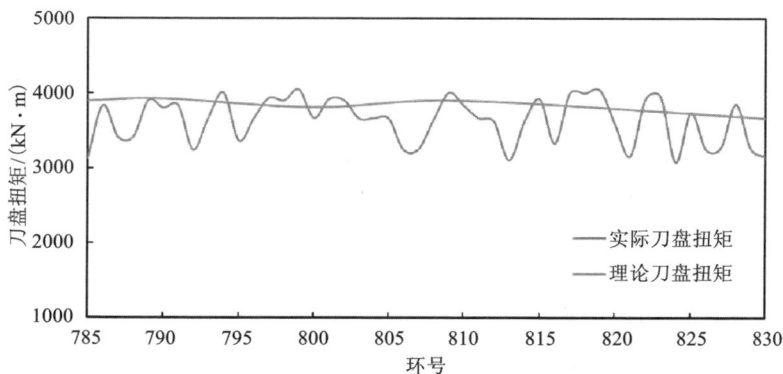

图 4-39　理论刀盘扭矩与实际刀盘扭矩对比图

（2）理论速度与实际速度偏差

在本试验段地质条件下，盾构掘进速度与刀盘推力、刀盘转速和土仓压力之间的相关系数为 0.68，相关程度较高，对比结果证明了理论公式的有效性，为地铁 4 号线下穿地铁 2 号线掘进速度的选择提供参考（见图 4-40）。

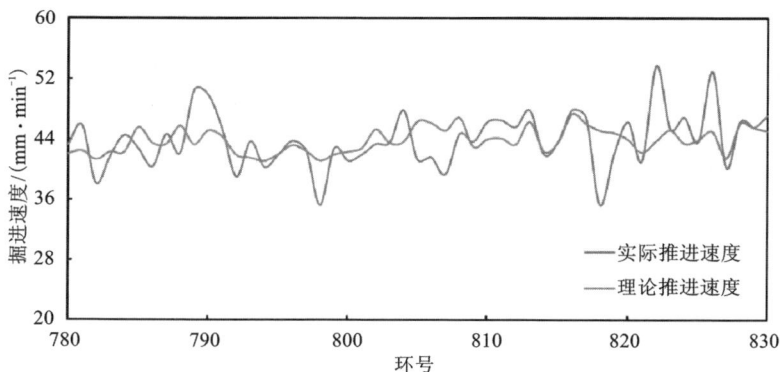

图 4-40　实际速度与拟合速度对比图

另外，盾构掘进速度总体保持平稳，因为在该区间掘进过程中地层岩性变化不大，出渣稳定，且渣土状态无较大差别，坍落度多分布在 1～5 cm，所以掘进速度总体上无较大变化。前文有提到第 812 环、813 环、814 环因操作问题导致土仓注水量较大，坍落度达到 7 cm 左右，使得渣土塑流性相对于其他环数更优，但其塑流性又不至于引发喷涌。因而这三环盾构出渣更畅通，能够加快掘进速度。

另外，由图 4-40 可知，在试验段右线掘进过程中，掘进速度主要分布在

35~45 mm/min，因此建议盾构在下穿段掘进过程中根据现场实际情况，在该范围内合理选取相应掘进参数。

4.3.5　右线试验段与左线试验段对比

1. 土仓压力

试验段范围内盾构左右线土仓压力变化对比情况见图 4-41，右线的土仓压力整体要高于左线的土仓压力，这是由土压平衡盾构的工作原理所致。土压平衡盾构掘进最理想的状态是土仓压力等于地层侧向土压力，因此地层侧向土压力的大小决定了土仓压力的适宜值。由于盾构右线埋深较左线更深，其侧向土压力更大，为了达到土压平衡的目的，右线土仓压力要相应调大，否则极易引起地层变形。同时左线的土仓压力相较于右线整体更加稳定，因为左线渣土的坍落度较小，塑流性较为一致，而右线渣土的塑流性变化较大，所以左线渣土的状态比右线渣土更加稳定。

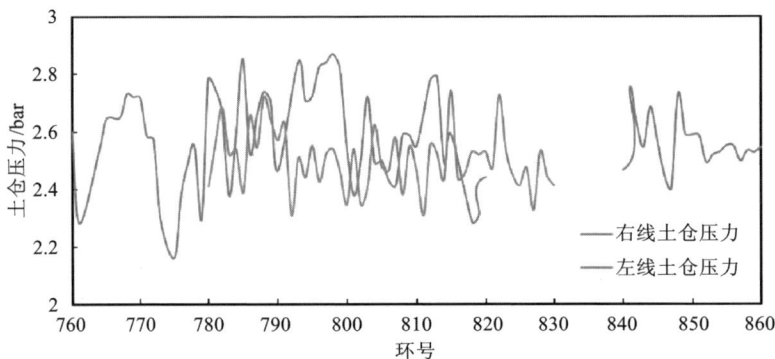

图 4-41　左右线土仓压力对照图

2. 盾构推力

试验段范围内左右线的盾构推力变化对比情况见图 4-42，随着盾构掘进，右线推力前期没有明显增幅而后期增幅明显；左线推力总体上没有明显增大或减小的趋势，整个推力分布范围较为稳定。前文已分析盾构推力在土仓内产生的"附加压力"是土仓压力的重要组成部分，因此推力和土仓压力一般为同增同减，由于右线前期土仓压力较为平稳，则其推力也无明显增幅，而在其后期由于渣土变稀，为稳定土压增大了盾构推力。左线土仓压力较为平稳，因此其推力整体上也无明显增大或减小趋势。对比左右线盾构推力，左线埋深小于右线，左线推力理应小于右线推力，然而实际上左线推力整体上大于右线推力，因为左线盾构机老化，掘进效力差，所以需要更大的推力才能保证掘进的正常进行。

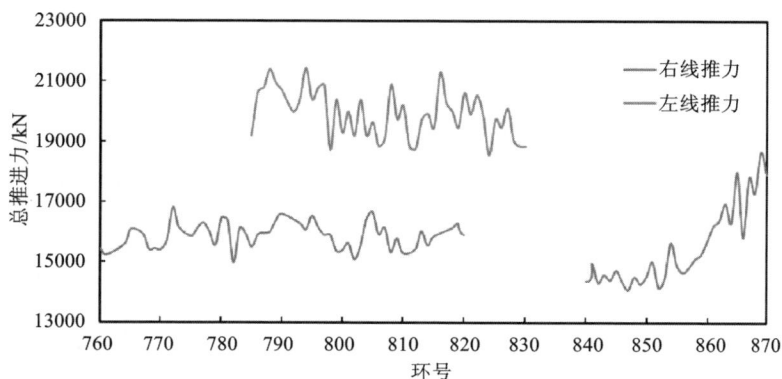

图 4-42　左右线盾构总掘进力对照图

3. 刀盘扭矩

试验段范围内左右线盾构刀盘扭矩变化对比情况见图 4-43，随着盾构掘进的深入，右线和左线刀盘扭矩均无明显增大或减小趋势。在掘进过程中，右线埋深虽然不断增大，左线埋深先增大后减小，但左右线高程变化均不大，都在 3 m范围内。因此在试验段范围内盾构开挖的土体压实性变化不大，土的强度无较大变化，则扭矩也无较大变化。然而，左线扭矩整体上大于右线扭矩，因为左线盾构机老化，掘进效力差，所以需要更大的推力才能保证掘进的正常进行。

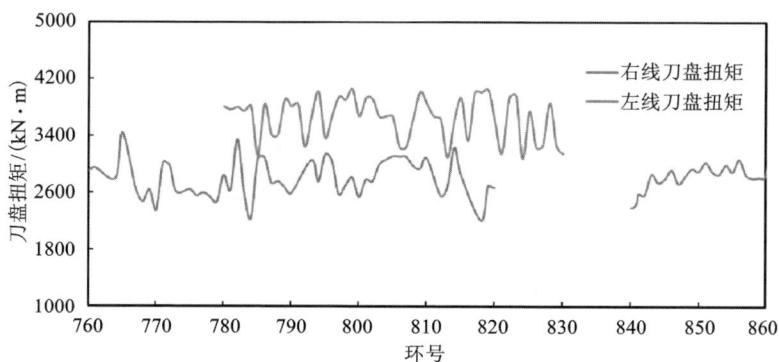

图 4-43　左右线刀盘扭矩对照图

4. 掘进速度

左右线掘进速度变化对比情况见图 4-44，右线掘进速度较左线整体更低，因为右线在掘进过程中渣土状态的不确定性很大，时常出现塑流性较大的渣土，所以在右线区间掘进过程中盾构司机本着安全掘进，稳定土压，控制地表沉降的原则降低了盾构的掘进速度。反观盾构左线，在该区间范围内盾构渣土较干，且塑流性变化不大，适宜盾构快速掘进，因此盾构司机增大了掘进速度，在较高的掘进速度下同样能保证左线施工的安全进行。

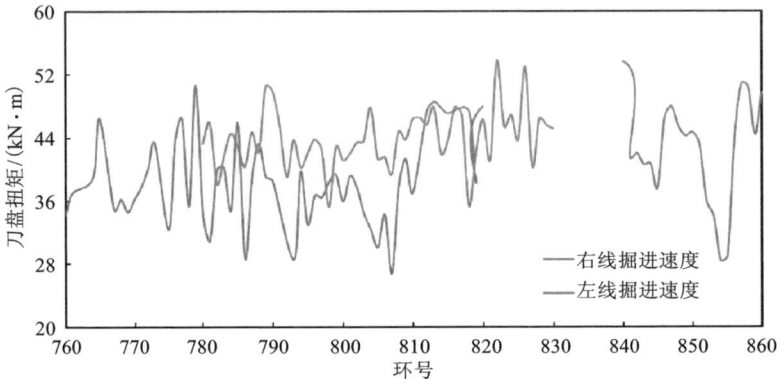

图 4-44　左右线掘进速度对照图

4.4　试验段渣土改良优化

4.4.1　右线渣土改良参数优化分析

在对试验段(切口环 760～866 环)盾构掘进参数及出渣状况进行联合分析前，必须对盾构掘进的合理掘进状态进行分析，即采用统计学手段分析盾构正常掘进参数的合理范围。当推导此范围时，应遵循如下三条原则：

原则一：假设盾构掘进参数呈正态分布关系，即数据集中分布于平均数周围概率较大，偏离平均数越远，分布概率越小。

原则二：正态分布遵循统计学上的 3σ 原则。

原则三：在研究区间盾构绝大多数时候都是正常掘进的。

由原则一和原则三可得出如下推论：正常合理的掘进参数集中于整个区段掘进参数的平均值附近。由上述推论和原则二可得出如下推论：掘进参数分布在 $[\mu-\sigma, \mu+\sigma]$（μ 为掘进参数的平均值，σ 为掘进参数的标准差）的数据占总数据量的 66.7%，该区间范围内的掘进参数可当作正常合理的掘进参数。

统计试验段右线范围内各环盾构推力、刀盘扭矩、掘进速度、土仓压力的数值，见表 4-26。

表4-26 右线盾构掘进参数合理值参考表

掘进参数 统计值	盾构推力/kN	刀盘扭矩 /(kN·m)	掘进速度 /(mm·min⁻¹)	土仓压力 /bar
平均值 μ	15761.17	2811.32	39.35	2.57
标准差 σ	895.71	239.95	6.25	0.15
合理范围 $[\mu-\sigma, \mu+\sigma]$	[14865.47, 16656.88]	[2871.37, 3051.27]	[33.10, 45.61]	[2.42, 2.72]

1. 右线含水率及坍落度优化范围

（1）盾构推力

采用如下方式求解渣土适宜的含水率和坍落度的范围：

①盾构推力和渣土坍落度随渣土含水率变化的散点图见图4-45，分别对其进行线性拟合，得到盾构推力和渣土坍落度随渣土含水率变化的线性拟合方程。

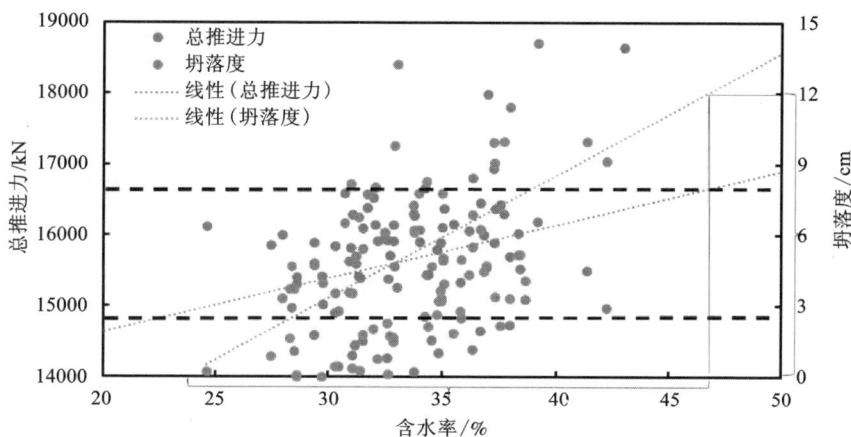

图4-45 含水率、坍落度与总推力之间的相关性

②由表4-26可知，盾构推力适宜范围为 14865.47 ~ 16656.88 kN（图4-45中黑色水平虚线包围区域），求解盾构推力拟合线（图4-45中蓝色虚线）与推力适宜范围的交点，两交点横坐标所包围的区间即盾构推进下推力满足要求的渣土含水率范围（23.5% ~ 46.7%）。根据拟合结果，只要将渣土的含水率控制在 23.5% ~ 46.7%，即可使盾构推力分布在 14865.47 ~ 16656.88 kN。

③根据求解得到的适宜渣土含水率范围（23.5% ~ 46.7%），在渣土坍落度与含水率的拟合直线上对应找出相应的坍落度范围为 0 ~ 12.0 cm。

分析含水率、坍落度与总推进力三者之间的相关性，通过对现场盾构施工总推进力参数总结分析，由图 4-45 可知，当总推力为 14865.47 ~ 16656.88 kN 时，合适的渣土含水率取 23.5% ~ 46.7%，坍落度值取 0 ~ 12.0 cm。

（2）刀盘扭矩

由表 4-26，可确定刀盘扭矩 2571.37 ~ 3051.27 kN·m 为盾构掘进适宜的扭矩范围。含水率、坍落度与刀盘扭矩三者之间的相关性见图 4-46，通过对现场盾构施工刀盘扭矩参数进行总结分析，由图 4-46 计算简图可知，当刀盘扭矩为 2571.37 ~ 3051.27 kN·m 时，合适的渣土含水率取 23.5% ~ 42.1%，坍落度值取 0 ~ 9.3 cm。

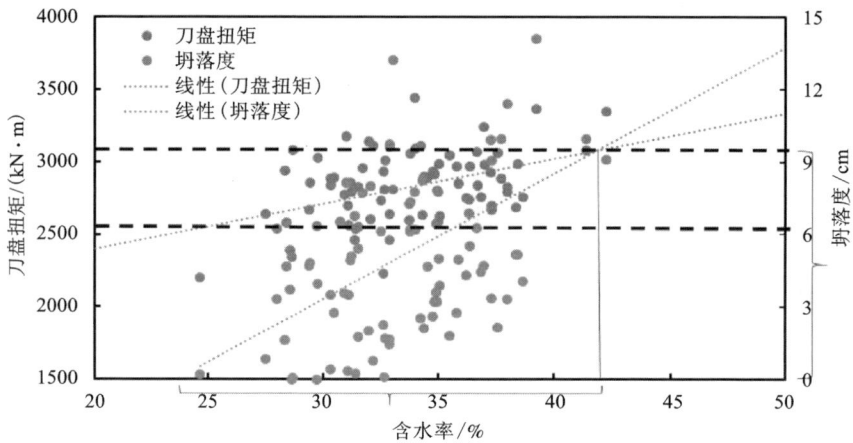

图 4-46　含水率、坍落度与刀盘扭矩之间的相关性

（3）掘进速度

由表 4-26 可确定掘进速度 33.10 ~ 45.61 mm/min 为盾构掘进适宜的速度范围。含水率、坍落度与掘进速度三者之间的相关性见图 4-47，通过对现场盾构施工掘进速度参数进行总结分析，由图 4-47 计算简图可知，当掘进速度为 33.10 ~ 45.61 mm/min 时，合适的渣土含水率取 23.5% ~ 50%，坍落度值取 0 ~ 13.5 cm。

（4）土仓压力

由表 4-26 可确定土仓压力 2.42 ~ 2.72 bar 为盾构掘进适宜的土仓压力范围。含水率、坍落度与土仓压力三者之间的相关性见图 4-48，通过对现场盾构施工土仓压力参数进行总结分析，由图 4-48 计算简图可知，当土仓压力为 2.42 ~ 2.72 bar 时，合适的渣土含水率取 24.7% ~ 42.3%，坍落度值取 0.4 ~ 9.3 cm。

（5）综合结果

结合上述右线坍落度及相关掘进参数与渣土含水率的变化关系，将上述分别

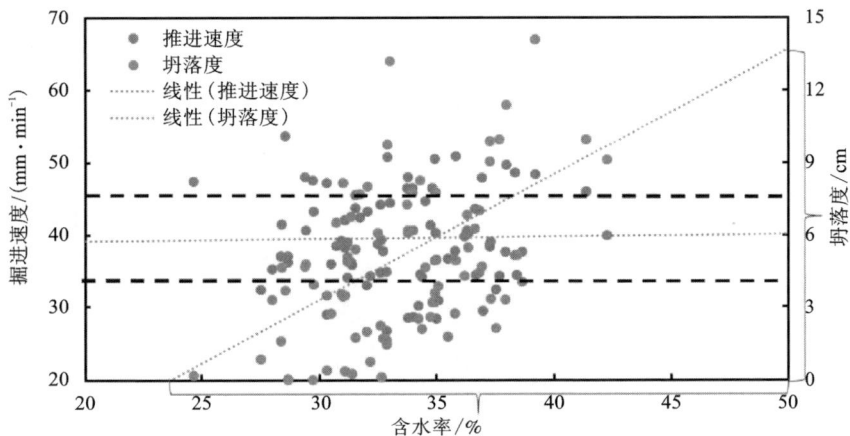

图 4-47　含水率、坍落度与掘进速度之间的相关性

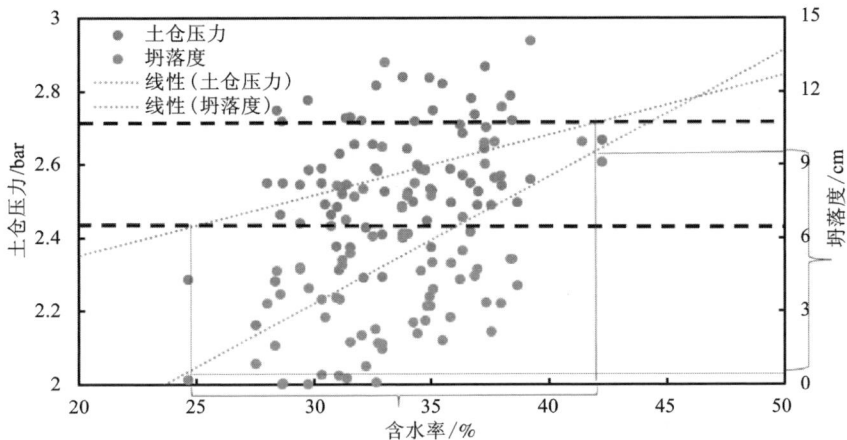

图 4-48　含水率、坍落度与土仓压力之间的相关性

通过盾构推力、刀盘扭矩、掘进速度求得的渣土含水率范围求交集，同时对求得的坍落度范围同样求交集，可知适宜的渣土含水率取 24.7% ~42.1% ，适宜的坍落度值取 0.4 ~9.3 cm。

2. 右线泡沫注入比及坍落度优化范围

（1）盾构推力

由表 4-26 可确定盾构掘进总推力的适宜范围为 14865.47 ~ 16656.88 kN。泡沫注入比、坍落度与总推进力三者之间的相关性见图 4-49，通过对现场盾构施工总推进力参数进行总结分析,采用与上文含水率分析类似的方法,由图4-49计算简图可知,当总推力为14865.47~16656.88 kN时,合适的泡沫注入比取5.0%~48.0%,渣土坍落度值取0~8.5 cm。

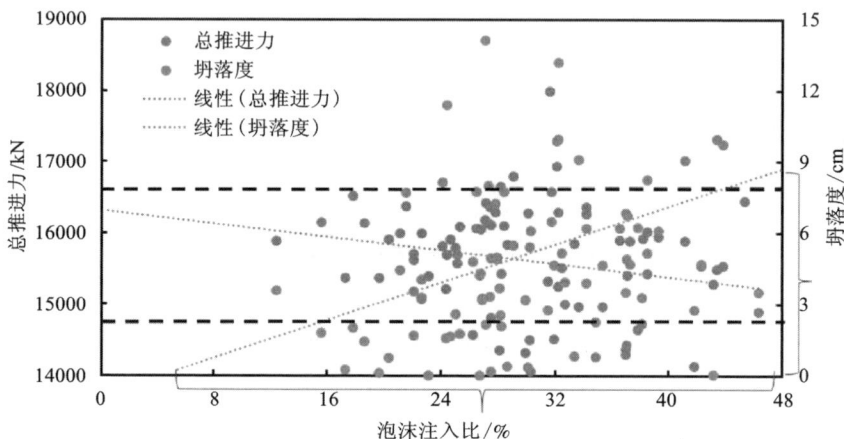

图 4-49　泡沫注入比、坍落度与总推力之间的相关性

(2)刀盘扭矩

由表4-26可确定刀盘扭矩2571.37~3051.27 kN·m为盾构掘进适宜的扭矩范围。泡沫注入比、坍落度与刀盘扭矩三者之间的相关性见图4-50,通过对现场盾构施工刀盘扭矩参数进行总结分析,由图4-50计算简图可知,当刀盘扭矩为2571.37~3051.27 kN·m时,合适的泡沫注入比取5.0%~48%,渣土坍落度值取0~8.5 cm。

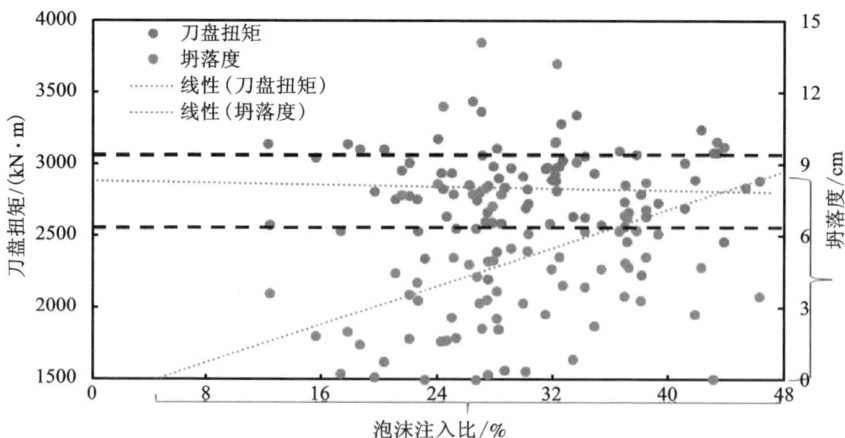

图 4-50　泡沫注入比、坍落度与刀盘扭矩之间的相关性

（3）掘进速度

由表 4-26 可确定掘进速度 33.10 ~ 45.61 mm/min 为盾构掘进适宜的速度范围。泡沫注入比、坍落度与掘进速度三者之间的相关性见图 4-51，通过对现场盾构施工掘进速度参数进行总结分析，由图 4-51 计算简图可知，当掘进速度为 33.10 ~ 45.61 mm/min 时，合适的泡沫注入比取 5.0% ~ 48.0%，渣土坍落度值取 0 ~ 8.5 cm。

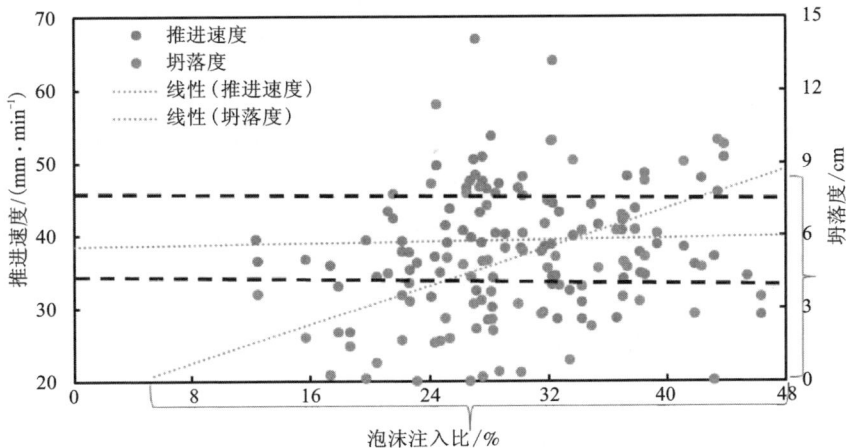

图 4-51　泡沫注入比、坍落度与掘进速度的相关性

（4）土仓压力

由表 4-26 可确定土仓压力 2.42 ~ 2.72 bar 为盾构掘进适宜的土仓压力范围。泡沫注入比、坍落度与土仓压力三者之间的相关性（见图 4-52），通过对现场盾构施工总土仓压力数进行总结分析，由图 4-52 计算简图可知，当土仓压力为 2.42 ~ 2.72 bar 时，合适的渣土泡沫注入比取 7.0% ~ 48.0%，坍落度值取 0.5 ~ 8.5 cm。

（5）综合结果

结合上述右线坍落度及相关掘进参数变化与泡沫注入比变化的关系，可知泡沫注入比取 7.0% ~ 48.0%，坍落度值取 0.5 ~ 8.5 cm。对于盾构右线试验段，综合含水率及泡沫注入比的计算结果，将通过含水率分析及泡沫注入比分析求解的推荐渣土坍落度范围取交集，可知泡沫注入比取 7.0% ~ 48.0%，渣土含水率取 23.5% ~ 42.1%，渣土坍落度值取 0.4 ~ 8.5 cm，坍落度在此范围可满足盾构掘进对渣土状态的要求。

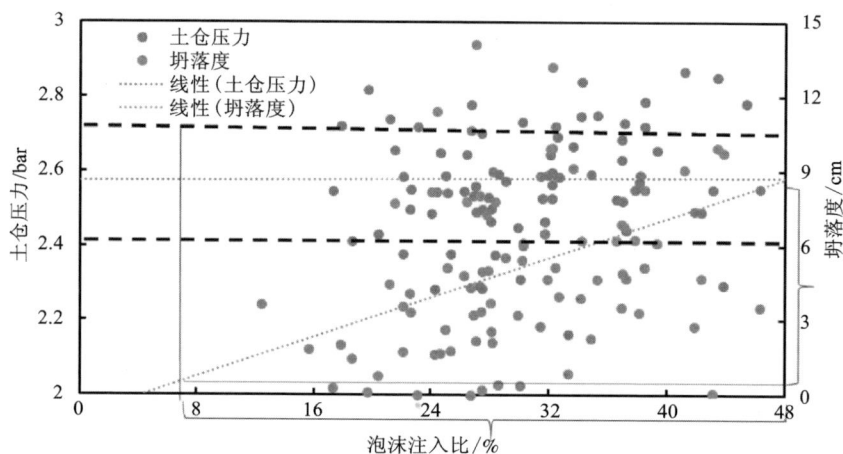

图4-52 泡沫注入比、坍落度与土仓压力的相关性

4.4.2 左线渣土改良参数优化分析

1.左线含水率及坍落度优化范围

类似右线采用的方法,统计小—火区间试验段左线盾构掘进参数(切口环785~830环),推荐盾构各项掘进参数适宜范围,见表4-27。

表4-27 左线试验段盾构掘进参数合理值参考表

统计值	盾构推力/kN	刀盘扭矩/(kN·m)	掘进速度/(mm·min⁻¹)	土仓压力/bar
平均值 μ	15761.17	3652.15	44.04	2.57
标准差 σ	895.71	294.50	3.75	0.15
合理范围 $[\mu-\sigma, \mu+\sigma]$	[19220.06, 20703.83]	[3357.65, 3946.65]	[40.29, 47.79]	[2.41, 2.61]

(1)盾构推力

由表4-27可确定总推力19220.06~20703.08 kN为盾构掘进适宜的盾构推力范围。含水率、坍落度与总推进力三者之间的相关性见图4-53,通过对现场盾构施工总推进力参数进行总结分析,由图4-53计算简图可知,当总推力为19220.06~20703.83 kN时,合适的渣土含水率取25.3%~39.5%,坍落度值取0.71~6.1 cm。

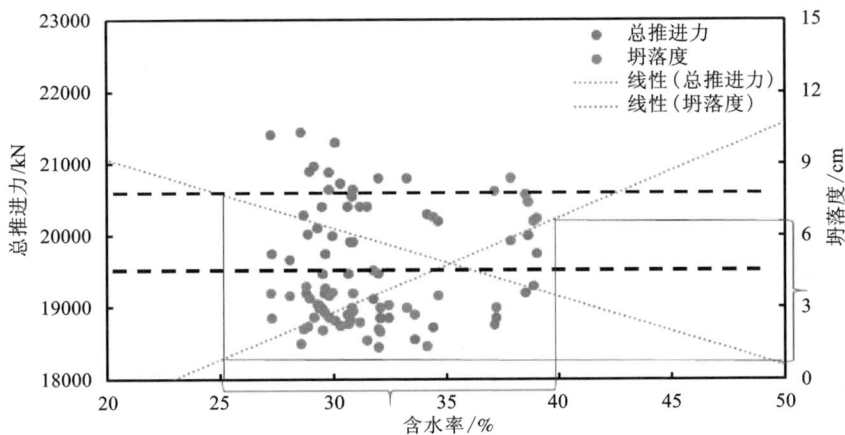

图 4-53　含水率、坍落度与总推力之间的相关性

（2）刀盘扭矩

由表 4-27 可确定 3357.65 ~ 3946.65 kN·m 为盾构掘进适宜的刀盘扭矩范围。含水率、坍落度与刀盘扭矩三者之间的相关性见图 4-54，通过对现场盾构施工刀盘扭矩参数进行总结分析，由图 4-54 计算简图可知，当刀盘扭矩为 3357.65 ~ 3946.65 kN·m 时，合适的渣土含水率取 27.7% ~ 43.3%，坍落度值取 2.0 ~ 7.7 cm。

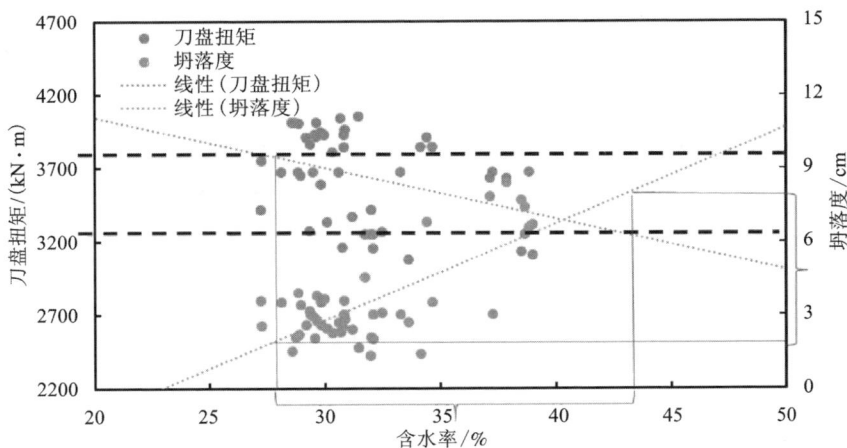

图 4-54　含水率、坍落度与刀盘扭矩之间的相关性

（3）掘进速度

由表 4-27 可确定 40.29 ~ 47.79 mm/min 为盾构掘进适宜的掘进速度范围。含水率、坍落度与掘进速度三者之间的相关性见图 4-55，通过对现场盾构施工掘进速度参数进行总结分析，由图 4-55 计算简图可知，当掘进速度为 40.29 ~ 47.79 mm/min 时，合适的渣土含水率取 23.1% ~ 50%，坍落度值取 0 ~ 10.5 cm。

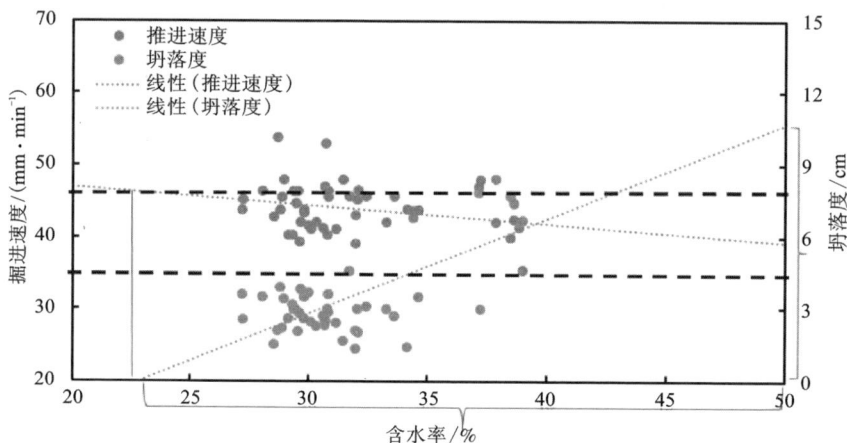

图 4-55　含水率、坍落度与掘进速度之间的相关性

（4）土仓压力

由表 4-27 可确定 2.41 ~ 2.61 bar 为盾构掘进适宜的土仓压力范围。含水率、坍落度与土仓压力三者之间的相关性见图 4-56，通过对现场盾构施工土仓压力参数进行总结分析，由图 4-56 计算简图可知，当土仓压力为 2.40 ~ 2.61 bar 时，合适的渣土含水率取 23.1% ~ 50%，坍落度值取 0 ~ 10.5 cm。

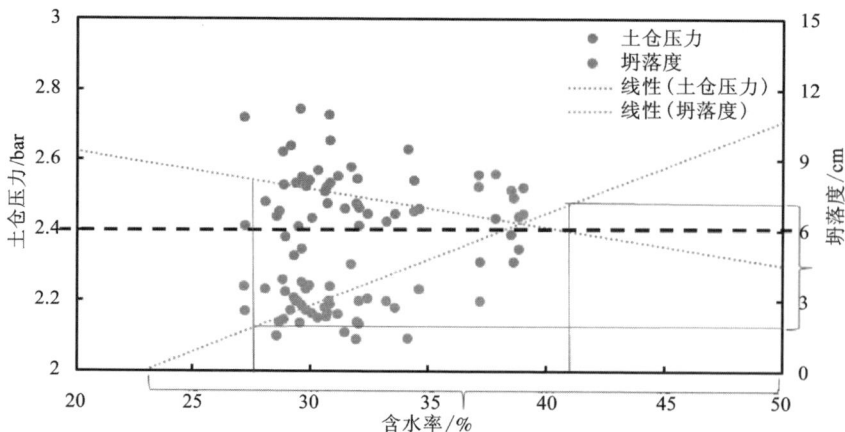

图 4-56　含水率、坍落度与土仓压力之间的相关性

（5）综合结果

结合上述左线坍落度及相关掘进参数变化与渣土含水率变化的关系，可知适宜的渣土含水率取 27.7% ~ 39.5%，适宜的坍落度取 2.0 ~ 6.1 cm。

2. 左线泡沫注入比 *FIR* 及坍落度优化范围

（1）盾构推力

由表 4-27 可确定总推力 19220.06 ~ 20703.08 kN 为盾构总推力的适宜范围。泡沫注入比、坍落度与总推进力三者之间的相关性见图 4-57，通过对现场盾构施工总推进力参数进行总结分析，由图 4-57 计算简图可知，当总推力为 19220.07 ~ 20703.83 kN 时，合适的泡沫注入比取 0% ~ 15%，渣土坍落度值取 1.7 cm ~ 5.3 m。

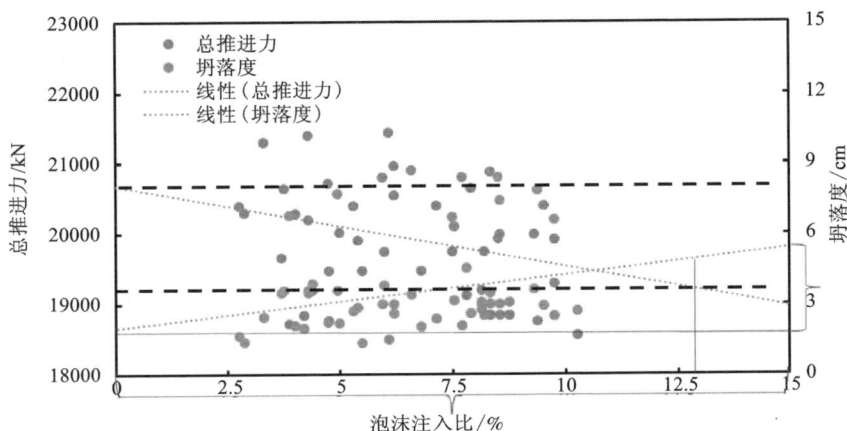

图 4-57　泡沫注入比、坍落度与总推力之间的相关性

（2）刀盘扭矩

由表 4-27 可确定 3357.65 ~ 3946.65 kN·m 为盾构刀盘扭矩的适宜范围。泡沫注入比、坍落度与刀盘扭矩三者之间的相关性见图 4-58，通过对现场盾构施工刀盘扭矩参数进行总结分析，由图 4-58 计算简图可知，当刀盘扭矩为 3357.65 ~ 3946.64 kN·m 时，合适的泡沫注入比取值为 1% ~ 11.8%，渣土坍落度值取 2.0 ~ 4.6 cm。

（3）掘进速度

由表 4-27 可确定 40.29 ~ 47.79 mm/min 为盾构掘进速度的适宜范围。含水率、坍落度与掘进速度三者之间的相关性见图 4-59，通过现场盾构施工掘进速度参数进行总结分析，由图 4-59 计算简图可知，当掘进速度为 40.29 ~ 47.79 mm/min 时，合适的泡沫注入比取 0% ~ 15%，渣土坍落度值取 1.8 ~ 5.2 cm。

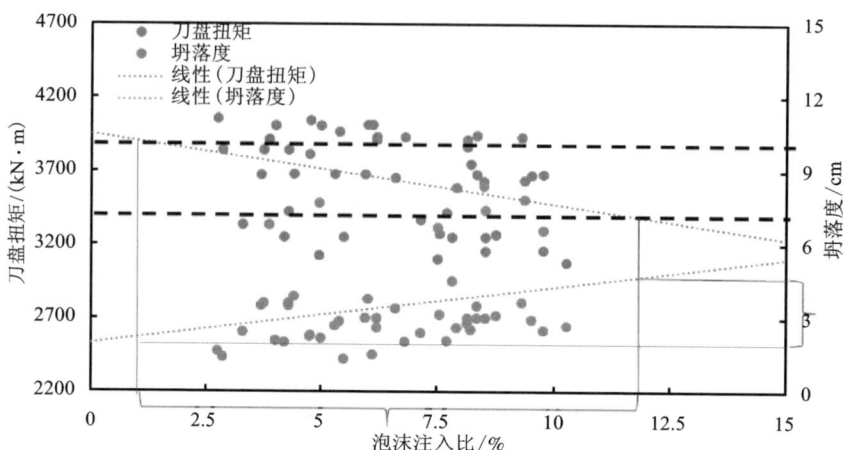

图 4-58　泡沫注入比、坍落度与刀盘扭矩之间的相关性

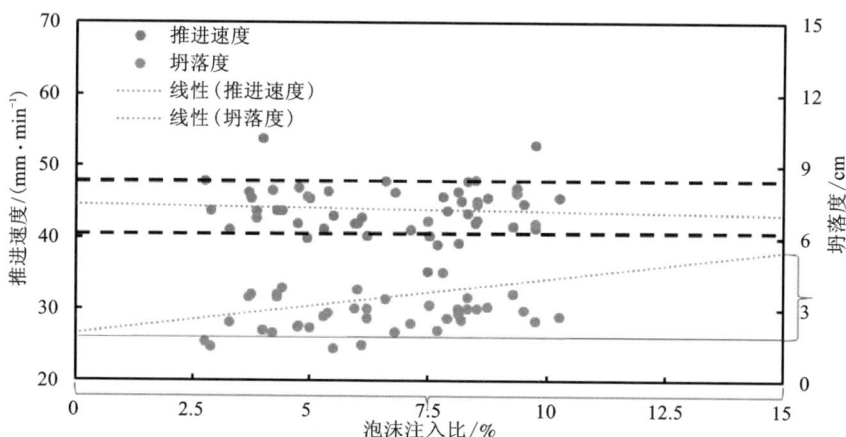

图 4-59　泡沫注入比、坍落度与掘进速度的相关性

（4）土仓压力

由表 4-27 可确定 2.41~2.61 bar 为盾构土仓压力的适宜范围。泡沫注入比、坍落度与土仓压力三者之间的相关性见图 4-60，通过对现场盾构施工土仓压力参数进行总结分析，由图 4-60 计算简图可知，在土仓压力为 2.41~2.61 bar 时，渣土合适的泡沫注入比取 0%~15%，坍落度值取 1.6~4.7 cm。

（5）综合结果

结合上述左线坍落度及其他掘进参数与泡沫注入比之间的关系，泡沫注入比宜取 1%~11.8%，坍落度值宜取 1.8~4.7 cm。对于盾构试验段左线，综上所

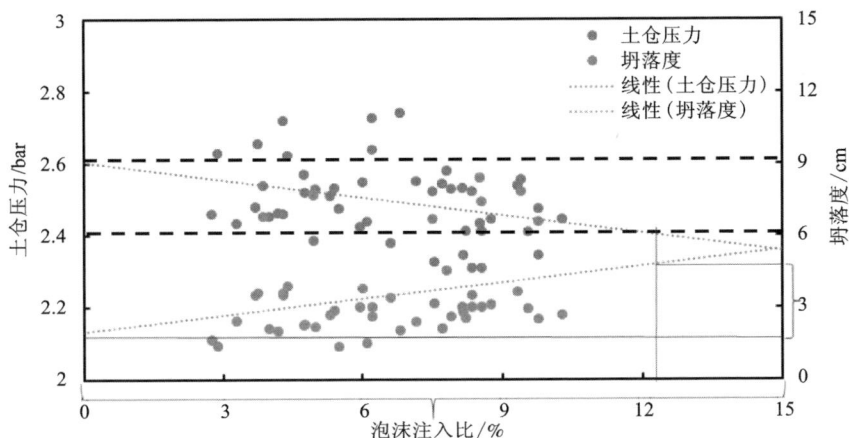

图 4-60 泡沫注入比、坍落度与土仓压力的相关性

述，综合含水率及泡沫注入比的计算结果，将通过含水率分析及泡沫注入比分析求解的推荐渣土坍落度范围取交集，可知泡沫注入比取 1% ~ 11.8%，渣土含水率取 27.7% ~ 39.5%，渣土坍落度值取 2.0 ~ 4.7 cm，坍落度在此范围可满足盾构掘进对渣土状态的要求。

4.4.3 基于规划求解的渣土改良参数优化

1. 试验段右线

由第 4.4.2 节分析可知，对于试验段右线，其渣土适宜的泡沫注入比取 7.0% ~ 48%，适宜的含水率取 23.5% ~ 42.1%，此条件下可将渣土坍落度控制在 0.4 ~ 8.5 cm 这一适于掘进的坍落度范围。然而对于渣土的坍落度取值，渣土本身的级配情况也是重要的影响因素，它反映了不同地层岩性对渣土坍落度的影响，需要将其纳入考量范围。同时渣土含水率与泡沫注入比共同影响渣土的坍落度。因此，必须考量渣土含水率、泡沫注入比、渣土本身的粒径情况三者共同影响下的坍落度大小。

(1) 研究可行域选取

由于达到盾构掘进参数推荐值的条件下求解的泡沫注入比为 7.0% ~ 48.0%，渣土含水率为 23.5% ~ 42.1%，因此在线性规划过程中取泡沫注入比约束条件为 [7.0%，48.0%]，渣土含水率约束条件为 [23.5%，42.1%]。同时，关于颗粒粒径对坍落度的影响，吴历斌等[101]认为，利用土或混凝土骨料的砂率(粒径 0.075 ~ 2 mm 的颗粒质量占土总质量的比例)作为表征量是比较合理的。因此，选择渣土的砂率来表征其对渣土坍落度的影响程度。根据试验段右线渣土的级配分析，其渣土砂率随环数的变化见图4-61，试验段右线渣土砂率主要分布在25%~35%，因此将渣土砂率的约束条件取为[25%，35%]。

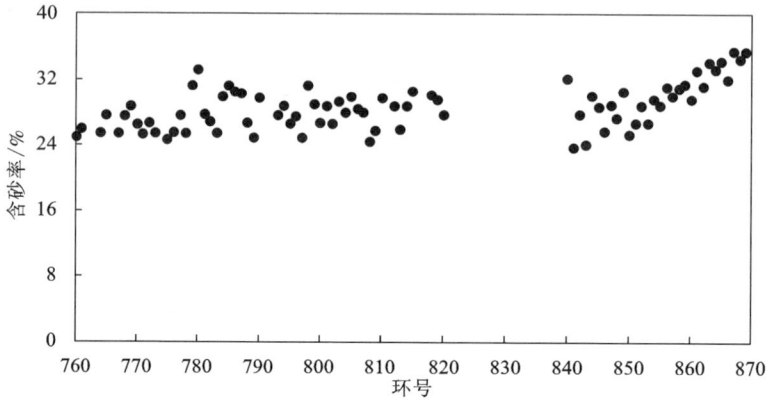

图4-61　试验段右线渣土含砂率与环号对照图

综合泡沫注入比 FIR、渣土含水量 w、渣土砂率 c 三者的约束条件，将本次规划的可行域取为

$$\begin{cases} FIR \in [7\%, 48\%] \\ w \in [23.5\%, 42.1\%] \\ c \in [25\%, 35\%] \end{cases} \tag{4-18}$$

（2）目标函数确定

①泡沫注入比单影响函数确定。

将试验段右线范围内渣土泡沫注入比与相应坍落度绘制于坐标系中，见图4-62。

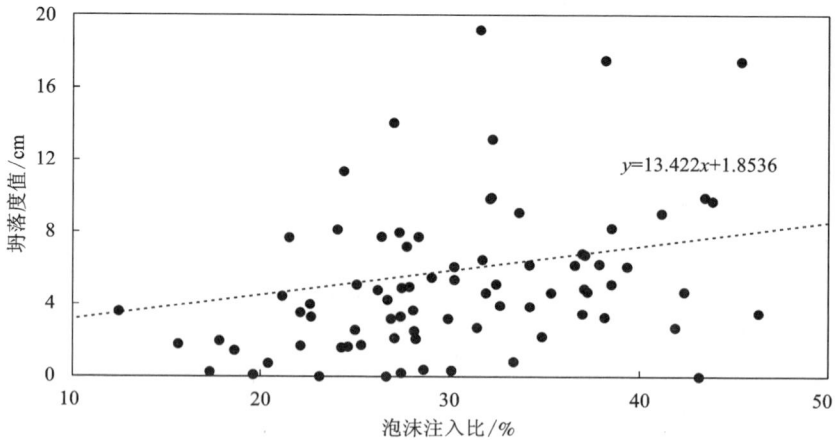

图4-62　试验段右线泡沫注入比与坍落度值相关性

由拟合结果可知，随着泡沫注入比 FIR 的增加，渣土坍落度 S 不断增加，其拟合关系为

$$S = 13.42FIR + 1.85 \tag{4-19}$$

②含水率单影响函数确定。

将试验段右线范围内渣土含水率 w 与相应坍落度 S 绘制于坐标系中，见图 4-63。

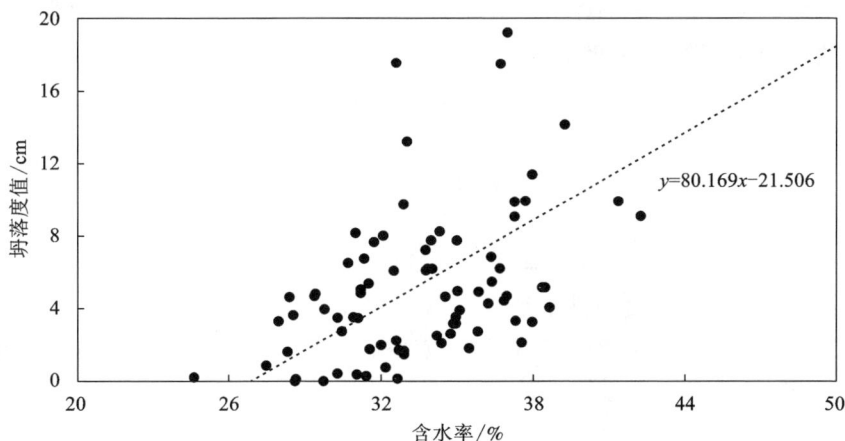

图 4-63　试验段右线含水率与坍落度值相关性

由拟合结果可知，随着渣土含水率的增加，渣土坍落度不断增加，其拟合关系为

$$S = 80.17w - 21.51 \tag{4-20}$$

③砂率单影响函数确定。

将试验段右线范围内渣土砂率 c 与相应坍落度 FIR 绘制函数，见图 4-64。

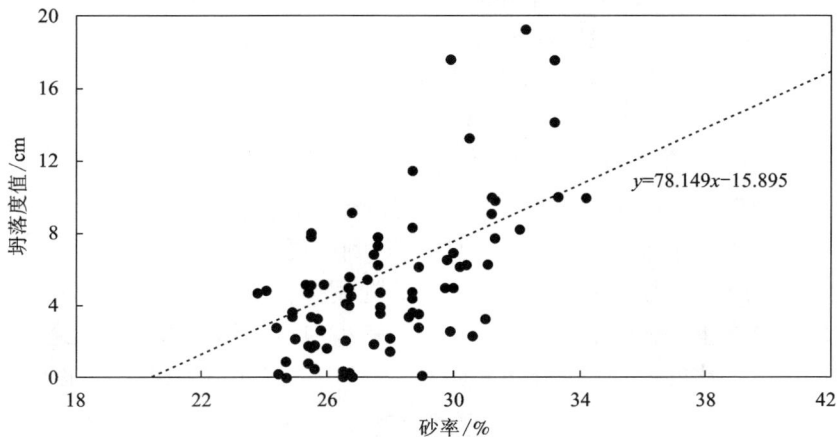

图 4-64　试验段右线含砂率与坍落度值相关性

由拟合结果可知，随着渣土砂率的增加，渣土坍落度不断增加，其拟合关系为

$$S = 78.17c - 15.90 \tag{4-21}$$

对比与坍落度相关的上述三条拟合线的斜率 k 可知，$k_w > k_c > k_{FER}$，由此可知上述三个物理量对渣土坍落度的影响程度大小排序为含水率>砂率>泡沫注入比。

④三因素综合影响函数确定。

联立式(4-19)、(4-20)、(4-21)可知泡沫注入比 FIR、渣土含水率 w、渣土砂率 c 协同作用下的坍落度计算式为

$$S = 80.17w + 13.42FIR + 78.17c - 47.17 \tag{4-22}$$

且可行域满足：

$$\begin{cases} FIR \in [7\%, 48\%] \\ w \in [23.5\%, 42.1\%] \\ c \in [25\%, 35\%] \end{cases}$$

(3)不同地层及改良条件下渣土坍落度的确定

对本试验段共 90 环渣土进行了颗粒级配分析，可知渣土的砂率 c 主要分布在 25% ~ 35%，因此对渣土砂率 $c = 25\%$、$c = 30\%$、$c = 35\%$ 三种地层情况进行分析。

①渣土砂率 $c = 25\%$。

此类渣土砂率较小，证明其中黏土含量高，砂和砾的含量较小，该类型渣土性质接近于粉黏土，未改良坍落度较小，同时土具有一定团聚性，保水性相对较好，与试验段右线第 760 ~ 800 环土质类似。

由第 4.4.1 节分析可知，右线渣土坍落度 S 的合理范围为 0.4 ~ 8.5 cm，选取三种渣土状态进行分析，即坍落度 $S = 2.0$ cm、5.0 cm、8.0 cm 三种情况。分别对应渣土合理状态下"较干""适中""较稀"三种状态。

当 $S = 2$ cm 时，将 $c = 25\%$、$S = 2$ cm 代入式(4-22)，结合得：

$$\begin{cases} 0 = 80.17w + 13.42FIR - 29.63 \\ FIR \in [7\%, 48\%] \\ w \in [23.5\%, 42.1\%] \end{cases} \tag{4-23}$$

即当渣土砂率 c 约为 25% 时，如果要求渣土坍落度 S 为 2 cm，渣土含水率 w 和泡沫注入比 FIR 需要满足式(4-23)则可达到此要求。

另外，从成本上看水比泡沫成本更低，施用操作更加简便，因此在达到相同改良目的的情况下，应尽量增大水的用量，减小泡沫用量。由前文叙述可知本问题渣土泡沫注入比的可行域为 $FIR \in [7\%, 48\%]$，因此取泡沫注入比下限 $FIR = 7\%$，则相应地在(4-23)中求解得 $w = 38.13\%$。

当 $S = 5.0$ cm 时，将 $c = 25\%$、$S = 5.0$ cm 代入式(4-22)，结合得：

$$\begin{cases} 0=80.17w+13.42FIR-32.63 \\ FIR\in[7\%,48\%] \\ w\in[23.5\%,42.1\%] \end{cases} \quad (4-24)$$

当渣土砂率为25%时，如果要求渣土坍落度达到5.0 cm，渣土含水率 w 和泡沫注入比 FIR 需要满足式(4-24)则可达到此要求。

同理，在可行域范围内将泡沫注入比 FIR 取到最小，即 7%，相应地 $w=41.87\%$。则在该类改良情况下的改良参数为 $w=41.87\%$，$FIR=7\%$。

当 $S=8.0$ cm 时，将 $c=25\%$，$S=6.0$ cm 带入式(4-22)，结合得：

$$\begin{cases} 0=80.17w+13.42FIR-35.63 \\ FIR\in[7\%,48\%] \\ w\in[23.5\%,42.1\%] \end{cases} \quad (4-25)$$

当渣土砂率为25%时，如要求渣土坍落度达到8.0 cm，渣土含水率 w 和泡沫注入比 FIR 需要满足式(4-25)则可达到此要求。同理，在可行域范围内将泡沫注入比 FIR 取到最小，即 7%，相应地 $w=43.27\%$。然而 $w=43.27\%$ 大于含水率的上限值42.10%，因此取 $w=42.10\%$，解得 $FIR=14.00\%$。

综上，当掘进地层砂率 $c=25\%$ 时，可根据渣土不同塑流性(即坍落度)需求，采用以下渣土改良方案，见表4-28。

表4-28　砂率为25%地层改良方案参照表

	S/cm	2	5	8
$c=25\%$	$w/\%$	38.13	41.87	42.10
	$FIR/\%$	7.00	7.00	14.00

②渣土砂率 $c=30\%$。

此类渣土砂率适中，其中兼具一定量黏土、砂和砾，该类型渣土性质未改良坍落度适中，土具有一定散体性和保水性，该类土质与试验段右线第800~820环类似。参考渣土砂率 $c=25\%$ 时所用方法，与掘进地层砂率 $c=30\%$ 时，可根据渣土不同塑流性需求采用如下改良方案：

当 $S=2$ cm 时，将 $c=30\%$，$S=2$ cm 带入式(4-22)，结合得：

$$\begin{cases} 0=80.17w+13.42FIR-25.73 \\ FIR\in[7\%,48\%] \\ w\in[23.5\%,42.1\%] \end{cases} \quad (4-26)$$

即当渣土砂率 c 约为30%时，如果要求渣土坍落度 S 为2 cm，渣土含水率 w 和泡沫注入比 FIR 需要满足式(4-26)则可达到此要求。

另外，从成本上看水比泡沫成本更低，施用操作更加简便，因此在达到相同改良目的的情况下，应尽量增大水的用量，减小泡沫用量。由前文叙述可知本问题渣土含水量的可行域为 $FIR \in [7\%, 48\%]$，因此取泡沫注入比下限 $FIR = 7\%$，则相应地 $w = 30.92\%$。

当 $S = 5.0$ cm 时，将 $c = 30\%$，$S = 5.0$ cm 带入式（4-22），结合得：

$$\begin{cases} 0 = 80.17w + 13.42FIR - 28.73 \\ FIR \in [7\%, 48\%] \\ w \in [23.5\%, 42.1\%] \end{cases} \tag{4-27}$$

当渣土砂率为 30% 时，如果要求渣土坍落度达到 5.0 cm，渣土含水率 w 和泡沫注入比 FIR 需要满足式（4-27）则可达到此要求。同理，在可行域范围内将泡沫注入比 FIR 取到最小，即 7%，相应地 $w = 34.66\%$。则在该类改良情况下的改良参数为 $w = 34.66\%$，$FIR = 7\%$。

当 $S = 8.0$ cm 时，将 $c = 30\%$，$S = 8.0$ cm 带入式（4-22），结合得：

$$\begin{cases} 0 = 80.17w + 13.42FIR - 31.73 \\ FIR \in [7\%, 48\%] \\ w \in [23.5\%, 42.1\%] \end{cases} \tag{4-28}$$

当渣土砂率为 30% 时，如要求渣土坍落度达到 8.0 cm，渣土含水率 w 和泡沫注入比 FIR 需要满足式（4-28）则可达到此要求。同理，在可行域范围内将泡沫注入比 FIR 取到最小，即 7%，相应地 $w = 38.39\%$。则在该类改良情况下的改良参数为 $w = 38.39\%$，$FIR = 7\%$。

综上，在掘进地层砂率 $c = 30\%$ 时，可根据渣土不同塑流性需求，采用以下渣土改良方案，见表 4-29。

表 4-29　砂率为 30% 地层改良方案参照表

$c = 30\%$	S / cm	3	6	8
	$w / \%$	30.92	34.66	38.39
	$FIR / \%$	7	7	7

③渣土砂率 $c = 35\%$。

此类渣土砂率较大，其中黏土含量低，砂和砾的含量较高，该类型渣土性质接近于砂，未改良坍落度较大，同时土具有一定散体性，保水性相对较差，该类土质与试验段右线第 840～870 环较为类似。

参考渣土砂率 $c = 35\%$ 时所用方法与掘进地层砂率 $c = 35\%$ 时，可根据渣土不同塑流性需求采用如下改良方案：

当 $S=2\,\mathrm{cm}$ 时，将 $c=35\%$，$S=3\,\mathrm{cm}$ 带入式(4-22)，结合得：

$$\begin{cases} 0=80.17w+13.42FIR-21.82 \\ FIR \in [7\%,48\%] \\ w \in [23.5\%,42.1\%] \end{cases} \qquad (4-29)$$

即当渣土砂率 c 约为 35% 时，如果要求渣土坍落度 S 为 2 cm，渣土含水率 w 和泡沫注入比 FIR 需要满足式(4-29)则可达到此要求。另外，从成本上看水比泡沫成本更低，施用操作更加简便，因此在达到相同改良目的的情况下，应尽量增大水的用量，减小泡沫用量。由前文叙述可知本问题渣土含水量的可行域为 $FIR \in [7\%,48\%]$，因此取泡沫注入比下限 $FIR=7\%$，则相应地 $w=26.05\%$。

当 $S=5.0\,\mathrm{cm}$ 时，将 $c=35\%$，$S=5.0\,\mathrm{cm}$ 带入式(4-22)，结合得：

$$\begin{cases} 0=80.17w+13.42FIR-24.82 \\ FIR \in [7\%,48\%] \\ w \in [23.5\%,42.1\%] \end{cases} \qquad (4-30)$$

当渣土砂率为 35% 时，如要求渣土坍落度达到 5.0 cm，渣土含水率 w 和泡沫注入比 FIR 需要满足式(4-30)可达到此要求。同理，在可行域范围内将泡沫注入比 FIR 取到最小，即 7%，相应地 $w=29.79\%$。则在该类改良情况下的改良参数为 $w=29.79\%$，$FIR=7\%$

当 $S=8.0\,\mathrm{cm}$ 时，将 $c=35\%$，$S=6.0\,\mathrm{cm}$ 带入式(4-22)，结合得：

$$\begin{cases} 0=80.17w+13.42FIR-27.82 \\ FIR \in [7\%,48\%] \\ w \in [23.5\%,42.1\%] \end{cases} \qquad (4-31)$$

当渣土砂率为 35% 时，如果要求渣土坍落度达到 8.0 cm，渣土含水率 w 和泡沫注入比 FIR 需要满足式(4-31)则可达到此要求。同理，在可行域范围内将泡沫注入比 FIR 取到最小，即 7%，相应地 $w=33.53\%$。则在该类改良情况下的改良参数为 $w=33.53\%$，$FIR=7\%$。

综上，当掘进地层砂率 $c=35\%$ 时，可根据渣土不同的塑流性需求，采用以下渣土改良方案，见表4-30。

表4-30　砂率为35%地层改良方案参照表

	S/cm	3	6	8
$c=35\%$	$w/\%$	26.05	29.79	33.53
	$FIR/\%$	7	7	7

2.试验段左线

由第4.4.2节分析可知，对于试验段左线，其渣土适宜的泡沫注入比取

$1\%\sim 11.8\%$，适宜的含水率取$27.7\%\sim 39.5\%$，即可将渣土坍落度控制在$2.0\sim$
$4.7\,cm$这一适于掘进的坍落度范围。同理考量渣土含水量、泡沫注入比、渣土本身的粒径情况三者共同影响下的坍落度大小。

（1）研究可行域选取

类似试验段右线，由于达到盾构掘进参数推荐值的条件下求解的泡沫注入比为$1\%\sim 11.8\%$，渣土含水率共同影响为$27.7\%\sim 39.5\%$，因此在线性规划过程中取泡沫注入比约束条件为$[1\%，11.8\%]$，渣土含水率约束条件为$[27.7\%，39.5\%]$。同时，通过对试验段左线45环渣土进行筛分试验可知，其砂率主要分布在$0.23\sim$
0.32（见图4-65），因此将渣土砂率的约束条件取为$[0.23，0.32]$。

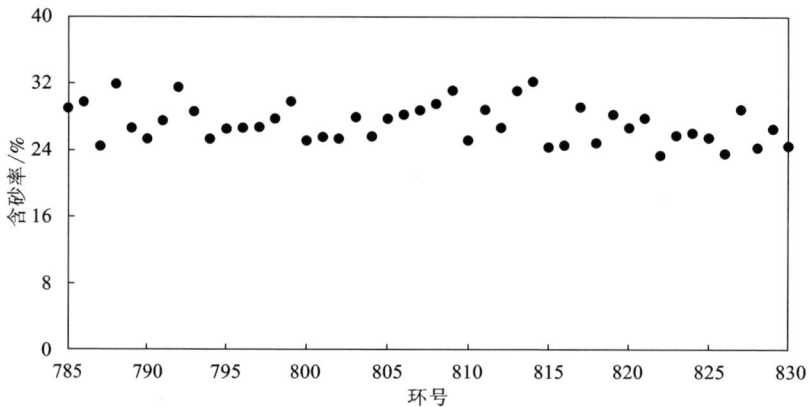

图4-65　试验段左线渣土含砂率与环号对照图

综合泡沫注入比FIR、渣土含水量w、渣土砂率c三者的约束条件，将本次规划的可行域取为

$$\begin{cases} FIR \in [1\%，11.8\%] \\ w \in [27.7\%，39.45\%] \\ c \in [23\%，32\%] \end{cases} \tag{4-32}$$

（1）目标函数确定

①泡沫注入比单影响函数确定。

将试验段右线范围内渣土泡沫注入比FIR与相应坍落度绘制于坐标系中，如图4-66。

由拟合结果可知，单独考虑泡沫注入比FIR，随着泡沫注入比FIR的增加，渣土坍落度S不断增加，其拟合关系为

$$S = 23.04FIR + 1.97 \tag{4-33}$$

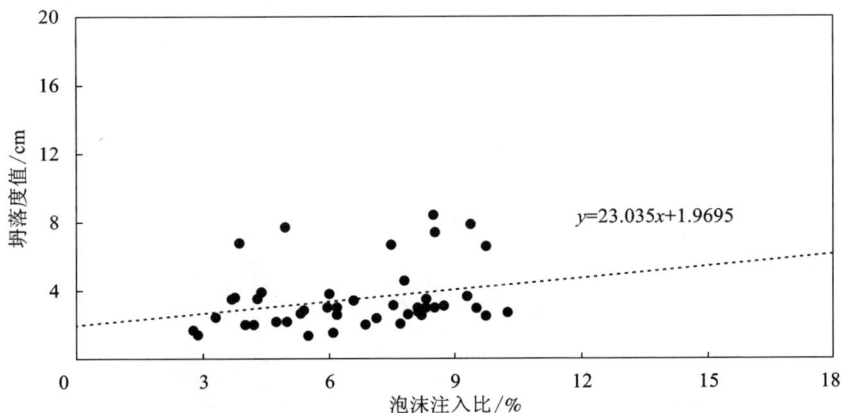

图 4-66　试验段左线泡沫注入比与坍落度值相关性

②渣土含水率单影响函数确定。

将试验段右线范围内渣土含水率 w 与相应坍落度 S 绘制于坐标系中，见图 4-67。

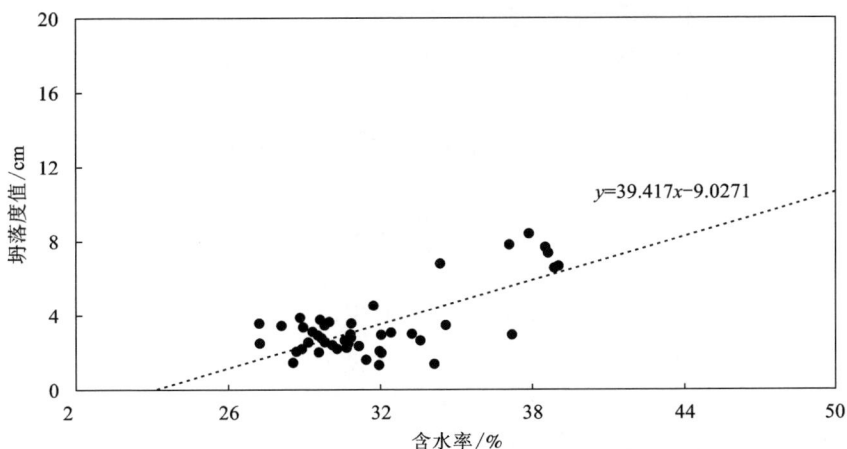

图 4-67　试验段左线含水率与坍落度值相关性

由拟合结果可知，单独考虑渣土含水率 w，随着渣土含水率 w 的增加，渣土坍落度不断增加，其拟合关系为

$$S = 39.42w - 9.027 \tag{4-34}$$

③渣土砂率单影响函数确定。

将试验段右线范围内渣土砂率 c 与相应坍落度 S 绘制函数，见图 4-68。

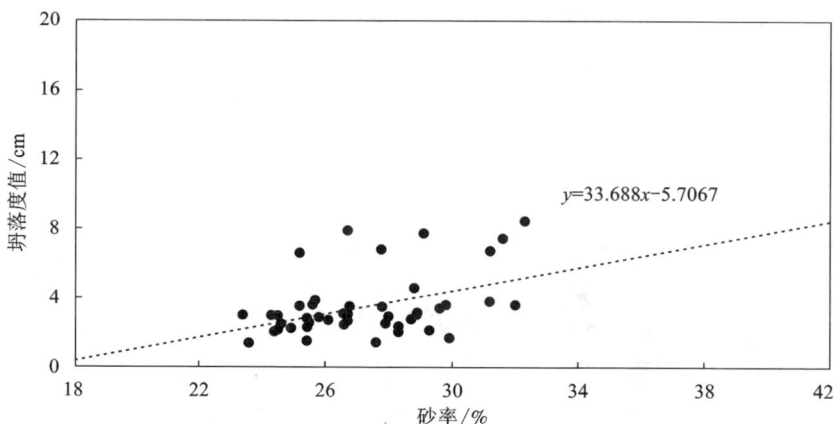

图4-68　试验段左线含砂率与坍落度值相关性

由拟合结果可知，单独考虑渣土砂率 c，随着渣土砂率 c 的增加渣土坍落度不断增加，其拟合关系为

$$S=33.69w-5.71 \qquad (4-35)$$

对比与坍落度相关的上述三条拟合线的斜率 k 可知，$k_w>k_c>k_{FER}$，由此可知上述三个物理量对渣土坍落度的影响程度大小排序为含水率>砂率>泡沫注入比。

④三因素综合影响函数确定。

联立式(4-33)(4-34)(4-35)可知泡沫注入比 FIR、渣土含水率 w、渣土砂率 c 协同作用下的坍落度计算式为

$$S=39.42w+23.04FIR+33.67c-20.12 \qquad (4-36)$$

且可行域满足：

$$\begin{cases} FIR \in [1\% , 11.8\%] \\ w \in [27.7\% , 39.45\%] \\ c \in [23\% , 32\%] \end{cases}$$

（3）不同地层及改良条件下渣土坍落度确定

对本试验段共36环渣土进行了颗粒级配分析，可知渣土砂率 c 主要分布在 $23\% \sim 32\%$，因此取渣土砂率 $c=23\%$、$c=27\%$、$c=32\%$ 三种地层情况进行分析。

①渣土砂率 $c=23\%$。

此类渣土砂率较小，其中黏土含量高，砂和砾的含量较小，该类型渣土性质接近于粉黏土，未改良坍落度较小，同时土具有一定团聚性，保水性相对较好。与试验段左线第785～795环土质类似。

由第4.4.2节分析可知左线渣土坍落度 S 的合理范围为 $2.0 \sim 4.7$ cm，选取

三种渣土状态进行分析，即坍落度 S=2.0 cm、3.5 cm、4.5 cm 三种情况。分别对应渣土合理状态下"较干""适中""较稀"三种状态。

当 S=2.0 cm 时，将 c=23%，S=2.0 cm 带入式(4-36)，结合得：

$$\begin{cases} 0=39.42w+23.04FIR-14.38 \\ FIR \in [1\%,11.8\%] \\ w \in [27.7\%,39.45\%] \end{cases} \tag{4-37}$$

即当渣土砂率 c 约为 23% 时，如果要求渣土坍落度 S 为 2.0 cm，渣土含水率 w 和泡沫注入比 FIR 需要满足式(4-37)可达到此要求。另外，从成本上来看水比泡沫成本更低，因此在达到相同改良目的的情况下，应尽量增大水的用量，减小泡沫用量。由前文叙述可知本问题渣土含水量的可行域为 $FIR \in [1\%,11.8\%]$，因此取泡沫注入比下限 FIR=1%，则相应地 w=35.89%。

当 S=3.5 cm 时，将 c=23%，S=3.5 cm 带入式(4-36)，结合得：

$$\begin{cases} 0=39.42w+23.04FIR-15.88 \\ FIR \in [1\%,11.8\%] \\ w \in [27.7\%,39.45\%] \end{cases} \tag{4-38}$$

当渣土砂率为 23% 时，如果要求渣土坍落度达到 3.5 cm，渣土含水率 w 和泡沫注入比 FIR 需要满足式(4-38)则可达到此要求。同理，在可行域范围内将泡沫注入比 FIR 取到最小，即 1%，相应地 w=39.70%。然而 w=39.70% 大于含水率的上限值 39.50%，因此取 w=39.50%，解得 FIR=1.34%。

当 S=4.5 cm 时，将 c=23%，S=4.5 cm 带入式(4-36)，结合得：

$$\begin{cases} 0=39.42w+23.04FIR-16.88 \\ FIR \in [1\%,11.8\%] \\ w \in [27.7\%,39.45\%] \end{cases} \tag{4-39}$$

当渣土砂率为 23% 时，如果要求渣土坍落度达到 8.0 cm，渣土含水率 w 和泡沫注入比需要 FIR 满足式(4-39)则可达到此要求。同理，在可行域范围内将泡沫注入比 FIR 取到最小，即 1%，相应地 w=42.23%。然而 w=42.23% 大于含水率的上限值 39.50%，因此取 w=39.50%，解得 FIR=5.68%。

综上，当掘进地层砂率 c=23% 时，可根据渣土不同塑流性需求，采用以下渣土改良方案，见表4-31。

表 4-31　砂率为 23% 地层改良方案参照表

	S/cm	2.0	3.5	4.5
c=23%	w/%	35.89	39.50	39.50
	FIR/%	1.00	1.34	5.68

②渣土砂率 $c=27\%$ 。

当 $S=2.0$ cm 时，将 $c=27\%$，$S=2.5$ cm 带入式(4-36)，结合得：

$$\begin{cases} 0=39.42w+23.04FIR-13.03 \\ FIR\in[1\%,11.8\%] \\ w\in[27.7\%,39.45\%] \end{cases} \quad (4-40)$$

即当渣土砂率 c 约为 27% 时，如果要求渣土坍落度 S 为 2.0 cm，渣土含水率 w 和泡沫注入比 FIR 需要满足式(4-40)则可达到此要求。由前文叙述可知本问题渣土含水量的可行域为 $FIR\in[1\%,11.8\%]$，因此取泡沫注入比下限 $FIR=1\%$，相应地 $w=32.47\%$。

当 $S=3.5$ cm 时，将 $c=27\%$，$S=3.5$ cm 带入式(4-36)，结合得：

$$\begin{cases} 0=39.42w+23.04FIR-14.53 \\ FIR\in[1\%,11.8\%] \\ w\in[27.7\%,39.45\%] \end{cases} \quad (4-41)$$

当渣土砂率为 27% 时，如果要求渣土坍落度达到 3.5 cm，渣土含水率 w 和泡沫注入比 FIR 需要满足式(4-41)则可达到此要求。同理，在可行域范围内将泡沫注入比 FIR 取到最小，即 1%，相应地 $w=36.27\%$。则在该类改良情况下的改良参数为 $w=36.27\%$，FER $=4\%$。

当 $S=4.5$ cm 时，将 $c=27\%$，$S=4.5$ cm 带入式(4-36)，结合得：

$$\begin{cases} 0=39.42w+23.04FIR-15.53 \\ FIR\in[1\%,11.8\%] \\ w\in[27.7\%,39.45\%] \end{cases} \quad (4-42)$$

当渣土砂率为 27% 时，如果要求渣土坍落度达到 4.5 cm，渣土含水率 w 和泡沫注入比 FIR 需要满足式(4-42)则可达到此要求。

同理，在可行域范围内将泡沫注入比 FIR 取到最小，即 1%，相应地 $w=37.06\%$。则在该类改良情况下的改良参数为 $w=37.06\%$，$FIR=1\%$。综上，当掘进地层砂率 $c=27\%$ 时，可根据渣土不同塑流性需求，采用以下渣土改良方案，见表4-32。

表4-32　砂率为27%地层改良方案参照表

	$S/$cm	2.0	3.5	4.5
$c=27\%$	$w/\%$	32.47	36.27	37.06
	$FIR/\%$	1.00	1.00	1.00

③渣土砂率 $c = 32\%$ 。

当 $S = 2.0$ cm 时，将 $c = 32\%$, $S = 2.0$ cm 带入式（4-36），结合得：

$$\begin{cases} 0 = 39.42w + 23.04FIR - 11.35 \\ FIR \in [1\%, 11.8\%] \\ w \in [27.7\%, 39.45\%] \end{cases} \quad (4\text{-}43)$$

即当渣土砂率 c 约为 32% 时，如果要求渣土坍落度 S 为 2.0 cm，渣土含水率 w 和泡沫注入比 FIR 需要满足式（4-43）则可达到此要求。由前文叙述可知本问题泡沫注入比的可行域为 $FIR \in [1\%, 11.8\%]$ ，因此取泡沫注入比下限 $FIR = 11\%$ ，则相应地 $w = 28.20\%$ 。

当 $S = 3.5$ cm 时，将 $c = 32\%$, $S = 3.5$ cm 带入式（4-36），结合得：

$$\begin{cases} 0 = 39.42w + 23.04FIR - 12.85 \\ FIR \in [1\%, 11.8\%] \\ w \in [27.7\%, 39.45\%] \end{cases} \quad (4\text{-}44)$$

当渣土砂率为 32% 时，如果要求渣土坍落度达到 3.5 cm，渣土含水率 w 和泡沫注入比 FIR 需要满足式（4-44）则可达到此要求。同理，在可行域范围内将泡沫注入比 FIR 取到最小，即 1%，相应地 $w = 32.01\%$ 。则在该类改良情况下的改良参数为 $w = 32.01\%$, $FIR = 1\%$ 。

当 $S = 4.5$ cm 时，将 $c = 32\%$, $S = 4.5$ cm 带入式（4-36），结合得：

$$\begin{cases} 0 = 39.42w + 23.04FIR - 13.85 \\ FIR \in [1\%, 11.8\%] \\ w \in [27.7\%, 39.45\%] \end{cases} \quad (4\text{-}45)$$

当渣土砂率为 32% 时，如果要求渣土坍落度达到 4.5 cm，渣土含水率 w 和泡沫注入比 FIR 需要满足式（4-45）则可达到此要求。同理，在可行域范围内将泡沫注入比 FIR 取到最小为 1%，相应地 $w = 36\%$ 。则在该类改良情况下的改良参数为 $w = 34.55\%$, $FIR = 1\%$ 。

综上，当掘进地层砂率 $c = 32\%$ 时，可根据渣土不同塑流性需求，采用以下渣土改良方案，见表4-33。

表 4-33　砂率为 32% 地层改良方案参照表

	S/cm	2.0	3.0	4.5
$c = 32\%$	w/%	28.20	32.01	34.55
	FIR/%	1.00	1.00	1.00

3. 小结

综上所述，推荐盾构掘进过程中采用以下改良方案，见表4-34，根据本方案可将不同级配(砂率)的渣土塑流性限制在理想的范围内，并对下穿段渣土改良参数的选取提供借鉴。

在上述方案中，将求得的合理坍落度范围进一步划分为三类，即"较干"、"适中"和"较稀"。在盾构实际的掘进过程中，盾构司机可根据现场掘进情况，通过渣土改良实时调整渣土的流塑状态。例如，正常情况下盾构司机选择在"适中"渣土状态下进行推进，当因为各种原因土仓压力突然下降时盾构司机可选择表4-34所推荐的改良方案将渣土状态由"适中"转化为"较干"，减小渣土坍落度(塑流性)，从而提高土仓压力，维持开挖面土压平衡。

表4-34 试验段不同砂率地层改良方案参照表

右线	$c=25\%$	S/cm	3.0	6.0	8.0
		w/%	38.13	41.87	42.10
		FIR/%	7.00	7.00	14.00
	$c=30\%$	S/cm	3.0	6.0	8.0
		w/%	30.92	34.66	38.39
		FIR/%	7.00	7.00	7.00
	$c=35\%$	S/cm	3.0	6.0	8.0
		w/%	26.05	29.79	33.53
		FIR/%	7.00	7.00	7.00
左线	$c=23\%$	S/cm	2.0	3.0	4.5
		w/%	35.89	39.50	39.50
		FIR/%	1.00	1.34	5.68
	$c=27\%$	S/cm	2.0	3.0	4.5
		w/%	32.47	36.27	37.06
		FIR/%	1.00	1.00	1.00
	$c=32\%$	S/cm	2.0	3.0	4.5
		w/%	28.20	32.01	34.55
		FIR/%	1.00	1.00	1.00

4.4.4 塑流性过强渣土室内改良试验

试验段切口环右线第867~875环处渣土塑流性较大，第4.2节基于室内试验提出的改良方案无法满足盾构施工过程中的正常出渣要求，掘进过程中螺机口出现"喷渣"现象，渣土状态见表 4-35，故应针对此状态渣土进行专门改良研究，以防在下穿地铁 2 号线时出现此类情况而无应对之策。

　　本次室内试验，选取膨润土浆液、PAM 溶液及其组合对所取渣样（含水率58.9%）进行改良，并测试改良渣土的坍落度，通过对改良剂配比的优化确定最优改良配比，以指导后续盾构施工。

表 4-35　稀渣土改良前状态

渣土坍落度	24.8 cm	
渣土延展度	40.6 cm	

　　两种主要改良剂种类及作用见表 4-36 所示。

表 4-36　所用改良剂基本特征

种类	改良剂	主要效果
矿物类	钠基膨润土	提高流动性，减少内摩擦角
水溶性高分子聚合物	PAM	降低液体间的摩擦阻力、絮凝

1. 膨润土泥浆选取

　　选择土、水质量比分别为 1∶8、1∶7、1∶6、1∶5、1∶4、1∶3 的膨润土浆液作为试验材料进行黏度测定（见图 4-69、图 4-70）。常规试验中一般要求用于改良渣土的膨润土泥浆马氏黏度宜为 150~180 s，但针对此含水率达 50% 以上的地层，必须要增大适用的泥浆黏度。同时由于盾构泵送能力的限制，只能选择质量

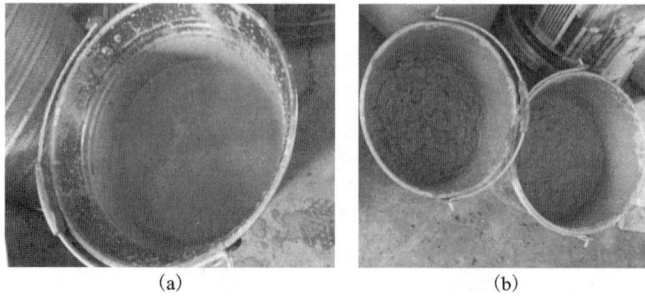

(a)　　　　　　　　　(b)

图 4-69　新拌制的膨润土泥浆和膨化后的膨润土泥浆效果图

(a)　　　　　　　　　(b)

(c)　　　　　　　　　(d)

图 4-70　膨润土泥浆黏度值测试试验

分数小于 1∶4 的浆液,因此最终采用质量分数为 1∶4 的浆液进行室内试验,相应泥浆的黏度变化见图 4-71 及表 4-37。

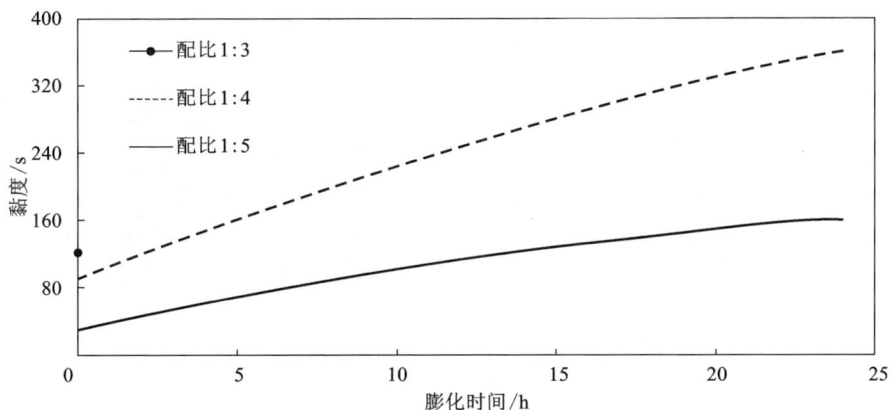

(a) 不同配比膨润土浆液 24 h 黏度值变化曲线

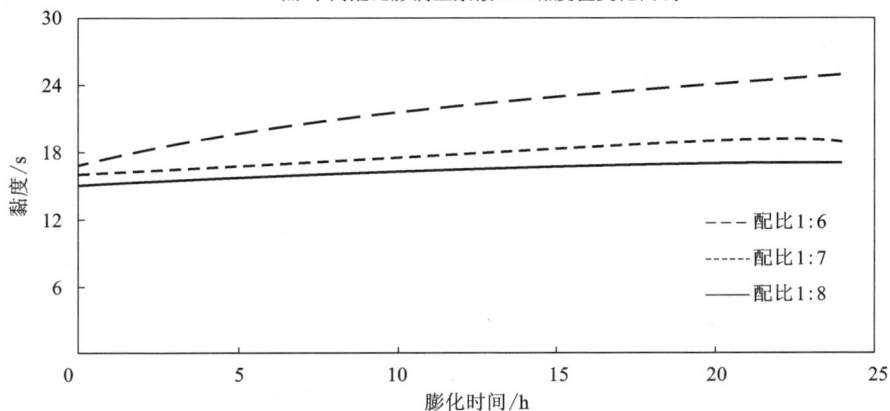

(b) 不同配比膨润土浆液 24 h 黏度值变化曲线

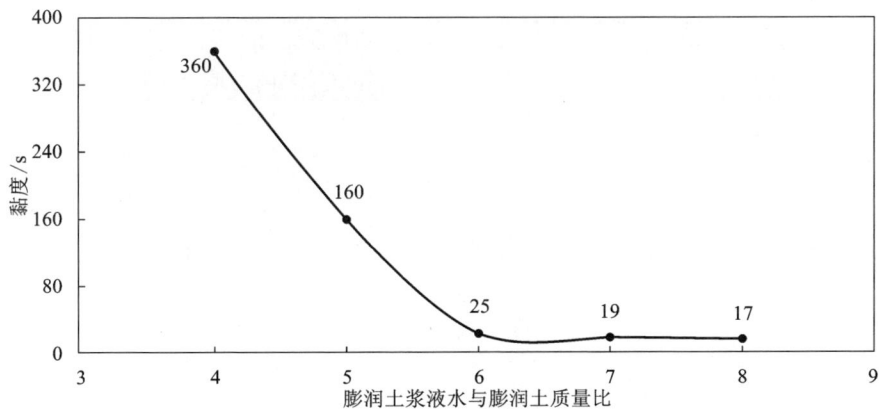

(c) 不同配比质量分数膨润土浆液黏度值变化曲线

图 4-71　膨润土浆液黏度值测定曲线图

表 4-37　膨润土浆液黏度数值

膨润土∶水	1∶3	1∶4	1∶5	1∶6	1∶7	1∶8
初始黏度/s	122	90	31	17	16	15
8 h 黏度/s	过稠	180	55	19	17	16
20 h 黏度/s	过稠	330	150	24	19	17
24 h 黏度/s	过稠	360	160	25	19	18

（2）PAM 溶液选取

结合调研资料并根据 PAM 产品说明，选取质量分数为 3% 的 PAM 溶液进行试验。

（3）渣土改良效果分析

①单独使用膨润土浆液改良效果分析。

采用质量分数为 1∶4 的膨润土浆液，单独对渣土进行改良，膨润土浆液注入比及改良后渣土坍落度数据见表 4-38。

表 4-38　膨润土泥浆改良渣土坍落度试验数据

泥浆注入比/%	10	20	30
渣土坍落度/cm	25.2	25.8	27
渣土延展度/cm	41.4	46.6	54.2

试验结果表明，膨润土不仅无法改善高流动性渣土的塑性，反而提高了渣土的流动性，导致渣土坍落度随膨润土浆液掺入量的增加而增大（见图 4-72），故不能单独使用膨润土浆液改良该地层渣土。

②单独使用 PAM 溶液改良效果分析。

采用说明书推荐的浓度为 3% 的 PAM 溶液单独对渣土进行改良，PAM 溶液按一定注入比改良后的渣土坍落度数据见表 4-39，其改良效果如图 4-73。

表 4-39　聚乙烯酰胺（PAM）溶液改良渣土坍落度试验数据

PAM 溶液浓度/%	3	3	3
溶液注入比/%	2.50	5	7.50
渣土坍落度/cm	23.4	22.2	21.6
渣土延展度/cm	37.2	35.4	35.5

(a) 渣土采用 1:4 的膨润土浆液，10% 注入比改良后的效果图

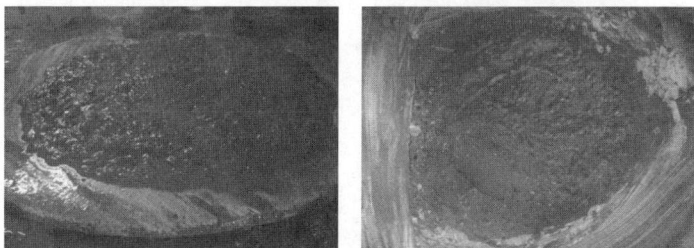

(b) 渣土采用 1:4 的膨润土浆液，20% 注入比改良后的效果图

(c) 渣土采用 1:4 的膨润土浆液，30% 注入比改良后的效果图

图 4-72　渣土采用 1：4 的膨润土浆液，不同注入比改良后的效果图

试验结果表明，PAM 形成的絮化物可以将土颗粒及大量的水包裹起来，减小渣土内摩擦角形成类似黏土状的渣土，对渣土的塑性有一定的改善，但相比于未改良土坍落度仅减小 4 cm，效果不太明显，故不建议单独使用。

③膨润土浆液结合 PAM 溶液改良效果分析。

PAM 溶液与膨润土浆液试验过程中的注入比见表 4-40，分别测定改良后渣土的坍落度。试验结果表明，采用 PAM 溶液与膨润土浆液共同改良渣土，渣土坍落度最多可减小 8~9 cm，改良效果较好（见图 4-74）。

(a) 渣土采用3%浓度PAM溶液，2.5%注入比改良后的效果图

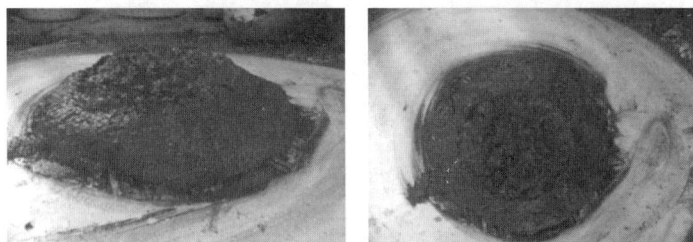

(b) 渣土采用3%浓度PAM溶液，5%注入比改良后的效果图

(c) 渣土采用3%浓度PAM溶液，7.5%注入比改良后的效果图

图4-73　渣土采用3%浓度PAM溶液，不同注入比改良后的效果图

表4-40　PAM溶液与膨润土混合浆液改良渣土坍落度试验数据表

膨润土浆液注入比/%	10			20			30		
PAM溶液注入比/%	2.5	5.0	7.5	2.5	5.0	7.5	2.5	5.0	7.5
渣土坍落度/cm	19.3	18.2	17.4	19.4	17.8	16.6	20.7	20.5	20.3
渣土延展度/cm	35.5	33.7	32.2	36.1	32.3	31.4	35.4	35.4	35.2

　　根据PAM的材料特性推测，其改良机理是当PAM溶液与膨润土浆液配合使用时，PAM溶液与土中原存的水相互作用，吸收土中水分，起到减水的作用，并形成的絮化物将土颗粒、膨化后的膨润土泥浆包裹起来，形成具有整体性的"包裹体"，起到增大渣土塑性的作用。此外，在减小渣土内摩擦角形成类似黏土状

(a) 10% 注入比膨润土浆液+3% 浓度 7.5% 注入比 PAM 溶液渣土改良后的效果图

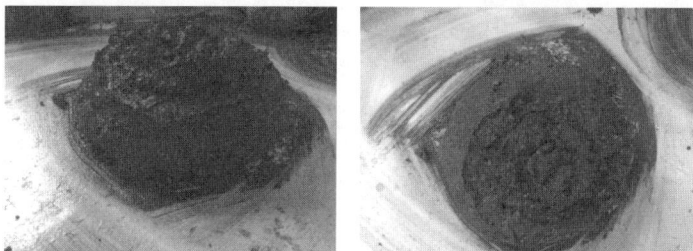

(b) 20% 注入比膨润土浆液+3% 浓度 7.5% 注入比 PAM 溶液渣土改良后的效果图

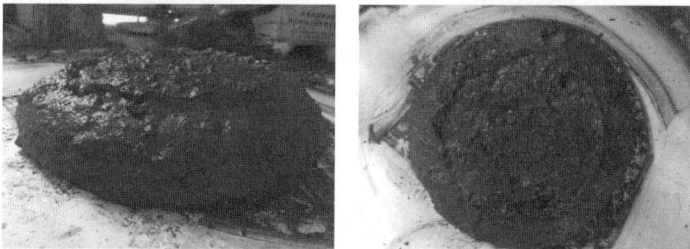

(c) 30% 注入比膨润土浆液+3% 浓度 7.5% 注入比 PAM 溶液渣土改良后的效果图

图 4-74 不同注入比膨润土浆液+3% 浓度 7.5% 注入比 PAM 溶液渣土改良后的效果图

渣土的同时，还改善了因过量水稀释而造成的改良材料性能发挥不理想的情况。

（4）试验结果分析

综合本次室内试验数据及现场试验验证，针对类似试验段右线切口环第 867～875 环处的过强塑流性富水圆砾渣土，建议将 PAM 溶液与钠基膨润土泥浆配合使用对渣土进行改良，即采用质量比为 1∶4 的钠基膨润土浆液按 20% 注入比，配合 3% 浓度的 PAM 溶液按 7.5% 注入比改良本阶段过强塑流性富水渣土。以此改善盾构出渣情况，降低喷涌发生的风险，为地铁 4 号线下穿地铁 2 号线的渣土改良工作提供指导。

4.4.5 现场应用效果

根据第 4.4.3 节所推荐的不同地层下的渣土改良方案以及第 4.4.4 节所推荐

的易喷涌过强塑流性渣土改良方案，将其应用到试验段后续区间的掘进过程中取得了较好的应用效果。其表现为盾构推力、刀盘扭矩、掘进速度、土仓压力位于推荐的适宜掘进参数范围内，掘进顺畅，没有出现"喷土"或地表沉降过大等情况。具体以试验段后右线第901～950环的数据为例，见图4-75。

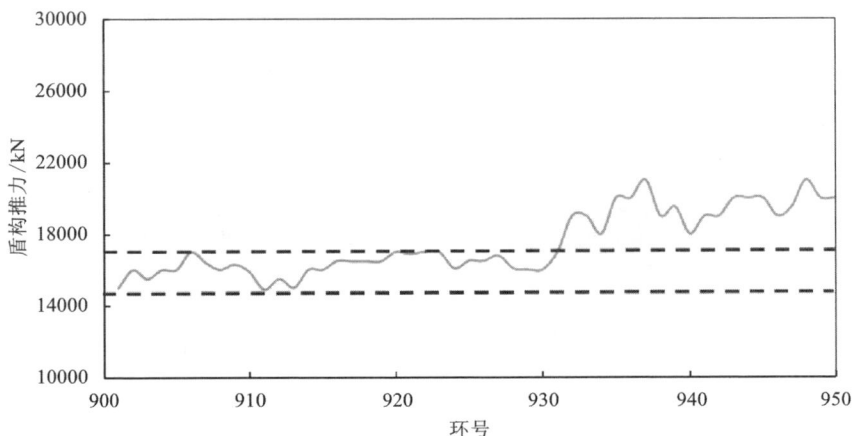

图4-75 改良方案应用效果之盾构推力

由图4-75可知，在第901～950环共50环间盾构推力共有30环处于第4.4.1节推荐适宜的盾构推力范围[14865.47 kN, 16656.88 kN]，占总环数的60%，由于盾构在掘进后期埋深不断增加，不可避免地会使盾构推力增大，排除此因素，仍可认为本章所述的渣土改良方案有效地降低了盾构推力。

在第901环～950环共50环间刀盘扭矩共有45环处于第4.4.1节推荐适宜的刀盘扭矩范围[2571.37 kN·m, 3051.27 kN·m]，在采用所推荐的渣土改良方案后，刀盘扭矩有90%的环数都被控制在适宜范围内，其值远高于未采用该改良方案比例的66.7%（见图4-76），因此可认为第4.4.1节中推荐的渣土改良方案有效地将刀盘扭矩控制在了合理范围内。

在第901～950环共50环间盾构推力共有47环处于推荐适宜的掘进速度范围[33.10 mm/min, 45.61 mm/min]，占总统计环数比例的94%（见图4-77）。同刀盘扭矩的分析，可认为第4.4.1节中推荐的渣土改良方案有效地将掘进速度控制在了合理范围内。

在第901～950环共50环间盾构推力共有46环处于推荐适宜的土仓压力范围[2.42 bar, 2.72 bar]，占总统计环数的比例为92%（见图4-78）。同刀盘扭矩的分析，可认为第4.4.1节中推荐的渣土改良方案有效地将盾构推力控制在了合理范围内。

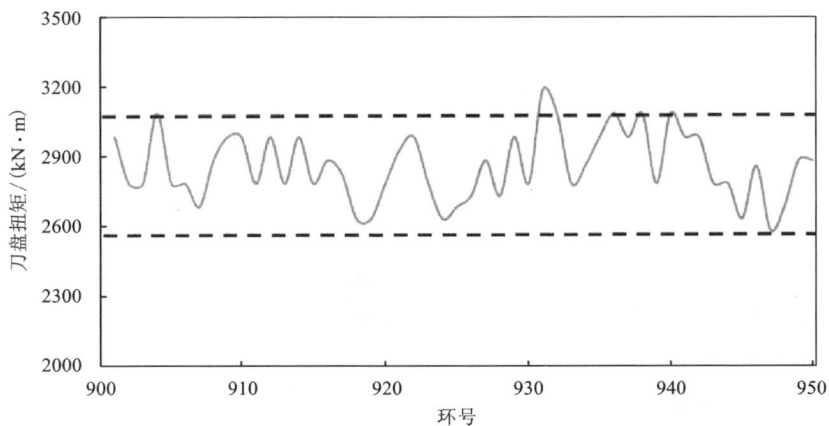

图 4-76　改良方案应用效果之刀盘扭矩

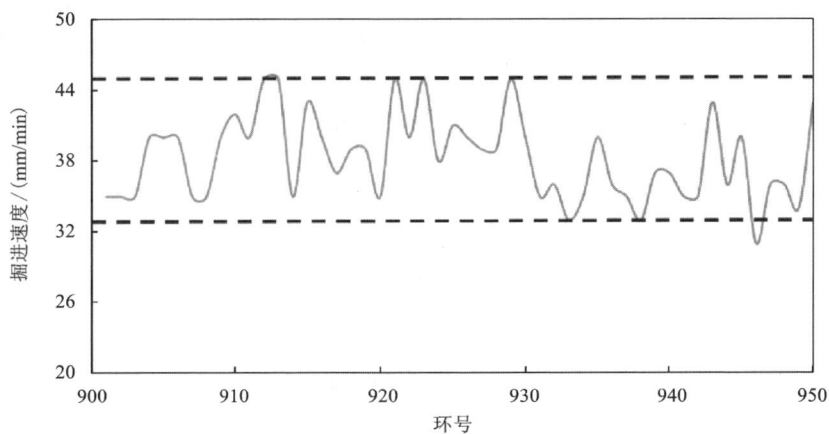

图 4-77　改良方案应用效果之掘进速度

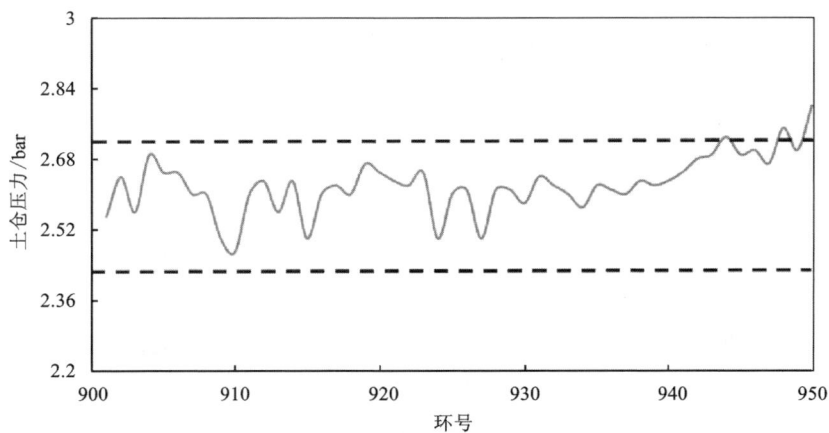

图 4-78　改良方案应用效果之土仓压力

4.5　本章小结

通过对小—火区间左右线试验段盾构掘进参数及渣土状态进行分析，针对区间内常规渣土和过强塑流性易喷涌渣土，分别制订了相应改良方案，并在试验段内成功应用。经过对试验段及下穿段盾构掘进参数及渣土状态的综合研究，对于小—火区间富水圆砾地层的掘进有以下几点认识：

①从工程地质上看，昆明地区轨道交通地铁 4 号线小—火区间主要穿越圆砾地层，该类地层土粒磨圆度较好，粒径大，2 mm 以上粒径占土体总质量 50% 以上，但土的不均匀系数较大，且地层局部夹有黏土、粉质黏土。该类土工程性质特殊，由于细颗粒含量较高，刀盘有结"泥饼"的风险，且由于土体粗细颗粒间缺乏中粒径颗粒作为衔接，导致土的结构强度较低，不利于掌子面的稳定。

②从掘进参数上看，由于小—火区间特殊的夹黏性土圆砾地层而造成盾构在掘进过程中掘进参数波动较大，离散型较强。针对此类地层一定要注意控制掘进参数，建议合理的掘进参数参考范围：盾构总推进力为 14865.47 ~ 16656.88 kN，扭矩为 2871.37 ~ 3051.27 kN·m，掘进速度为 33.10 ~ 45.61 mm/min，土仓压力设置为 2.42 ~ 2.72 bar。

③从渣土状态上看，经研究小—火区间，保证渣土正常掘进的渣土合理状态比通常情况下含水率更低，即坍落度值更小，具体来讲，右线适宜坍落度范围为 0.4 ~ 8.5 cm，左线适宜坍落度范围为 1.8 ~ 4.7 cm，上述坍落度值均小于通常意义上的坍落度合理值 10 ~ 20 cm。主要是因为掘进地层为夹有黏性土的圆砾地层，在相同改良参数下渣土的坍落度更小。而且一旦增大改良参数，渣土中的细颗粒塑流性迅速增加，试验表明当渣土的坍落度为 15 cm 左右时，渣土中的大部分黏性土已接近其液限，流动性极大，此类渣土圆砾和高流动性的黏性土极易分离，在出渣过程中高流动性黏性土先行喷出，导致盾构区间污渍不堪。

④从渣土改良方案上看，通过在盾构始发之初取圆砾土开展渣土改良室内试验，预先制订了掘进渣土改良方案，确定了"常规地层以泡沫为改良剂，面对富水喷涌以膨润土泥浆和高聚物为核心改良剂"的原则，为盾构后续掘进提供指导。此方案认为常规状态下控制渣土含水率为 25% ~ 45%，控制泡沫注入比为 0% ~ 15%；面对富水喷涌地层时需要以膨润土泥浆和高分子聚合物为核心增强渣土的抗渗性，建议 PAM 溶液与钠基膨润土泥浆配合使用对渣土进行改良，即采用质量比为 1∶4 的钠基膨润土浆液按 20% 注入比，配合 3% 浓度的 PAM 溶液按 7.5% 注入比改良本阶段过强塑流性富水渣土。

第 5 章

富水圆砾地层上下叠落盾构隧道下穿运营线施工风险分析及控制措施

在昆明地铁 4 号线下穿地铁 2 号线前，首先，通过总结试验段施工技术经验和数值模拟分析结果，提出了下穿段施工风险初步专项对策。其次，采用大型数值模拟手段对下穿段进行风险分析，并与第 3 章试验段地层变形分析结果进行了对比验证。最后，基于 ABAQUS 大型数值模拟对地层注浆加固效果进行安全性评估，给出了下穿过程中地铁 2 号线可能出现的变形和内力分布情况，为下穿过程施工风险控制对策的制订提供有力依据。

5.1　盾构下穿段施工风险初步专项对策

盾构下穿运营线的成败关键在于施工控制，减少盾构施工过程中导致的地层变形是保护运营线的有效手段，其关键是控制盾构掘进参数、提高注浆质量和把握注浆时机，控制措施主要如下：

①应根据盾构穿越、上覆的地层情况及试验段成果，设定适当的掘进参数，并进行严格控制，其中主要包括刀盘转速、刀盘扭矩、千斤顶总推力、螺旋输送机转速、外加剂选择及注入量等。施工过程中应对刀盘面板推力和土仓压力、出土量及出土状态进行密切观察和记录，将数据反馈到盾构控制中心，及时调整和优化掘进参数。施工过程严抓渣土管理，及时分析出渣数据，严格控制地层损失率，应采用质量和体积两个指标控制出土率，使其地层损失率在 0.5% 以下。

②在管片衬砌环脱出盾尾后，立即同步注浆，以充分填充管片与地层之间的空隙；要提早进行二次注浆，以同步注浆层和地层之间的间隙为主要填充对象（即要求突破同步注浆层）进行注浆填充，必要时重复二次注浆。

③下穿期间按照试验段经验，通过盾壳径向孔注入克泥效（黏土性的泥浆与水玻璃系的混合剂，两液混合后即刻产生塑性状态的变化），及时填充开挖直径

和盾体之间的空隙,注入率为 120% ~ 130%,同时控制注入压力和注入量。

④在下穿段采用增设注浆孔的特殊管片,利用注浆孔(包括管片吊装孔,共16 个)打设注浆管,对隧道周边一定范围内土体进行深孔注浆加固。根据盾构施工安排,右线隧道主要采用洞内钢花管注浆,注浆管长度不能超过 1 m(钢花管不能影响左线掘进,间距仅有 1.8 m)。注浆采用纯水泥浆静压注浆。左线隧道采用钢花管洞内静压注浆,注浆管上部及两侧为 3 m,下部为 1.5 m。重叠段隧道均采用加强型管片,以提高管片的强度和承载力,确保结构受力安全。

⑤在盾构隧道下穿此段时,左、右线隧道均采用加强型管片(管片配筋含钢量提高至 215 kg/m³)及螺栓(8.8 级螺栓),以提高管片强度及变形能力。后行线施工期间,在先行线隧道内设置支撑台车(见图 5-1),以提高管片的整体性。支撑台车应位于盾体正下方,随盾构施工逐渐往前移动。

图 5-1 隧道洞内支撑台车

5.2 试验段数值模拟

1. 模型概况

根据试验段情况,对右线 841 ~ 871 环施工过程进行数值模拟,数值模型如图 5-2。考虑到盾构影响范围,地层长度取 60 m(沿盾构方向),宽度取 120 m(垂直于盾构方向),土层深度取 80 m。

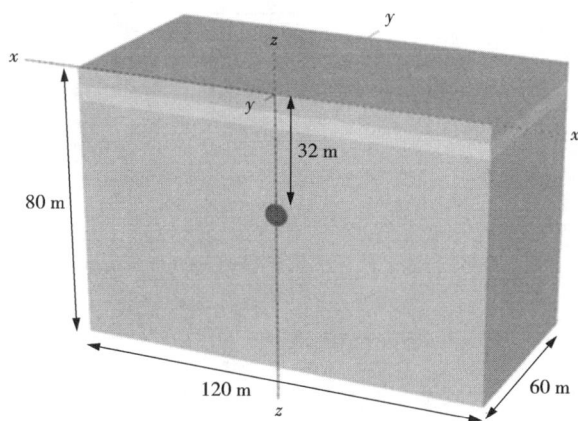

图 5-2　数值模型示意图

2. 盾构施工过程模拟

盾构施工是一个动态连续过程,通常难以采用三维数值模拟(有限元、有限差分、边界元等)对盾构施工过程进行完全连续的模拟,需要做一定的简化和假设。

3. 数值模拟参数

地层采用 Mohr-Coulomb 本构模型,根据该工程《详勘报告》[93] 及初步设计文件,得到该段围岩的物理力学参数,见表 5-1。

表 5-1　地层参数汇总表

地层名称	重力密度 /(kN·m⁻³)	弹性模量/MPa	黏聚力/kPa	内摩擦角	泊松比	层厚/m
素填土	18.9	5	25.0	8	0.25	1
粉质黏土	19.2	18	28.0	11	0.33	5
圆砾	22.0	25	5.0	32	0.3	74

盾壳、注浆层、衬砌等均假设为各向同性弹性体,其中盾壳及燃气管线的参数按钢材来选取。盾构隧道掘进后,等效模拟层主要用于模拟注浆层,同步注浆采用水泥砂浆浆液,注浆材料凝固硬化后按水泥土材料取值,而凝固硬化前取相对较弱参数。具体材料参数选取见表 5-2。

表 5-2　材料参数汇总表

材料名称	重力密度/(kN·m⁻³)	弹性模量/MPa	泊松比	厚度/mm
隧道衬砌	25	34500	0.2	300
盾构壳	120	230000	—	200
第一环注浆层	18	300	0.5	250
第二环注浆层	18	800	0.4	250
第三环注浆层	18	1300	0.3	250
硬化后注浆层	18	1800	0.2	250

4.数值模拟结果分析

地层沉降计算值与测点 D51 监测结果的比较见图 5-3，对比分析可知，二者结果比较吻合。在刀盘逐渐接近监测断面时，地层出现轻微隆起；随着盾构进一步推进，地层逐渐沉降；当盾壳穿过监测断面后，在同步注浆的影响下，地层变形出现一定程度的波动；盾尾脱出一定距离后，由于同步注浆浆液填充不实及浆液流动等问题，地层继续沉降，且沉降值占总沉降量的比例较大，一段时间后地层逐渐稳定。

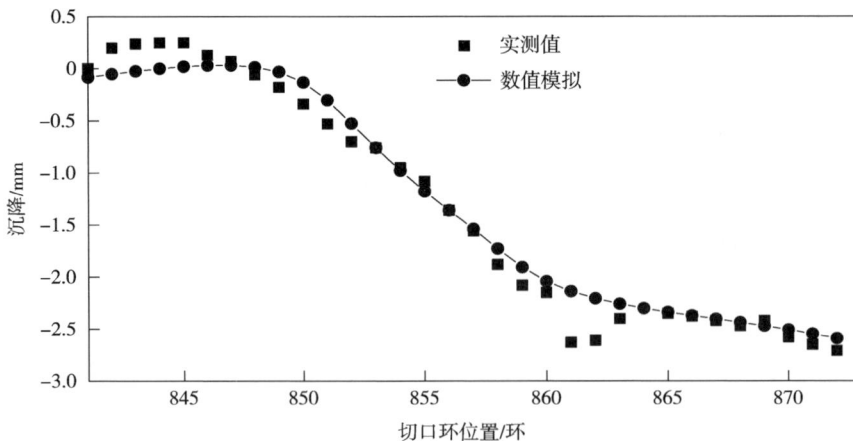

图 5-3　数值模拟与实测地层沉降比较

地层沿盾构方向水平位移计算值见图 5-4，与实测结果拟合较好。盾构施工引起的地层沿盾构前进方向的变形大致分为 3 个阶段：阶段①，刀盘离监测断面还存在一定距离，由于地层损失及掌子面前方土体变形，地层朝着刀盘方向变形；阶段②，随着盾构继续推进，在挤压作用下地层注浆朝着盾构前进方向变形；阶段③，盾壳离开监测断面一定距离后，地层出现回弹。

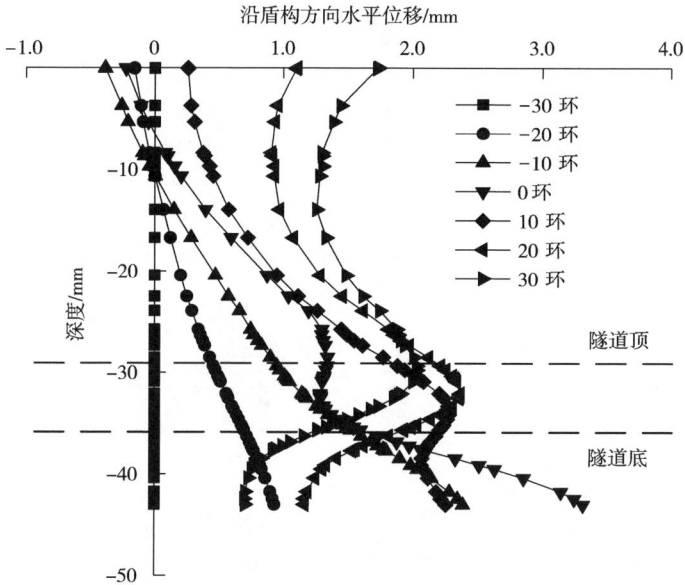

图 5-4　地层沿盾构方向水平位移计算值（数值模拟结果）

地层平行于盾构方向水平位移计算值见图 5-5，盾构施工引起的地层垂直于盾构前进方向的变形呈现出如下规律：在盾构推进过程中，隧道周围土体经历先挤压后应力释放的过程。盾构开挖面距土体距离较近时土体开始受到挤压作用，有向隧道外的位移趋势；盾构通过时周围土体有向隧道方向偏移的趋势；当盾尾管片脱离盾构时，土体向隧道的位移明显增大，此时对应土体的应力释放过程；当盾尾管片脱离后，由于孔隙水压力的消散和盾尾浆液的凝结硬化，土体继续向隧道方向位移。值得注意的是，测斜管在隧道深度处有明显凸起，与实测结果有较高吻合度，证实了数值模拟结果的正确性。

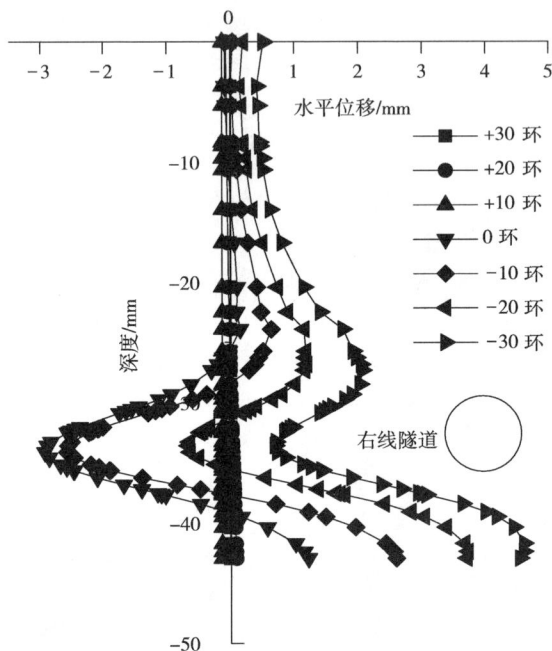

图 5-5　地层平行于盾构方向水平位移计算值(数值模拟结果)

5.3　盾构下穿既有地铁隧道段数值模拟

5.3.1　模型概况

以无加固层时为例,数值计算模型见图 5-6。考虑到盾构影响范围,地层长度取 72 m(沿盾构方向),宽度取 72 m(垂直于盾构方向),土层深度取 60 m。地铁 4 号线左线隧道埋深为 24.7 m,右线隧道埋深为 32.7 m,左右线垂直净距为 1.8 m。地铁 2 号线左右线埋深均为 14.7 m,左右净距为 16.8 m。地铁 4 号线与地铁 2 号线垂直净距为 3.8 m。地铁 4 号线与地铁 2 号线隧道相对位置见图 5-7。

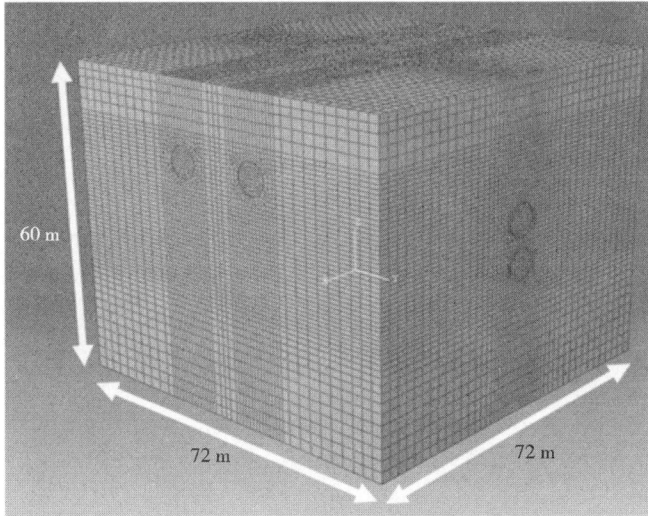

图 5-6　数值计算模型图

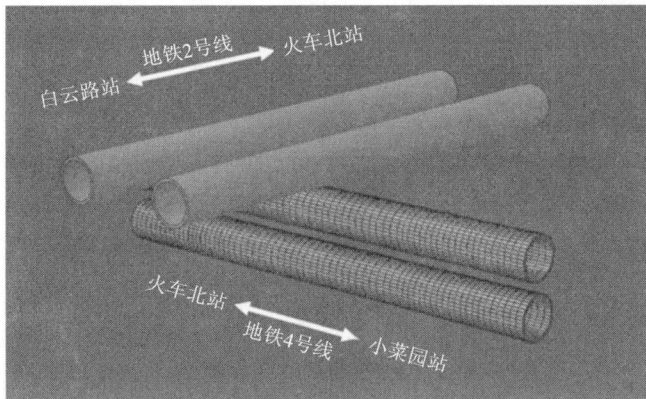

图 5-7　地铁 4 号线与地铁 2 号线隧道位置关系图

5.3.2　左右线间土层加固模拟

按照前文所述的重叠段隧道施工措施，对地铁 4 号线左右线间土层加固进行模拟，示意图见图 5-8。其中地铁 4 号线上部加固层厚度为 3.5 m，下部加固层厚度为 1.5 m，地铁 4 号线右线上部加固层厚度为 1 m。

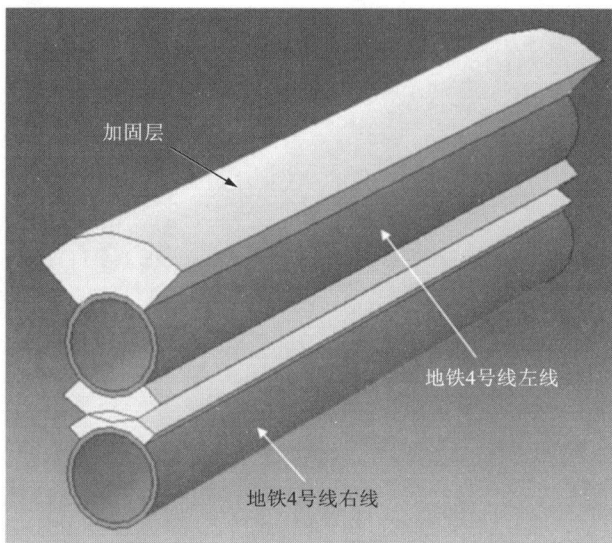

图 5-8　左右线间土层加固模拟

5.3.3　盾构施工过程模拟

1. 盾构推进的模拟

采用刚度迁移法来实现盾构机向前推进，通过在盾前和盾尾预设单元，"激活""冻结"单元来实现盾构机一步步向前开挖，盾构机推进、管片拼装及盾尾注浆均采用更改材料参数来实现。在实际情况下，先施工左线隧道，待左线穿过一定距离后再施工右线。

2. 土仓压力

土仓压力对掘削面及前方地层土体稳定具有重要影响，数值模拟计算中用一作用在掘削面上的从上至下的梯形分布力表示，其上、下限值分别为盾构机切口环顶部和底部位置的土、水压力。

3. 盾构推力

支撑在管片上的千斤顶可提供顶推力并维持土仓压力稳定。因此，在数值模拟中，将千斤顶顶推力等效沿盾构隧道轴向的均布力，作用在管片环上。

4. 盾尾空隙

采用等代层模拟盾尾注浆材料，并假设其与盾构管片处于同心位置，见图 5-9。

5. 同步注浆的模拟

同步注浆模拟需要注意两点：①同步注浆是有压的，采用一个径向的均布作用力来模拟该过程；②注浆材料是由液态逐渐硬化成固态，通过改变注浆层材料参数取值来模拟。

6. 洞内注浆模拟

为简化计算，采用替换加固区域地层材料参数进行模拟，且假定加固区域大小恒定。

7. 运营隧道模拟

运营隧道仅模拟管片结构，采用实体单元。在地铁 4 号线下穿施工前，将既有地铁 2 号线左右线同时激活。

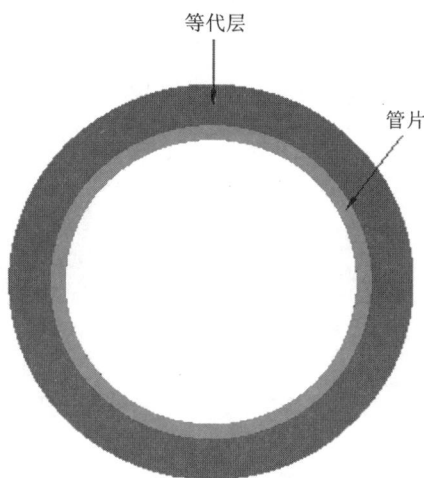

图 5-9　盾构等代层模型

5.3.4　数值模拟参数

1. 地层参数

地层的力学行为采用 Mohr-Coulomb 本构模型模拟，根据该工程《详勘报告》[93]及初步设计文件，得到该工程段的围岩物理力学参数见表 5-3。

表 5-3　地层参数汇总表

地层名称	重力密度 /(kN·m⁻³)	弹性模量 /MPa	黏聚力 /kPa	内摩擦角 /(°)	泊松比	层厚 /m
素填土	18.9	10.0	12.0	8	0.38	4.0
粉质黏土	19.2	12.0	18.0	10	0.31	6.0
圆砾	21.0	20.0	0	30	0.25	50.0

2. 盾构相关参数

盾壳、注浆层、衬砌等均假设为各向同性弹性体，其中盾壳及燃气管线的参数按钢材来选取。盾构隧道掘进后，等效模拟层主要用来模拟注浆层，由于同步注浆采用水泥砂浆浆液，注浆材料凝固硬化后按水泥土材料取值，而凝固硬化前取相对较弱参数。具体材料参数选取见表 5-4。

表 5-4　材料参数汇总表

材料名称	重力密度/(kN·m⁻³)	弹性模量/MPa	泊松比	厚度/mm
隧道衬砌	25	34500	0.2	350
盾构壳	120	230000	—	200
加固层	21.0	100.0	0.2	—
第一环注浆层	18	300	0.5	200
第二环注浆层	18	800	0.4	200
第三环注浆层	18	1300	0.3	200
硬化后注浆层	18	1800	0.2	200

3. 施工参数

(1)盾构机、管片几何参数。

根据设计文件中盾构隧道管片衬砌的设计，参考类似工程所采用的土压平衡盾构机几何尺寸，见表 5-5。

表 5-5　盾构机、管片相关尺寸

项目	盾构机长度	盾首直径	盾尾直径	管片外径	管片内径	管片长度
参数/mm	9600	6400	6400	6200	5500	1200

①顶推力。

根据该区间实际施工参数，盾构掘进过程中顶推力为 8000～12000 kN，本次计算中取均值 10000 kN，换算成均布压力约为 1500 kN/m²。

②土仓压力。

根据本工程实际地层条件，计算盾构隧道拱顶处的土、水压力。根据计算结果及区间实际施工参数，左线土仓压力取 0.23 MPa，右线土仓压力取 0.4 MPa。

③注浆压力。

注浆压力为 0.25～0.35 MPa，本文计算中取 0.3 MPa。

5.4　盾构下穿既有地铁隧道段数值模拟结果

考虑盾构下穿既有地铁隧道施工影响的时空效应，选取以下 5 个盾构下穿施工阶段作为典型阶段(为方便分析，以地铁 4 号线左线位置为准)，即

　　阶段Ⅰ：盾构刀盘进入影响区域，即盾构下穿影响区域按剪切破坏线选取。

　　阶段Ⅱ：盾构刀盘接近既有运营地铁隧道结构，即水平投影图上，盾构刀盘到达运营隧道结构的边缘处。

　　阶段Ⅲ：盾构刀盘位于既有运营地铁隧道结构正下方，即水平投影图上，盾构刀盘到达运营隧道结构中心位置。

　　阶段Ⅳ：盾尾位于既有运营地铁隧道结构正下方，即水平投影图上，盾构尾正好位于运营隧道结构中心位置。

　　阶段Ⅴ：盾构位于影响区外。各个典型施工过程见图5-10。由于本项目存在两条运营隧道，故可划分为阶段Ⅰ、Ⅱ₁、Ⅲ₁、Ⅳ₁、Ⅱ₂、Ⅲ₃、Ⅳ₄、Ⅴ共8个阶段。

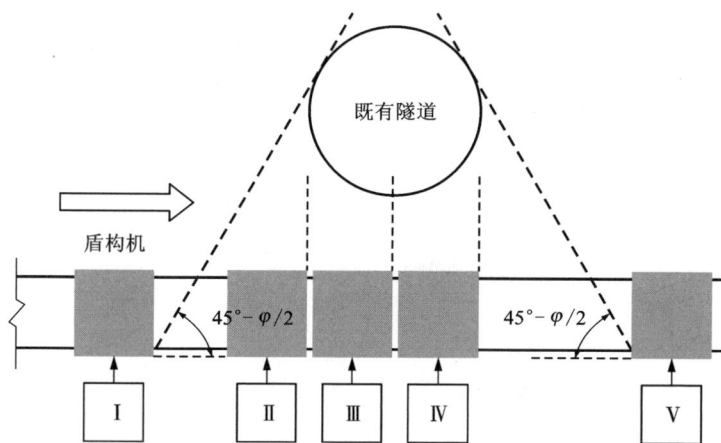

图5-10　盾构下穿施工典型施工过程示意图

　　主要分析断面位置见图5-11，分别为

　　①断面A为既有运营隧道上行线、下行线之间的中心位置，用于分析盾构施工过程中横向地层沉降位移。

　　②断面B位于运营隧道上行线轴线位置，用于分析盾构施工过程中横向地层沉降位移。

　　③断面C位于新建地铁4号线隧道轴线位置，用于分析盾构施工过程中横向地层沉降位移。

　　④P1位于A、C断面交汇处，在此布置从地表到盾构隧道顶部的竖向测线，以监测地层水平位移。

　　⑤P2位于断面A上，与运营隧道轴线的距离为一倍洞径，在此布置从地表到盾构隧道顶部的竖向测线，以监测地层水平位移。

⑥P3 位于断面 A 上,与运营隧道轴线的距离为两倍洞径,在此布置从地表到盾构隧道顶部的竖向测线,以监测地层水平位移。

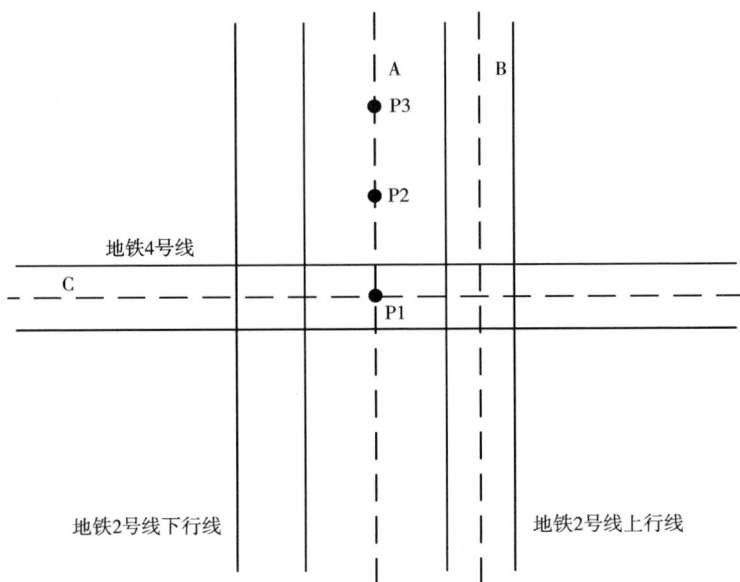

图 5-11　选取的目标分析断面示意图

5.4.1　地层加固区对运营线控沉效力评价

对于新建盾构隧道下穿运营隧道工程,既有隧道变形是主要控制指标。本节主要分析有注浆加固和无注浆加固两种情况下运营隧道的变形情况。

1. 无加固层时运营隧道沉降分析

无加固层时运营隧道沉降曲线如图 5-12。由图 5-12 可知,隧道拱底沉降符合高斯曲线特征。下穿施工时,运营线在下穿后的沉降值超过总沉降值的 50%,在实际施工时应注意下穿后的工后沉降。右线施工完成后,运营线拱底累计最大沉降量为 1.3 mm;左线施工完成后,运营线累计最大沉降量为 2.5 mm。

2. 有加固层时运营隧道沉降分析

有加固层时运营隧道沉降曲线如图 5-13。由图 5-13 可知,隧道拱底沉降曲线形状与有加固层时类似,同样符合高斯曲线特征。右线施工完成后,运营线拱底累计最大沉降量为 1.3 mm;左线施工完成后,运营线累计最大沉降量为 2.2 mm。由图 5-13 可知,注浆加固后盾构下穿施工引起的运营隧道沉降有所减小,但减小的幅度不大。

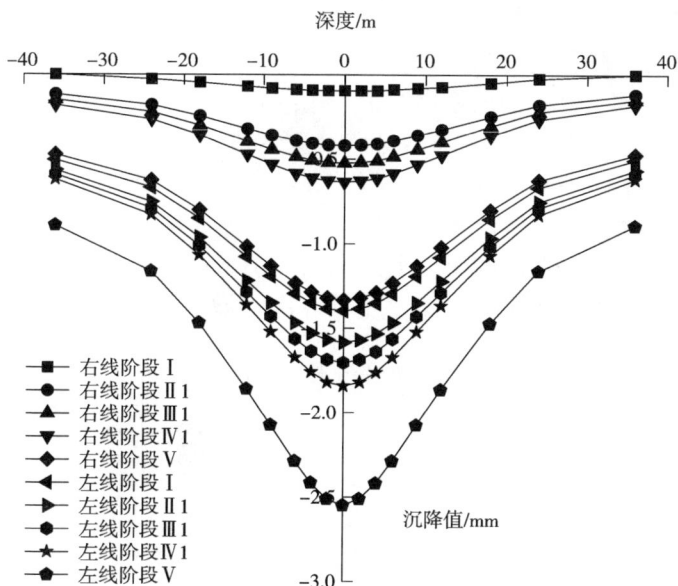

图 5-12　无加固层时运营隧道沉降曲线

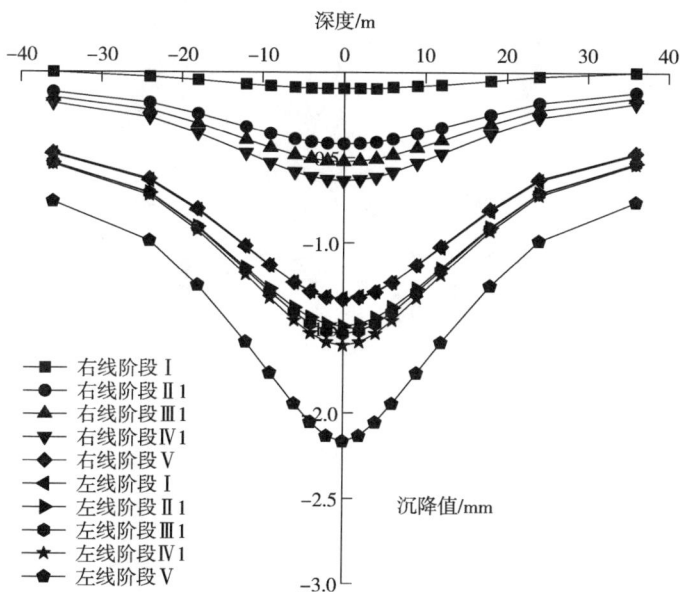

图 5-13　有加固层时运营隧道沉降曲线

5.4.2 新建隧道盾构施工地层扰动分析

1. 横向地层沉降分析

沿垂直于盾构掘进方向的横向断面(图 5-11 中的目标断面 A)各地层沉降位移反映了盾构施工引起地层沉降的规律,选取埋深 $z=0.0$ m、-10 m、-20 m、-28.7 m 共 4 个不同埋深位置作为分析断面,其中埋深 $z=-28.7$ m 位于新建隧道左右线之间,其余埋深均位于新建隧道上方。

断面 A 横向地层沉降槽曲线见图 5-14。由图 5-14 可知,横向各沉降槽曲线形式基本相同,符合高斯曲线特征。随着埋深的增加,逐渐靠近盾构隧道,沉降

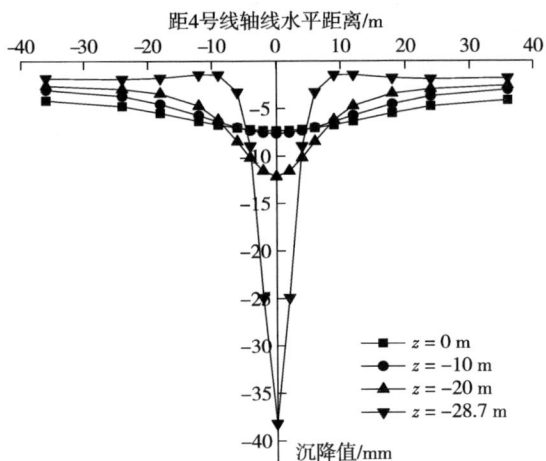

(a) 右线施工完成

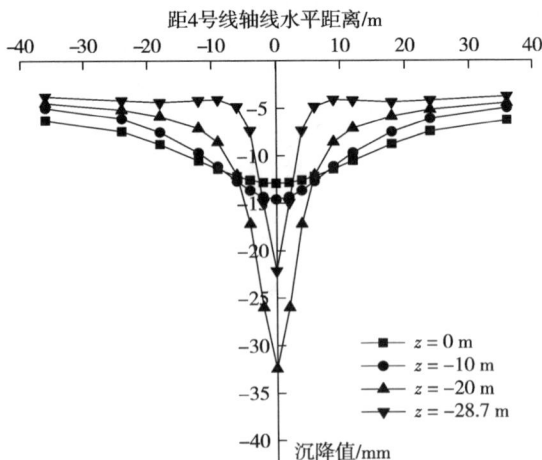

(b) 左线施工完成

图 5-14 盾构隧道下穿施工时断面 A 横向地层沉降曲线

槽曲线逐渐变深、变窄,峰值增加,离右线拱顶最近的 $z=-28.7$ m 处地层沉降最大。左线施工完成后,左线上方各深度沉降继续增大,左右线之间由于开挖卸载的影响,沉降有所减小。

　　沿垂直于盾构掘进方向的横向断面(图 5-11 中的目标断面 B),各地层沉降位移反映了盾构施工引起地层沉降规律,选取埋深 $z=0.0$ m、-10 m、-20 m、-28.7 m 共 4 个不同埋深位置作为分析断面,其中埋深 $z=0.0$ m、-10 m 位于既有地铁 2 号线上行线上方,$z=-20$ m 位于运营线与新建隧道左线之间,$z=-28.7$ m 位于新建隧道左右线之间。断面 B 横向地层沉降曲线见图 5-15。

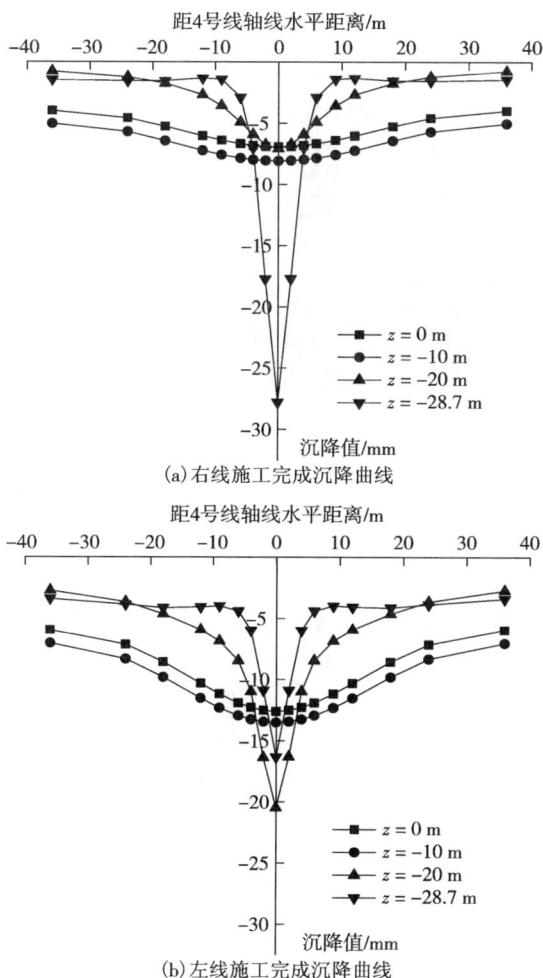

(a)右线施工完成沉降曲线

(b)左线施工完成沉降曲线

图 5-15　盾构隧道下穿施工时断面 B 横向地层沉降曲线

从图 5-15 可以看出，横向各地层的沉降槽曲线规律同断面 A 基本相同。由此可知运营隧道的存在对位移场的发展有较大影响，特别是运营隧道结构以上地层，由于隧道结构刚度远大于周围土体，对盾构施工引起地层扰动起到一定的"屏障"作用。

2. 水平位移分析

受盾构机顶推力及侧壁摩阻力的作用，开挖面及前方和盾构侧壁周围一定范围内围岩将发生沿着盾构隧道轴向方向的水平位移（计算模型中为 Y 方向上位移）。不同位置水平位移见图 5-16 ～ 图 5-18，盾构掘进方向为横坐标轴从左到右方向。

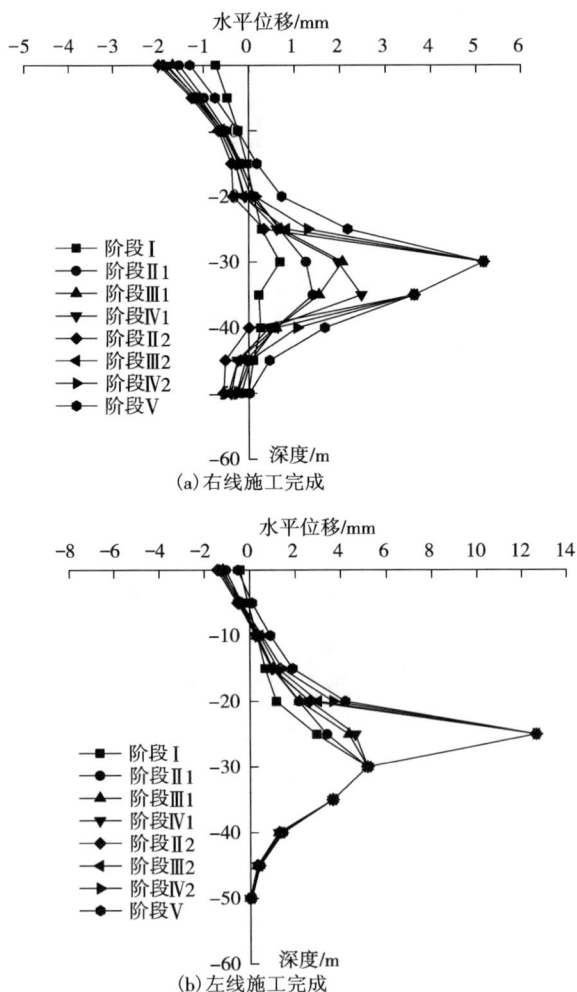

图 5-16 盾构下穿施工时 P1 水平位移

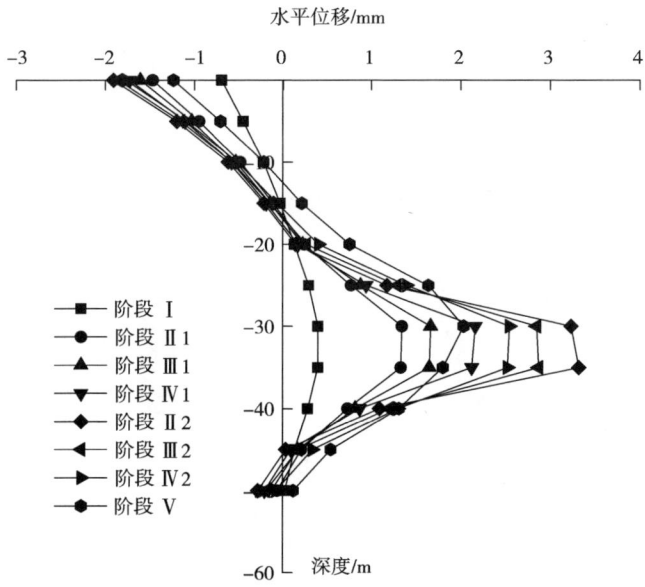

（a）右线施工完成

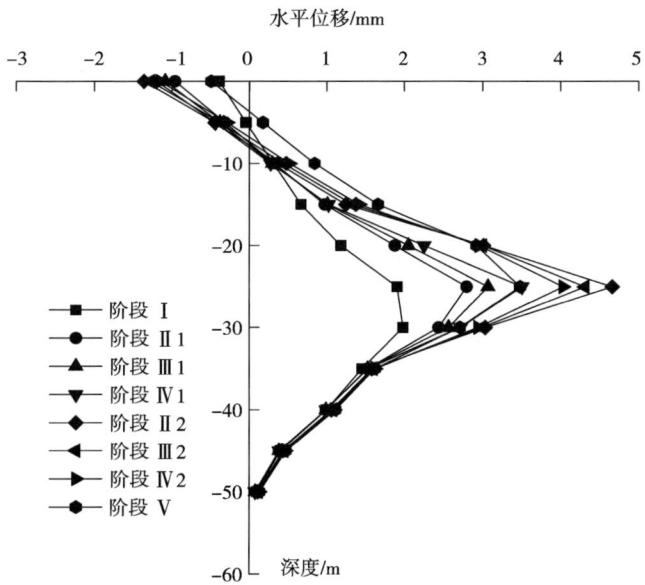

（b）左线施工完成

图 5-17　盾构下穿施工时 P2 水平位移

水平位移/mm

（a）右线施工完成

水平位移/mm

（b）左线施工完成

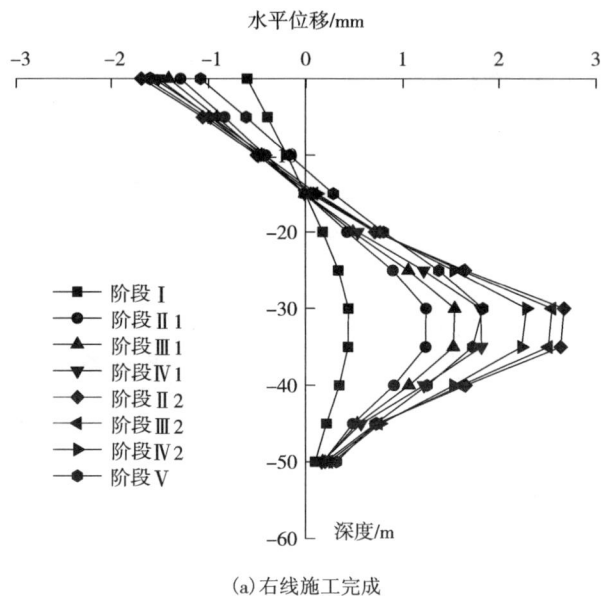

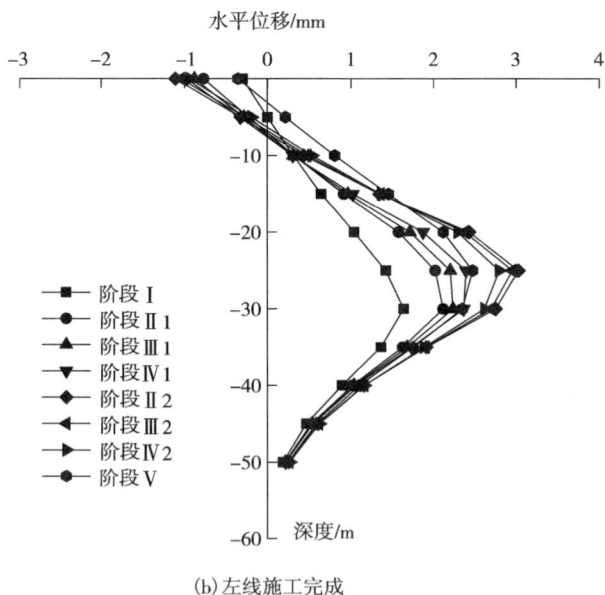

图 5-18　盾构下穿施工时 P3 水平位移

可以得出盾构施工引起的水平位移发展规律如下：

①盾构刀盘切口到达时，盾构隧道周围地层产生与掘进同向的水平位移，而

远离盾构隧道的地层产生与掘进反向的水平位移，位移差较大。

②离隧道轴线越近，盾构施工引起的地层水平位移越大。离隧道轴线两倍洞径处的水平位移仅为轴线处的 25% 左右。

5.4.3　盾构下穿施工既有运营隧道变形分析

1. 既有运营隧道整体变形分析

由于运营线上行线（右线）和下行线（左线）施工以及地质条件相同，高程相等，此处仅对运营线下行线（左线）进行详细分析。下行线隧道各个施工阶段的竖向位移云图见表 5-6。

表 5-6　盾构下穿施工各阶段运营隧道下行线（左线）竖向位移

施工阶段		竖向位移/m	特征
左线施工	I		盾构刚进入影响区，对运营隧道产生的影响不大，主要为整体位移
	III₁		刀盘切口到达运营隧道的正下方，运营隧道发生不均匀变形，最大沉降发生在盾构隧道的中线位置
	V		先行线盾构施工完成，运营隧道主要发生纵向的不均匀沉降，横向两侧变形差异很小

续表5-6

施工阶段		竖向位移/m	特征
右线施工	III₁		后行线刀盘切口到达运营隧道的正下方，运营隧道沉降变形继续发展。由于与后行线距运营隧道竖向净距更小，运营隧道沉降更大
	V		盾构下穿既有线施工完成，运营隧道主要发生纵向的不均匀沉降，最大不均匀沉降发生在盾构隧道轴线处

2. 运营隧道拱底变形分析

不同施工阶段下行线运营隧道拱底沉降曲线见图 5-19。由图 5-19 可知，隧道拱底沉降符合高斯曲线特征。新建盾构隧道下穿施工时，运营线隧道在下穿之后的沉降值超过总沉降值的 50%，在实际施工时应注意盾构下穿施工后的工后沉降。

不同施工阶段下行线拱底水平位移曲线见图 5-20，图 5-20 中盾构前进方向位移为正。右线盾构接近运营隧道时，由于盾构引起的地层损失及掌子面变形等问题，隧道拱底朝着盾构始发方向变形；当盾构机穿过运营线隧道后，隧道朝着盾构前进方向变形。左线施工时变形规律类似，盾构接近运营隧道时，隧道拱底朝着盾构始发方向变形；当盾构机穿过运营线后，隧道朝着盾构前进方向变形。总体而言，盾构施工引起的运营隧道水平位移远小于隧道沉降；且水平位移与竖向位移均小于预警值。

距4号线轴线水平距离/m

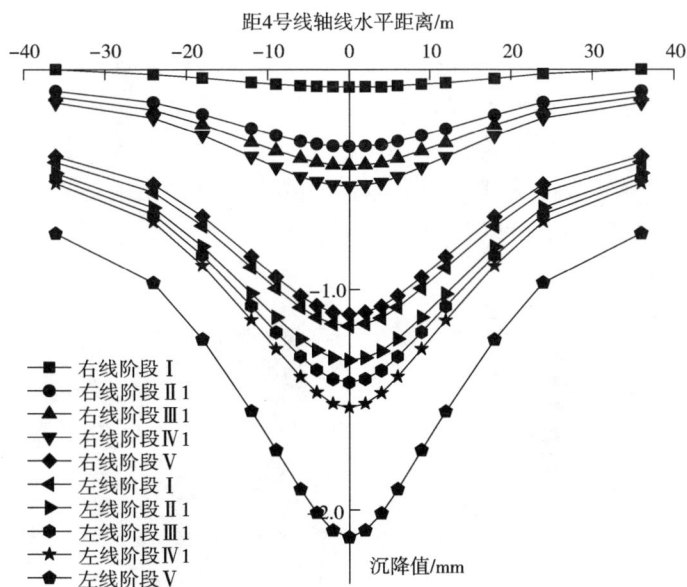

图 5-19　不同施工阶段下行线拱底沉降曲线

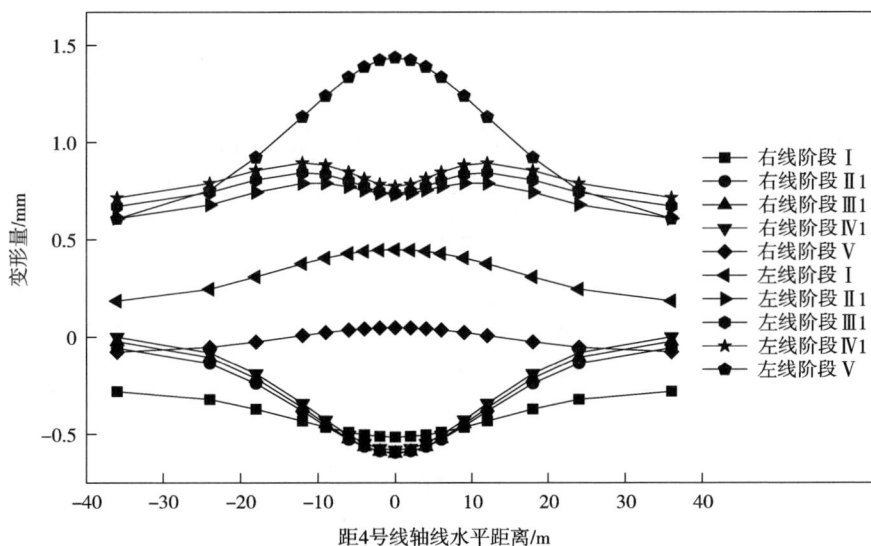

图 5-20　不同施工阶段下行线拱底水平位移曲线

5.4.4　盾构下穿施工运营线隧道内力分析

从前文对运营线隧道变形分析可知，盾构下穿施工引起的横向变形较小，由此可以推断引起的隧道横向上应力变化也比较小。但下穿范围内运营线隧道纵向不均匀沉降相对较大，使得隧道结构纵向上正应力变化较大。计算模型中，整体坐标系下运营线纵向方向为 X 方向，运营线隧道在下穿线施工完成后的纵向正应力（S11）云图见图 5-21，可以看出在此状态下除了两端受边界效应影响，运营隧道结构纵向正应力均为压应力。

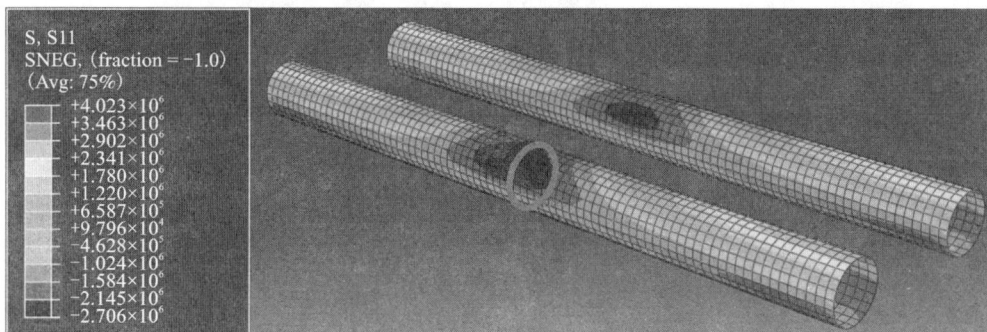

图 5-21　盾构下穿施工完成时运营线隧道纵向正应力（S11）云图（单位：Pa）

为了详细分析下穿施工过程中运营隧道正应力变化情况，选取地铁 2 号线下行线隧道位于地铁 4 号线轴线正上方的断面（图 5-21 红色标出）上的特征点（拱顶 A，拱腰 B1 和 B2，拱底 C，见图 5-22）进行分析，正应力（S11）变化曲线见图 5-23。

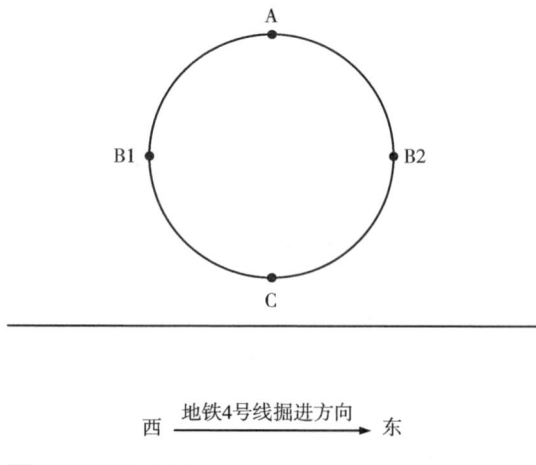

图 5-22　运营隧道分析断面示意图

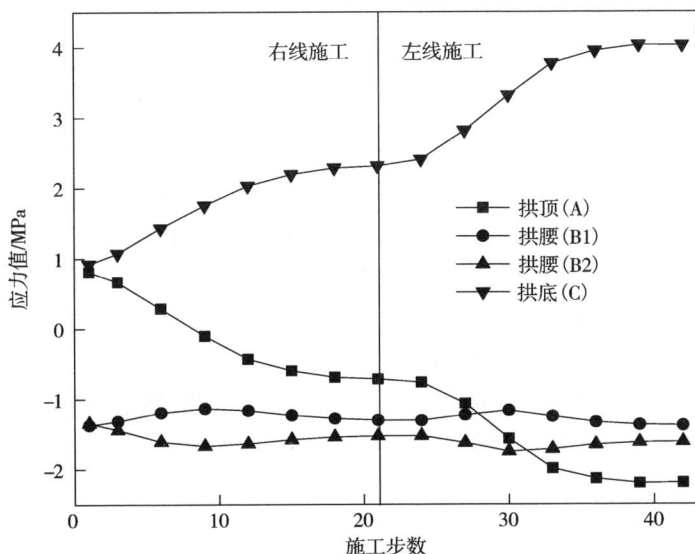

图 5-23　运营隧道分析断面纵向正应力(S11)随施工变化曲线

由图 5-23 分析可知,盾构下穿施工过程中运营隧道结构所选断面纵向正应力的变化规律如下:

①拱腰处正应力变化较小,拱顶及拱底处变化较大。

②盾构机下穿前,由于随着盾构机逐渐靠近时的挤压作用,拱顶处先承受较小的拉应力,之后拉应力逐渐减小,由拉应力变为压应力状态。

③盾构施工过程中,运营隧道拱底的拉应力不断增加,且盾构离运营隧道越近增加的幅度越大,不利于隧道管片衬砌结构的受力。

④总的来说,盾构下穿施工过程中引起运营隧道结构拱顶位置产生附加压应力,而拱底位置的压应力减小,甚至变化为较大附加拉应力,在运营地铁隧道局部产生纵向的附加弯矩作用,这对衬砌结构受力是十分不利的。

5.5　盾构下穿段施工风险控制措施

5.5.1　渣土改良措施

结合试验段渣土的状态参数分别给出了小—火区间常态渣土的改良方案及过强塑流性渣土的改良方案,并通过在 901 ~ 950 环的实际应用充分证明了第 4.4 节所推荐渣土改良方案的适用性。试验段的设置根本上是为下穿段服务,在下穿地铁 2 号线时，通过对地铁 4 号线的掘进参数及渣土改良参数进行合理控制，充分保障地铁 2 号线隧道的安全，因此根据试验段研究成果制订如下的下穿段改良方案。

1. 下穿段右线渣土改良参数

由下穿段右线渣土砂率随环号的变化（见图 5-24）可知，随着盾构隧道掘进的深入，右线渣土的砂率整体上不断增大，其中在 1211 ~ 1241 环渣土中的黏粒含量越来越少，渣土变得相对容易改良。将整个右线下穿段分为 3 段，分别为 1211 ~ 1221 环，该区段内渣土砂率为 16%；1221 ~ 1231 环，该区段内渣土砂率为 18%；1231 ~ 1241 环，该区段内渣土砂率为 20%。基于对试验段掘进参数和渣土改良参数总结，结合第 4 章分析的合理渣土坍落度范围，建议选取 2 ~ 6 cm 作为小—火区间下穿地铁 2 号线的合理坍落度。基于上述数据选取及和第 4 章分析结果，求得小—火区间下穿段右线渣土改良参数见表 5-7。

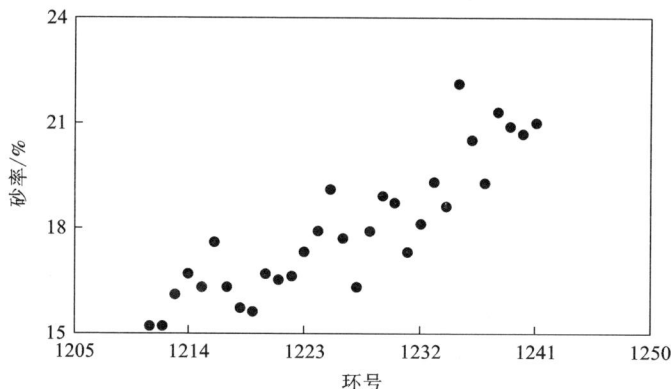

图 5-24　下穿段右线渣土砂率随环号变化图

表 5-7　小—火区间下穿段右线盾构隧道推荐渣土改良参数表

区间范围/环	砂率/%	目标坍落度/cm	w/%	FIR/%
1211 ~ 1221	16	2 ~ 6	44.6 ~ 48.0	7 ~ 16.3
1221 ~ 1231	18	2 ~ 6	42.6 ~ 47.6	7
1231 ~ 1241	20	2 ~ 6	40.7 ~ 45.7	7

2. 下穿段左线渣土改良参数

由下穿段左线渣土砂率随环号的变化（见图 5-25）可知，随着掘进的深入，渣土砂率虽有起伏但总体呈减小态势，其中自 1230 环之后渣土砂率呈现出比较明显的减小趋势。经观察可知在 1230 环之前渣土的砂率在 23% 左右，1230 环之后渣土砂率在 20% 左右。基于本报告对试验段掘进参数和渣土改良参数总结，结合 6.6.1 节中的合理渣土坍落度范围，建议选取 2 ~ 4 cm 作为小—火区间下穿地铁 2 号线的合理坍落度。基于上述数据选取及第 4 章分析结果，求得小—火区间下穿段左线的推荐渣土改良参数见表 5-8。

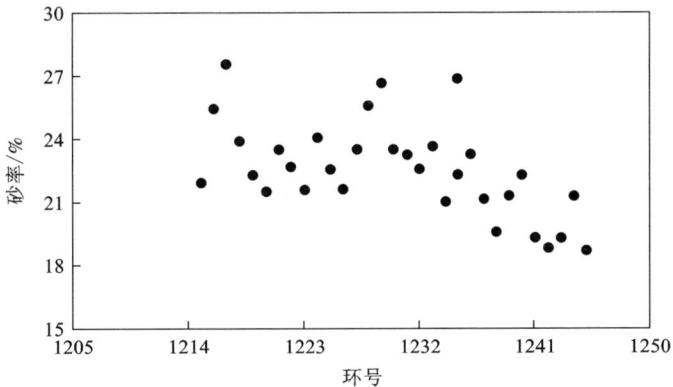

图 5-25　下穿段左线渣土砂率随环号变化图

表 5-8　小—火区间下穿段左线的推荐渣土改良参数表

区间范围/环	砂率/%	目标坍落度/cm	w/%	FIR/%
1215 ~ 1230	23	2 ~ 4.5	35.89 ~ 39.50	1 ~ 5.68
1230 ~ 1245	20	2 ~ 4.5	38.3 ~ 39.5	1 ~ 10.0

基于渣土改良参数建议值，结合盾构下穿地铁 2 号线掘进的实际地层情况及盾构司机的操作经验，在地铁 4 号线下穿地铁 2 号线的过程中采取合理施工措施，取得了不错的实际应用效果，保证了地铁 4 号线安全顺利下穿地铁 2 号线。

5.5.2　掘进参数控制及同步注浆加固

盾构下穿既有线的成败关键在于施工控制，保护既有线的关键在于尽量减少盾构施工过程中导致的地层变形。盾构掘进参数的控制是减少地层变形的有效手段。盾构穿越运营线时，应降低推进速度，严格控制盾构推进方向，减少纠偏，特别是严禁大量值纠偏。盾构推进速度对地面的隆沉变形有明显影响，盾构推进速度与正面土仓压力、千斤顶推力、土体性质等因素有关，一般应综合考虑，结合试验段参数进行优化调整。

①根据盾构穿越区和上覆地层情况以及试验段成果,设定适当的掘进参数并进行严格控制,其中主要包括刀盘转速、刀盘扭矩、千斤顶总推力、螺旋输送机转速、外加剂选择以及注入量等。施工过程中对刀盘面板推力和土仓压力、出土量以及出土状态进行密切观察和记录,将数据反馈到盾构控制中心,及时调整或优化掘进参数。施工过程严抓渣土管理,及时分析出渣数据,严格控制地层损失率,采用"质量"和"体积"两个指标控制出土率,使其地层损失率控制在0.5%以下。建立土压平衡,根据土压计算初步值来初步设定土仓上部压力,土仓压力根据模拟段地表沉降情况及实际遂行调整。严格控制出土量,严禁超挖,在盾构掘进过程中,考虑地表建构筑物荷载情况,不断调整土压。

②刀盘距地铁2号线30 m处按照模拟修正段参数推进,初拟指标为扭矩不超过2000 kN·m,刀盘转速为1.2 r/min,减少盾构对土体的扰动,达到控制地面变形的目的。

③在管片衬砌环脱出盾尾后,立即采用"双浆液"同步注浆,以充分填充管片与地层之间空隙。按照地层深度控制同步注浆压力,注浆量为理论注浆量的150%~200%。并优化砂浆配合比,控制砂浆在管片后初凝时间小于2 h。

④在盾构下穿施工过程中,通过在盾壳中部开孔预埋注浆管,从洞内对隧道周边一定范围内的地层进行注浆加固,以减少对既有线周边土体的扰动,及时有效填充盾构施工的建筑空隙。盾尾脱离4环,及时对每3环进行二次补浆以减少地层土体下沉,补浆压力为3.0~5.0 bar,根据地铁2号线隧道自动监控量测情况,确定各注浆孔注浆量。

⑤为降低既有线隧道沉降变形风险,可利用新建隧道盾构管片预留的注浆孔做跟踪注浆。根据既有线监测情况,将跟踪注浆作为有效的地层补浆措施。注浆过程中应注意控制注浆压力和注浆量。

5.5.3 盾体锥形间隙填充工法的应用

由于地铁4号线盾构刀盘直径为左线 $\phi6440$ mm(右线 $\phi6480$ mm),盾体直径为 $\phi6410$ mm,刀盘切削土体和盾体之间存在30 mm间隙,为避免在下穿地铁2号线隧道过程中,隧道结构上方土体因间隙造成沉降,在下穿期间通过盾壳径向孔内注入克泥效,及时填充开挖直径和盾体之间的空隙,注入率为120%~130%,避免土体在盾体上方沉降,从而将控制沉降在允许范围之内。

进入下穿地铁2号线前十环开始,通过从盾构机中盾位置的径向孔处同步注入克泥效,及时填充盾构施工过程中由于刀盘超挖造成的盾体与土体之间的空隙,同时起到隔离前部土仓掘进压力和盾尾同步注浆压力的作用。克泥效在中上部4个点位进行注入;克泥效施工参数通过厂家的初拟值结合试验段参数进行调整,确定下穿时的注入量(见图5-26)。

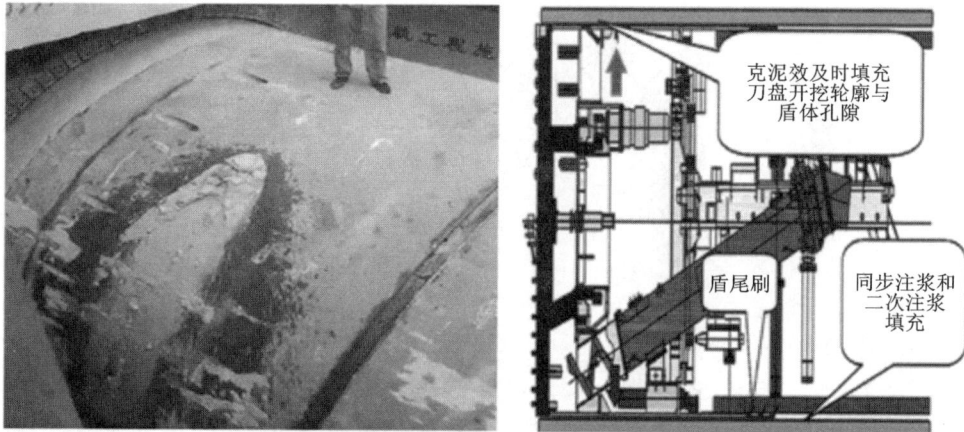

图 5-26　下穿段盾构克泥效工法使用示意图

5.5.4　叠落隧道相互影响控制措施

为降低叠落隧道后行线施工对已贯通先行线产生的不利影响，后行线施工主要采取的控制措施包括以下几点：

①在盾构隧道下穿此段处左、右线隧道均采用加强型管片(管片配筋含钢量提高至 215 kg/m³)及螺栓(8.8 级螺栓)，以提高管片强度及变形能力；

②下穿地铁 2 号线段的管片为增设了注浆孔的增强型管片，先行线施工完成后，利用注浆孔(包括管片吊装孔，共 16 个)打设注浆管，对两叠落盾构隧道之间一定范围内的土体进行深孔注浆加固。加固范围为左线隧道中部以下，右线隧道中部以上，注浆圈厚度均为 3 m 以上。注浆浆液类型采用水泥水玻璃双液浆。注浆管可采用 φ32 mm×3.5 mm 的钢花管，其长度应根据现场实际情况而定。为保证洞内注浆效果，应注重其施作的及时性，以免地层失土过多或者坍塌范围扩散，注浆无法填充空隙，从而难以达到预期效果；

注浆施工时，右线钢花管打孔具体方法为注浆管长度不能超过 1.5 m(钢花管不能影响左线掘进，间距仅有 1.8 m)，注浆初压控制在 0.5 ~ 0.6 bar，结合地铁 2 号线隧道自动化监测数据进行逐级(0.1 bar/次)增加，保证注浆加固的同时不扰动地铁 2 号线隧道结构。注浆采用双液浆静压注浆。左线隧道注浆管上部 3 m(注浆初压为 0.3 ~ 0.4 bar，逐级增加)，两侧为 3.5 m(上部两侧注浆初压为 0.3 ~ 0.4 bar，下部两侧注浆初压为 0.4 ~ 0.5 bar，逐级增加)，下部长度为 1.5 m (注浆初压为 0.4 ~ 0.5 bar，逐级增加)。

③后行线施工期间，在先行线隧道内设置支撑台车，以提高管片的整体性

（见图 5-57）。支撑台车应位于盾体正下方，跟随盾构施工逐渐往前移动。

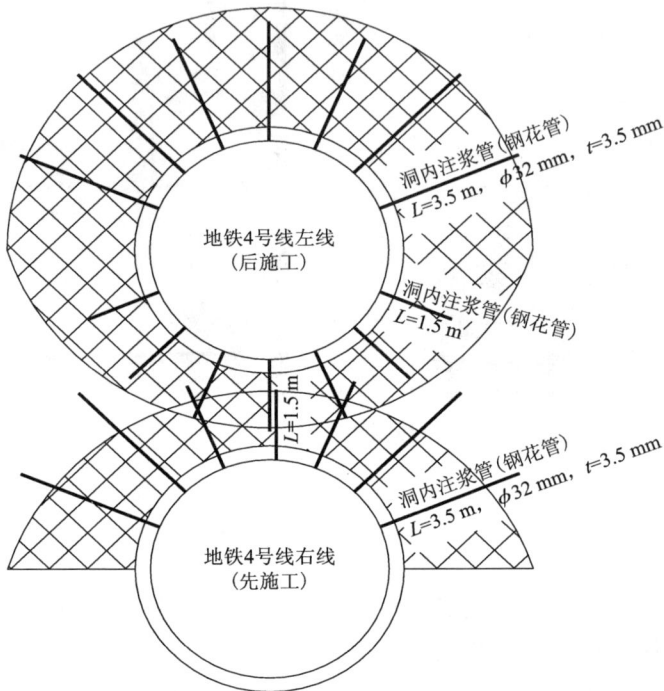

图 5-27　叠落盾构隧道下穿地铁 2 号线地层注浆加固示意图

L—注浆管长度；ϕ—注浆管管径；t—注浆管厚度

5.5.5　监测及应急方案措施

①后行线施工时，对先行线隧道变形、受力等进行 24 h 全自动在线监测，监测项目主要包括隧道结构的竖向位移、净空收敛、管片应变等（具体监测方案详见第 6 章），及时预警。

②施工期间应对地铁 2 号线隧道结构及轨道变形、受力等进行 24 h 全自动在线监测，监控量测项目主要包括隧道结构的竖向、水平位移和净空收敛等。实时掌握既有线隧道运营的安全状态，一旦数据异常，系统会触发相应的报警机制，第一时间以短信、传真、广播等形式通知，立即启动安全预案。

③建议与地铁运营单位协调，盾构施工期间将既有线运营降速至 45 km/h 以下。

④施工中应制订严密的专项安全方案和应急措施，加强地面及相关变形监测，盾构掘进土仓压力控制应均匀，采用匀速、慢速的掘进方式连续掘进，避免

大起大落,确保风险可控。

5.6 本章小结

针对试验段研究结果,提出了上下叠落双线盾构隧道下穿运营线隧道施工风险控制措施。通过数值模拟结果分析,对富水圆砾地层中盾构下穿施工引起的地层变形及运营隧道变形规律进行了总结,评估了风险控制措施的可行性,得出以下几点结论:

①数值模拟结果表明,运营线隧道管片背后注浆加固后,盾构下穿施工引起的运营隧道沉降有所减小,但减小的幅度不大。对左右线间的土体加固,能减小这部分土体的压缩变形,进而减小后行线隧道的沉降,但这部分土体较薄,土层压缩量占总沉降量的比例很小。运营线与新建隧道间的土体加固理论上能控制该部分变形,但注浆施工需要与盾构掘进开挖存在时间间隔,在注浆施工前该部分土体已基本变形稳定。总体而言,通过管片补偿注浆加固对运营线隧道变形响应的影响有限。

②在已知地层资料情况下,不采用加固措施时,盾构施工引起的运营线隧道水平位移及竖向位移均满足控制要求。采用克泥效工法对盾体锥形间隙进行填充和采用深孔预注浆对叠落隧道之间夹的土体进行加固能有效减少对周边土体扰动,从而减小运营线隧道沉降,降低施工风险。

③在实际施工中,应充分参考先行线施工完成后运营线的沉降量,与数值模拟结果进行对比分析,最终决定注浆加固的相关参数和范围。

第 6 章

富水圆砾上下叠落盾构隧道下穿运营线变形监控及状态评价

6.1　盾构下穿既有线段变形监测方案

施工期间应对运营线隧道变形、受力等情况进行 24 h 全自动在线监测。监控测量项目主要包括隧道结构的位移、管片应力和净空收敛等。实时掌握运营线隧道运营的安全状态，一旦数据出现异常，系统会触发相应的报警机制，第一时间以短信、传真、广播等形式通知，从而立即启动安全应急预案。参考国内外同类工程，制订隧道竖向位移及水平位移预警值为 3.9 mm，位移控制值为 6.5 mm。

6.1.1　监测项目

监测项目情况见表 6-1。

表 6-1　监测项目情况

序号	监测项目	监测方	备注
1	隧道竖向位移		自动化监测
2	隧道水平位移		自动化监测
3	隧道相对收敛	第三方监测（中南大学跟踪）	人工监测
4	轨道轨间距		人工监测
5	轨道横向高差		人工监测
6	静力水准测量		自动化监测
7	管片应变	中南大学监测	人工监测

监测项目包括地铁 2 号线隧道管片监测及地铁 2 号线轨道监测两部分。管片监测内容包括隧道竖向位移、隧道水平位移、隧道相对收敛和管片应变监测；轨道监测内容包括轨道轨间距、轨道横向高差和静力水准测量。管片应变监测由科研单位负责实施，其他监测项目由第三方监测负责实施，科研单位跟踪并及时收集监测数据。

6.1.2　监测方法

1. 自动化监测

（1）工作基站布设

自动化监测系统工作基站（见图 6-1）采用 TM30 全站仪，该仪器精度高、性能稳定，其内置自动目标识别系统，可以自动搜索目标、精确照准目标、跟踪目标、自动测量、自动记录数据，在几秒内完成一目标点的观测，像机器人一样对多个目标进行持续和重复观测，并具有计算机远程控制等优异的性能。基站布设于监测区中部，便于各点误差均匀并使全站仪容易自动寻找目标。先制作全站仪托架，并将托架安装在站台侧壁或车站侧壁，离道床高度 0.2 m 左右（按照设计及业主要求进行），仪器安装不得侵限，以保证运营安全，埋设完成后，定期对监测设备及元器件进行检查和维修。

图 6-1　监测工作基站

（2）基准点及监测点布设

将基准点布设在远离变形区的稳定区域，位于最外观测断面以外 50 m 左右的车站或隧道中。为了保证变形监测控制网的稳定性，基准点应布设在变形区的两边，且不少于 6 个基准点，各个基准点应分散交错一定的角度及距离。基准点的埋设要稳固，为整个系统提供稳定的参照系，以保证整个监测过程不受破坏。

　　监测点采用棱镜，并用膨胀螺丝牢固定在隧道壁上，如图 6-2 所示。在隧道受施工影响的变形区，左线沿着隧道方向每隔 6 m 设置一个监测断面，共布设 20 个断面；右线沿着隧道方向每隔 6 m 设置一个监测断面，共布设 20 个断面（双线 40 个，单线长约 120 m）。拟定每个监测断面布设观测点 3 个，分别布设在地铁轨道下方、隧道结构两侧等关键部位，实际布点数根据现场情况确定。监测断面示意图见图 6-3。

图 6-2　轨道板监测点

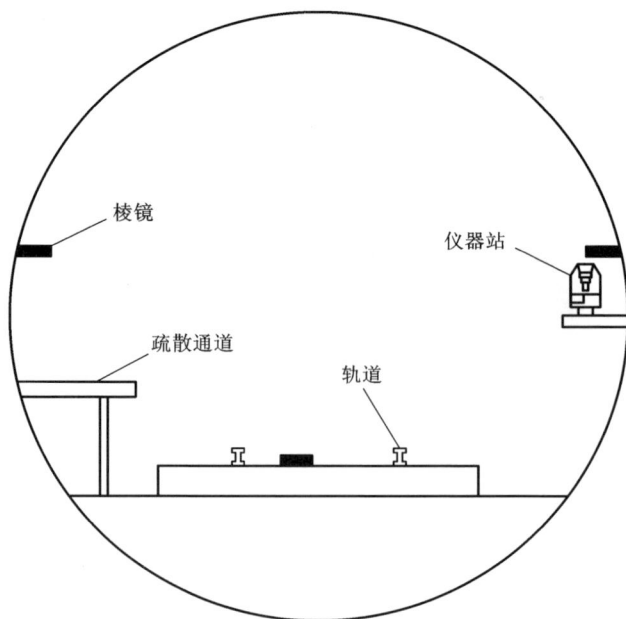

图 6-3　监测点断面布置示意图

2. 人工监测

（1）隧道相对收敛

利用激光测距仪对隧道净空进行观测，采用相对距离进行控制，如图6-4所示。监测时将收敛计连接在基线两端的监测点上，拉紧后通过百分表读取测量数据，连续读取三次，取平均值作为观测值。

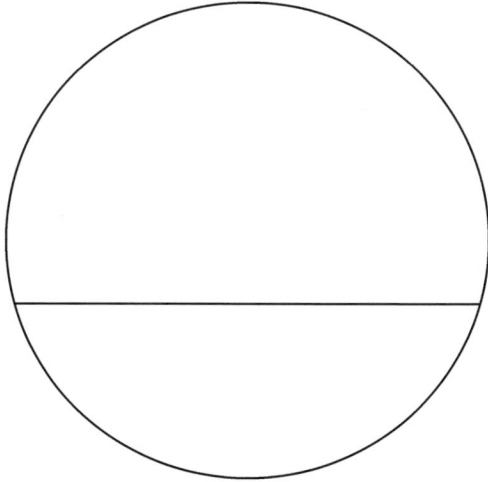

图 6-4 收敛测量基线示意图

（2）轨道轨间距、轨道横向高差

将轨道尺垂直放置于既有轨道上，用油漆在轨道两侧标记作为固定监测点。相邻两根钢轨轨道横向差值（轨道水平）及轨道轨间距（轨距）监测使用专用轨道尺进行测量，连续进行三次独立的观测，判定合格后取其平均值作为初始值，见图6-5。

图 6-5 隧道轨道轨间距、轨道横向高差观测

（3）管片应变监测

监测仪器采用的是 JMZX-212HAT 表面智能数码弦式应变计，该仪器主要技术参数如下：

应变测量范围：±2500 με。

应变测量精度：0.1% F.S.。

应变分辨率：0.03% F.S.（1 με）。

测量标距：129 mm。

使用环境温度：−40 ~ +80℃。

应变计示意图见图 6-6，实际布置图见图 6-7，其布置过程如下：

①在管片表面用记号笔标记出安装位置，清理安装表面。

②利用环氧树脂胶对应变计进行粘贴，粘贴时按 A 胶、B 胶搭配比例 1∶1 混合搅匀（搅拌 1 min 以上）。

③将应变计按图 6-7 所示与安装座组装好，螺钉不拧紧（也可在灌胶前组装好）。将安装座贴在管片上，再把螺钉拧紧。

④用透明胶纸把应变计组件贴在管片上（起临时固定作用）。

⑤环氧树脂胶 5 min 初凝，测量应变值应能稳定，否则要重新安装。

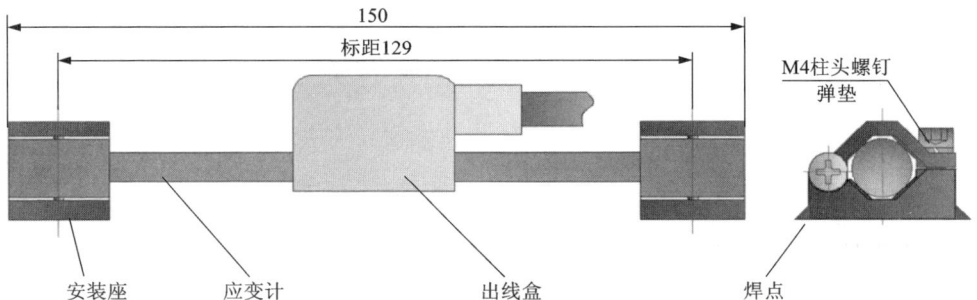

图 6-6　应变计示意图

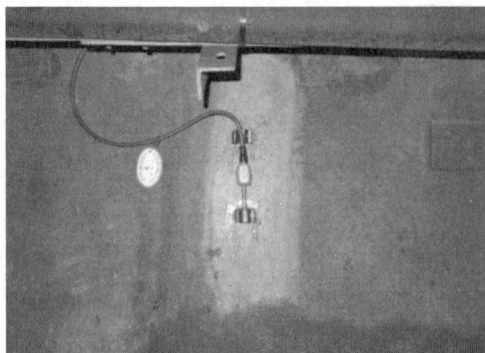

图 6-7　应变计安装

应变计布置完毕后，在测试过程中用数据记录仪记录各应变计测试值。

3. 静力水准监测

静力水准系统又称连通管水准仪，系统至少由两个观测点组成，每个观测点安装一套静力水准仪，见图 6-8。静力水准仪的贮液容器用通液管完全连通，贮液容器内注入液体，当液体液面完全静止后，系统中所有连通容器内的液面应在同一个大地水准面 ∇_0 上，此时每一容器的液位由传感器测出，即初始液位值分别为 H_{10}，H_{20}，H_{30}，H_{40}，…，H_{n0}。

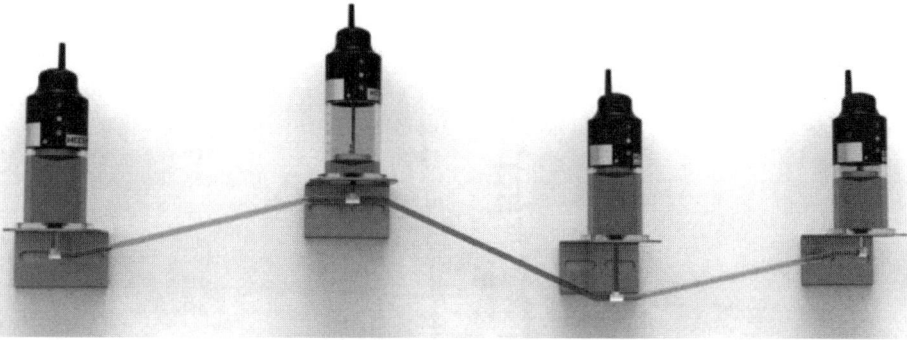

图 6-8　静力水准示意图

假设被测物体测点 1 作为基准点，测点 2 的地基下沉，测点 3 的地基上升，测点 4 的地基不变等，当系统内液面达到平衡静止后形成新的水准面 ∇_{n0}，则各测点连通容器内的新液位值分别为：H_1，H_2，H_3，H_4，…，H_n。

系统各测点的液位由静力水准仪传感器测得，各测点液位变化量分别计算为 $\Delta h_1 = H_2 - H_{10}$，$\Delta h_2 = H_3 - H_{20}$，$\Delta h_3 = H_4 - H_{30}$，$\Delta h_4 = H_5 - H_{40}$，…，$\Delta h_n = H_n - H_{n0}$。其中计算结果：$\Delta h_n$ 为正值表示该测点贮液容器内的液面升高，Δh_n 为负值表示该测点贮液容器内的液面降低。

在此，选定测点 1 为基准点，则其他各测点相对基准点的垂直位移（沉降量）为 $\Delta H_2 = \Delta h_2 - \Delta h_2$，$\Delta H_3 = \Delta h_2 - \Delta h_3$，$\Delta H_4 = \Delta h_2 - \Delta h_4$，…，$\Delta H_n = \Delta h_2 - \Delta h_n$。其中计算结果：$\Delta H_n$ 为正值表示该测点地基抬高，ΔH_n 为负值表示该测点地基沉降。

6.1.3　测点布设方案

1. 第三方监测断面布置

地铁 2 号线的隧道位移、隧道相对收敛、轨道轨间距、轨道横向高差及静力水准监测断面布置见图 6-9。其中 DM 为隧道位移、隧道相对收敛、轨道轨间距及轨道横向高差监测断面，沿地铁 2 号线轴向布置，测点间距为 6 m。隧道上下行线各布置 20 个监测断面,每个断面布置 3 个监测点。CJ 为静力水准监测断面,上下行线隧道沿轴向各布置 9 个,位置与 DM 断面重合。

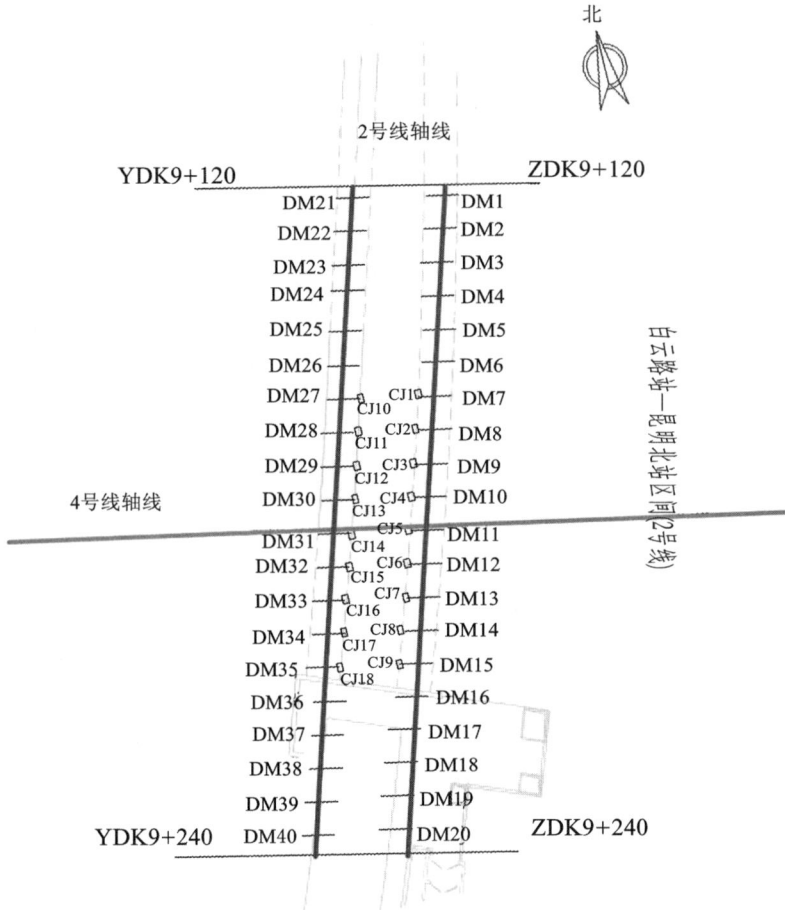

图 6-9 测点布设平面图

2. 管片应变监测断面布置

管片应变监测断面布置平面图见图 6-10。管片应变监测断面设置在地铁 2 号线上行线,其中断面 YB3 位于地铁 4 号线轴线正上方,断面 YB2、YB4 位于地铁 4 号线边缘正上方。

(1)监测断面 YB1

监测断面 YB1 位于白云路站一侧,与地铁 4 号线轴线水平间距为 15.6 m(13 环)。监测断面 YB1 应变计布置见图 6-11,隧道左下、右下各布置 1 个,用于监测管片环向应变,同时便于数据采集。

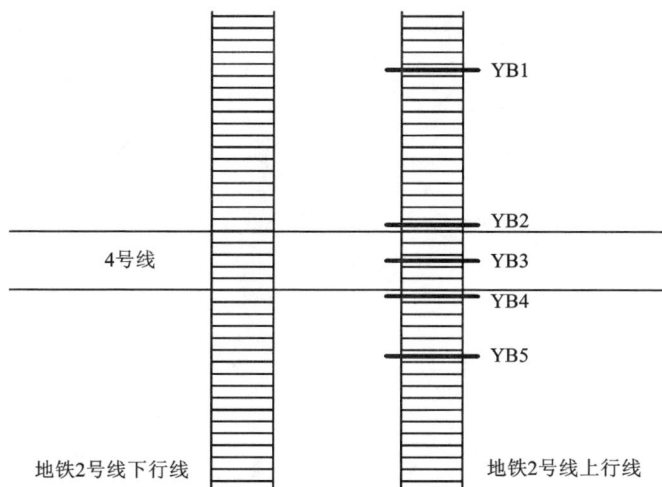

图 6-10　管片应变监测平面图

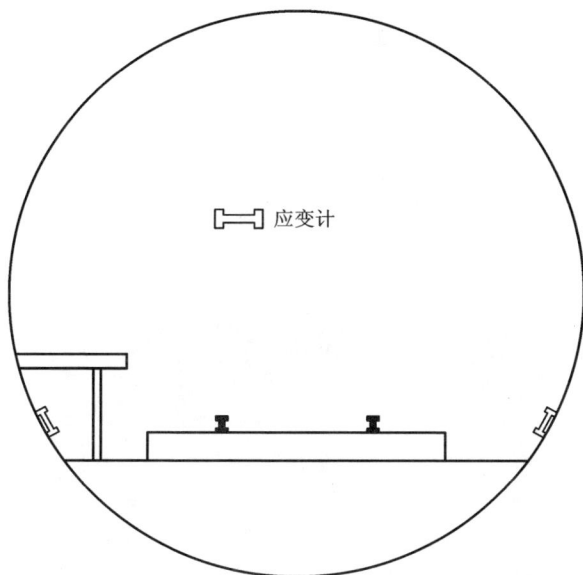

图 6-11　断面 YB1 环向应变计布置示意图

（2）监测断面 YB2

监测断面 YB1 位于白云路站一侧，与地铁 4 号线轴线水平间距为 3.6 m（3 环）。监测断面 YB1 环向应变计布置见图 6-12，隧道左右侧各布置 2 个，用于监测管片环向应变。

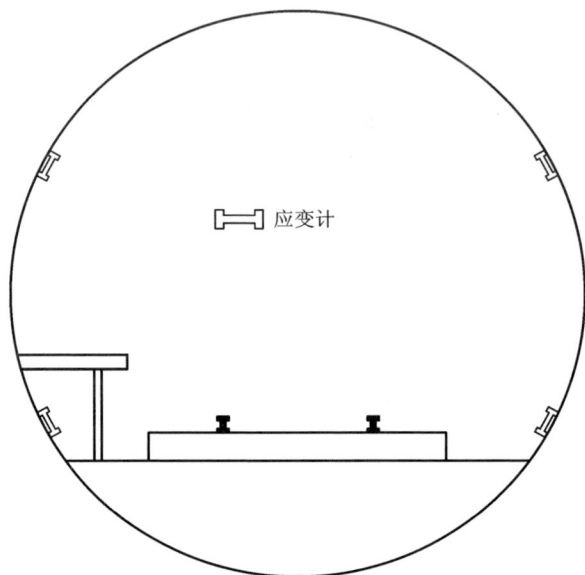

图 6-12　断面 YB2 环向应变计布置示意图

　　此外，在该断面右下方管片纵向接缝处布置 1 个应变计（见图 6-13），用于监测盾构施工引起的运营线环间接缝处的应变。应变计安装支座设置在两块相邻的管片上，应变计本体结构骑缝布置，布置位置与右下方环向应变计基本一致，以便后期监测分析。

图 6-13　断面 YB2 接缝应变监测图

（3）监测断面 YB3

监测断面 YB3 位于地铁 4 号线轴线正上方，环向应变计布置见图 6-14，隧道左右侧各布置 2 个，用于监测管片环向应变。此外，在该断面右侧管片纵向接缝处布置 1 个应变计（见图 6-15），在该断面右下方管片纵向接缝及横向接缝处各布置 1 个应变计（见图 6-16），用于监测盾构施工引起的运营线接缝应变。应变计安装支座设置在两块相邻的管片上，应变计本体结构骑缝布置，布置位置与右下方环向应变计基本一致，以便后期监测分析。

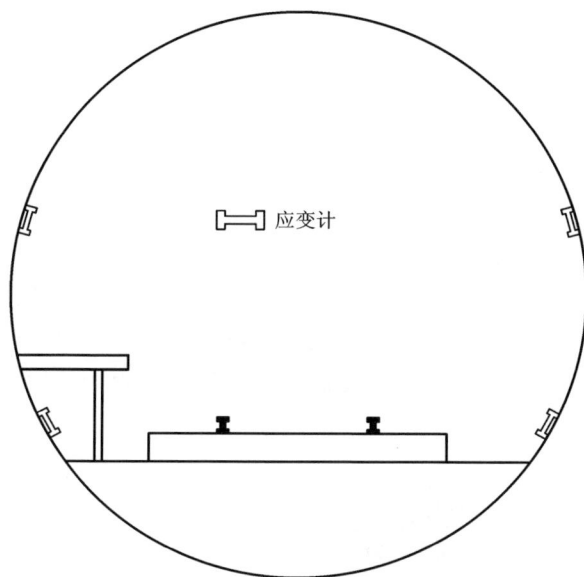

图 6-14　断面 YB3 环向应变计布置示意图

图 6-15　断面 YB3 右侧接缝应变监测图

图 6-16　断面 YB3 右下侧接缝应变监测图

（4）监测断面 YB4

监测断面 YB4 位于火车北站一侧，与地铁 4 号线轴线水平间距为 3.6 m（3 环）。监测断面 YB4 环向应变计布置见图 6-17，隧道左右侧各布置 2 个，用于监测管片环向应变。

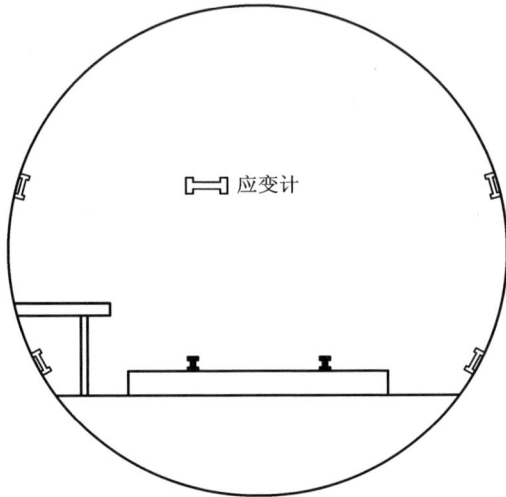

图 6-17　断面 YB2 环向应变计布置示意图

（5）监测断面 YB5

监测断面 YB5 位于火车北站一侧，与地铁 4 号线轴线水平间距为 9.6 m（8 环）。监测断面 YB5 应变计布置见图 6-18，隧道左下、右下各布置 1 个，用于监测管片环向应变。

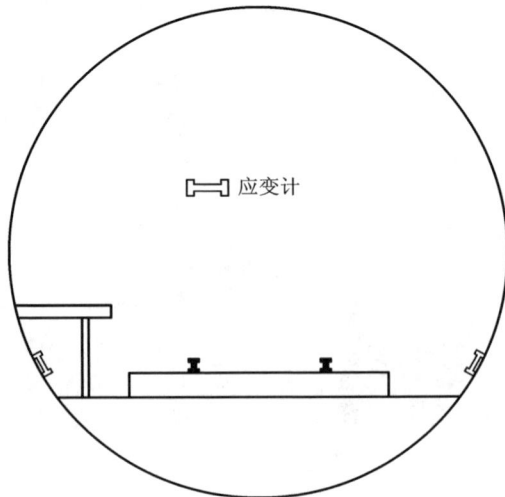

图 6-18　断面 YB5 环向应变计布置示意图

6.1.4　监测频率

本次监测工作的监测方法与频率见表 6-2。

表 6-2　监测方法与频率

序号	项目名称	布点方法	监测频率
A		隧道自动化监测	
1	隧道竖向位移	沿区间影响平行区内轨道方向左右线各按 5 环间距布置一个监测断面,布设 40 个断面。拟每个断面布设监测点 3 个,分别在地铁轨道下的道床上、地铁隧道结构侧壁	全天候监测
2	隧道水平位移		
B		隧道人工监测	
3	隧道相对收敛	隧道自动化监测的相应断面布设监测点,校核自动化监测数据精度	由于本项工作需要作业人员进入隧道作业,故本项工作根据地铁运营请点情况进行作业
4	轨道轨间距	在自动化监测断面的轨道上布设监测点	
5	轨道横向高差	在自动化监测断面的轨道上布设监测点	
6	管片应变	在部分自动化监测断面管片上布设应变计	
C		静力水准自动化监测	
7	静力水准	在自动化监测断面的道床上布设监测点	全天候监测

6.1.5　监测控制标准

根据设计文件及资料,新建地铁 4 号线盾构施工掘进前,地铁 2 号线现状监测沉降为 2 mm,考虑到道床可调整变形高度为 18 mm,地铁 4 号线、5 号线小—火区间穿越地铁 2 号线可能产生的地铁 2 号线盾构隧道区间结构总沉降控制值规定为 13 mm(见表 6-3)。故本次地铁 4 号线下穿施工掘进及工后沉降累计控制标准为 6.5 mm。所有监测报警值均为控制值 70%,预警值为 4.55 mm。

表 6-3　小—火区间盾构下穿段运营线隧道结构变形控制值

监测项目	累计值/mm	变化速率/$(\text{mm} \cdot \text{d}^{-1})$	备注
隧道结构沉降	<8	1	①L_s 为沿隧道轴向两监测点间距 ②出现变形征兆时加大连续监测的频率 ③监测报警值取0.7倍控制值
隧道结构隆起	<6	1	
隧道结构水平位移	<5	1	
隧道差异沉降	<0.04%L_s	—	
轨道横向高差	<4	—	
隧道结构轨向高差（失度值）	<4	—	
轨间距	−4 ~ +6	—	

6.2　下穿过程运营线隧道结构监测结果分析

　　地铁4号线先行线下穿地铁2号线时间为2019年6月25日至30日，后行线下穿地铁2号线时间为8月25日至29日。除了管片应变，其他各监测项目从2019年6月25日至9月25日进行连续监测，监测对象为地铁2号线火车北站—白云路站上下行区间隧道。运营线管片应变仅在后行线下穿时进行监测，监测对象为地铁2号线火车北站—白云路站上行区间隧道。

6.2.1　隧道竖向位移分析

1. 道床竖向位移分析
（1）运营上行线道床竖向位移分析
　　下穿施工期间地铁2号线上行线道床沉降监测结果见图6-19。由图6-19可知，道床整体呈现出"U"形沉降，最大沉降点位于地铁4号线上方680环测点。现对680环道床沉降监测结果进行分析（见图6-20）。先行线下穿施工时，道床发生沉降，最大沉降约为0.6 mm。下穿施工后，道床沉降受同步注浆及二次注浆的影响上下波动，直至下穿施工一周后沉降逐渐稳定，随后因孔隙水压消散等因素的影响，道床继续沉降。后行线下穿施工时，道床沉降幅度增大，这是由于后行线离地铁2号线较近，下穿施工对隧道结构的影响更大。后行线下穿施工完成后道床没有发生大幅度的沉降，这是由于后行线离运营线较近，注浆加固效果更加明显，调整注浆参数时隧道响应更加迅速，更加容易控制沉降。下穿完成4周后，道床沉降最终值为2.13 mm，满足沉降控制要求。

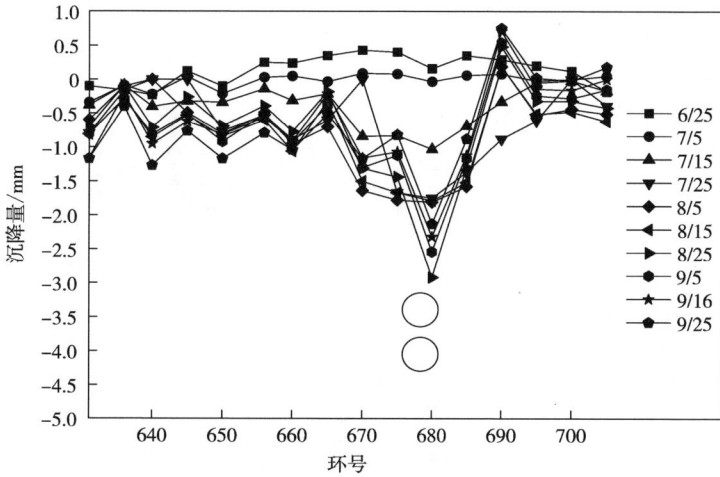

图 6-19　地铁 2 号线上行线各环道床沉降

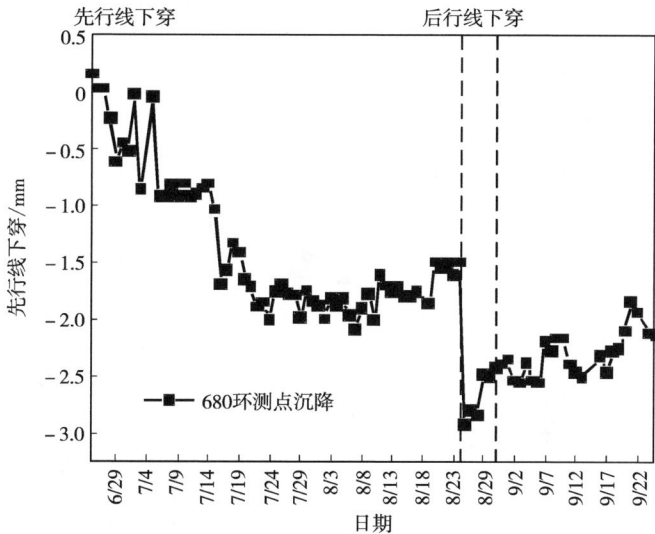

图 6-20　地铁 2 号线上行线 680 环道床沉降监测结果

（2）运营下行线道床竖向位移分析

下穿施工期间地铁 2 号线上行线道床沉降监测结果见图 6-21。由图 6-21 可知，除了隧道正上方 680 环测点，其他各测点变化较小。

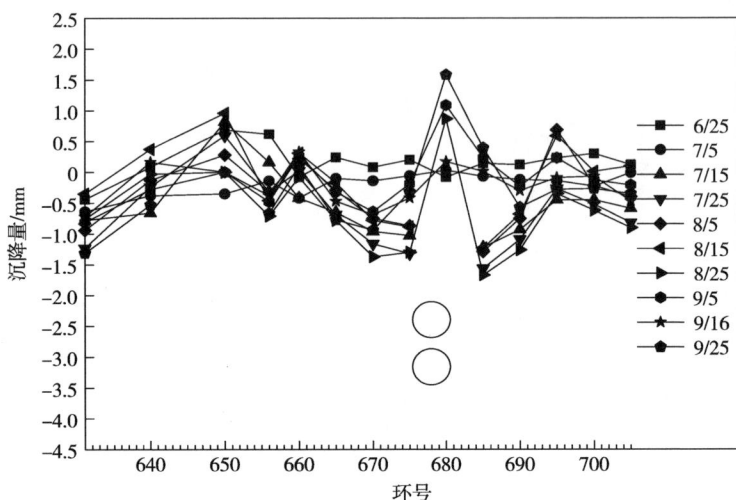

图 6-21　地铁 2 号线下行线各环道床沉降

　　现对 680 环道床沉降监测结果进行分析(见图 6-22)。由图 6-22 可知,该测点监测结果存在较大波动,这是由于下穿施工时先穿过下行线,下穿开始时掘进参数不断调整,波动较大。

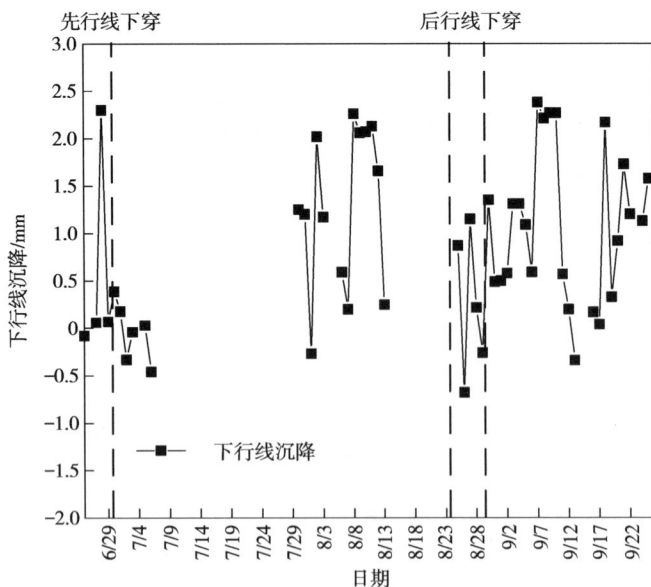

图 6-22　地铁 2 号线下行线 680 环道床沉降监测结果

2. 管片竖向位移分析

（1）运营线上行线隧道管片竖向位移分析

盾构下穿施工期间，地铁 2 号线上行线西侧测点管片竖向位移监测结果见图 6-23。由图 6-23 可知，道床整体呈现出"U"形沉降，最大沉降点位于地铁 4 号线正上方。

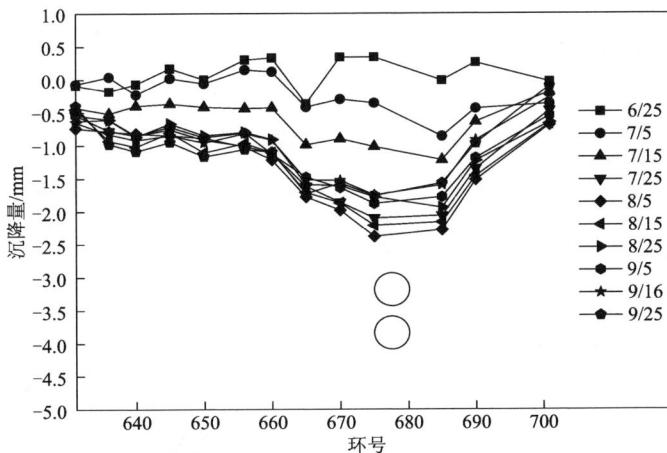

图 6-23　地铁 2 号线上行线各环西侧测点管片竖向位移

下穿施工期间上行线东测点管片竖向位移监测结果见图 6-24。由图 6-24 可知，道床整体同样呈现出"U"形沉降，最大沉降点位于地铁 4 号线正上方。与图 6-23 对比可知，隧道西侧沉降比东侧大，这是由于隧道受下穿施工的影响发生了逆时针扭转变形，使得西侧沉降更大。

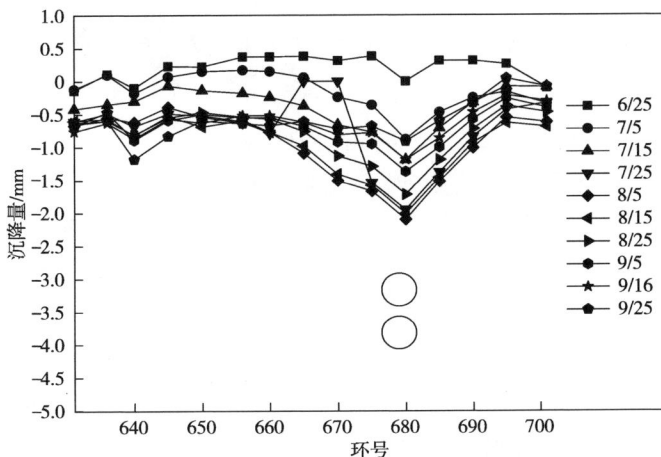

图 6-24　地铁 2 号线上行线各环东侧测点管片竖向位移

　　由于 680 环左侧测点损坏，现仅对该处东侧测点监测结果进行分析，见图 6-25。先行线下穿施工时，管片发生沉降，最大沉降约为 0.9 mm。下穿施工后，道床受同步注浆及二次注浆的影响出现小幅波动，随后受孔隙水压消散等因素的影响，管片继续沉降。后行线下穿施工时，后行线下穿施工期间管片没有发生大幅度的沉降，这是由于后行线离运营线隧道较近，注浆加固效果更加明显，调整注浆参数时隧道沉降响应更加迅速。下穿完成 4 周后管片沉降最终值为 0.91 mm，满足沉降控制要求。

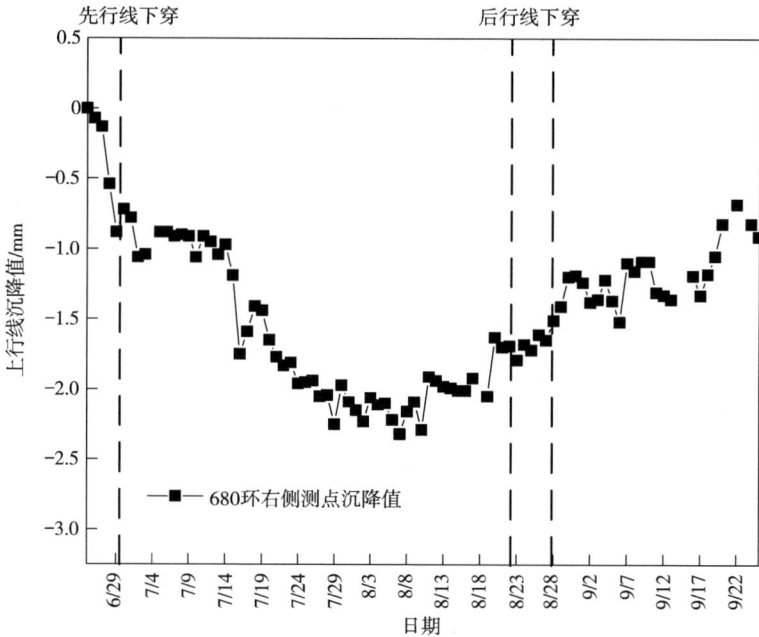

图 6-25　上行线 680 环东侧管片沉降监测结果

　　(2)运营线下行线隧道管片竖向位移分析

　　下穿施工期间下行线西侧测点管片竖向位移监测结果见图 6-26。由图 6-26 可知，道床整体呈现出"U"形沉降，最大沉降点位于地铁 4 号线正上方。

　　下行线隧道 680 环西侧管片沉降监测结果见图 6-27。先行线下穿施工时，管片发生沉降，最大沉降约 4 mm。下穿后，道床受同步注浆及二次注浆的影响小幅波动。后行线下穿施工期间运营线隧道管片没有发生大幅度的沉降，这是由于后行线离运营线较近，注浆对沉降控制效果明显。下穿完成 4 周后运营线管片沉降最终值为 3.47 mm。与图 6-22 对比可知，管片沉降明显大于道床沉降，这是由于道床的整体刚度较大，受下穿施工的影响更小。

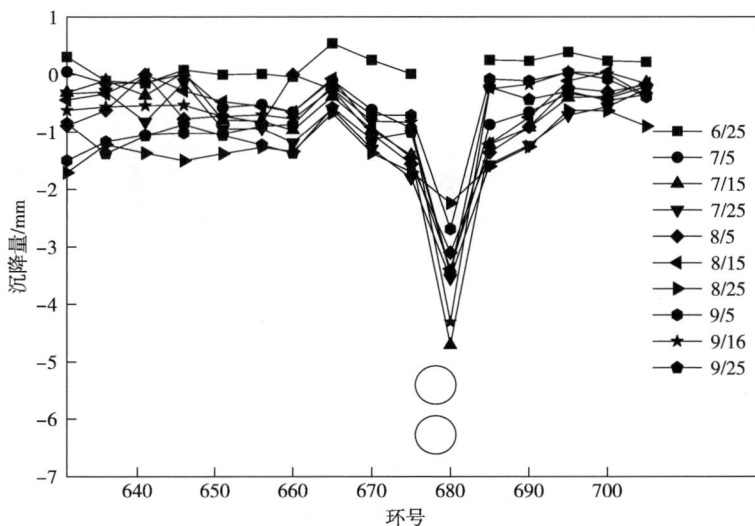

图 6-26　下行线各环西侧测点管片竖向位移

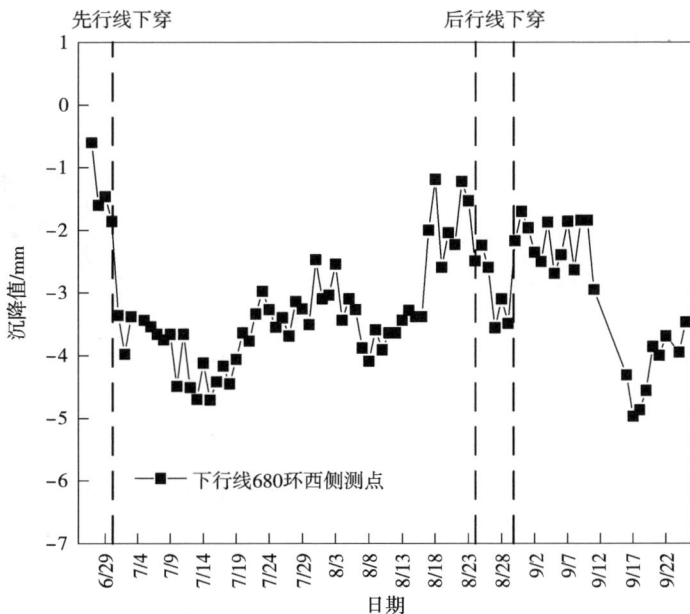

图 6-27　地铁 2 号线下行线 680 环西侧管片沉降监测结果

下穿施工期间下行线东测点管片竖向位移监测结果见图 6-28。由图 6-28 可知，道床整体同样呈现出"U"形沉降，最大沉降点位于地铁 4 号线正上方。

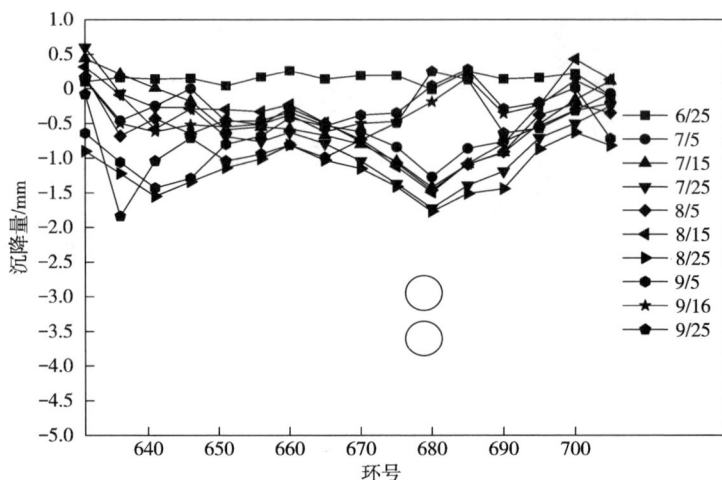

图 6-28　地铁 2 号线下行线各环东侧测点管片竖向位移

下行线 680 环东侧管片沉降监测结果见图 6-29。与图 6-28 对比可知，隧道西侧沉降比东侧大，这是由于隧道受下穿施工的影响发生了逆时针扭转变形，使得西侧沉降更大。

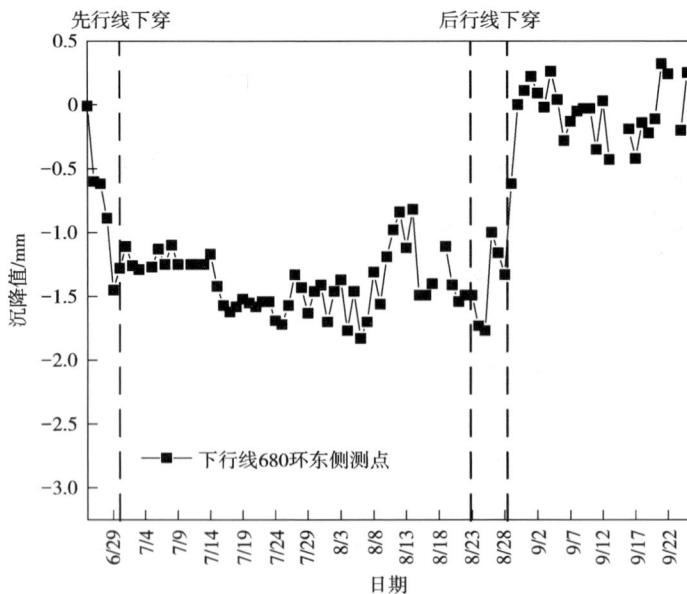

图 6-29　地铁 2 号线下行线 680 环东侧管片沉降监测结果

6.2.2　隧道水平位移分析

1.道床水平位移分析

（1）运营上行线道床水平位移分析

下穿施工期间地铁 2 号线上行线道床水平位移监测结果见图 6-30。由图 6-30 可知，道床朝着盾构前进方向变形，且各测点水平位移差异不大，隧道在水平方向上呈现出整体位移趋势，最大水平位移约为 2 mm。

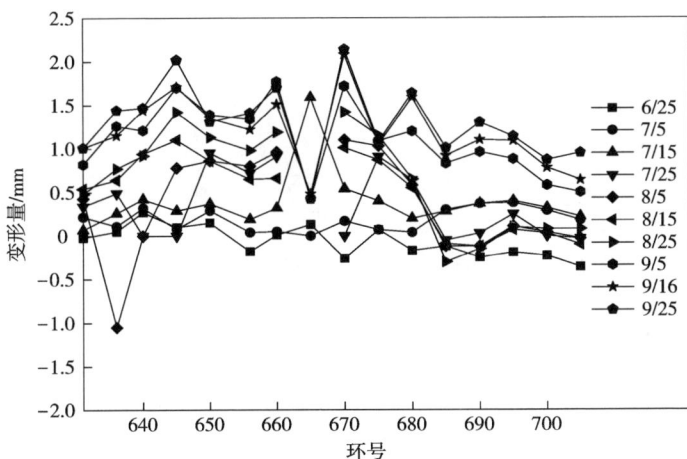

图 6-30　既有地铁 2 号线上行线各环道床水平位移

（2）运营下行线道床水平位移分析

下穿施工期间地铁 2 号线下行线道床水平位移监测结果见图 6-31。由图 6-31 可知，与图 6-30 结果相似，道床朝着盾构前进方向变形，且各测点水平位移差异不大，隧道在水平方向上呈现出整体位移趋势，最大水平位移约为 2.7 mm。

与第 5 章数值模拟结果对比可知，实测结果与模拟结果存在差异，这是由于隧道水平位移较小，实际测量误差较大，实测结果未反映变形规律。

2.管片水平位移分析

（1）运营上行线管片水平位移分析

盾构下穿施工期间，地铁 2 号线上行线西侧管片水平位移监测结果见图 6-32。由图 6-32 可知，道床朝着盾构前进方向变形，且地铁 4 号线正上方水平位移比其他各点小。

下穿施工期间地铁 2 号线上行线东侧管片水平位移监测结果见图 6-33。由图 6-33 可知，道床朝着盾构前进方向变形，且地铁 4 号线正上方水平位移比其

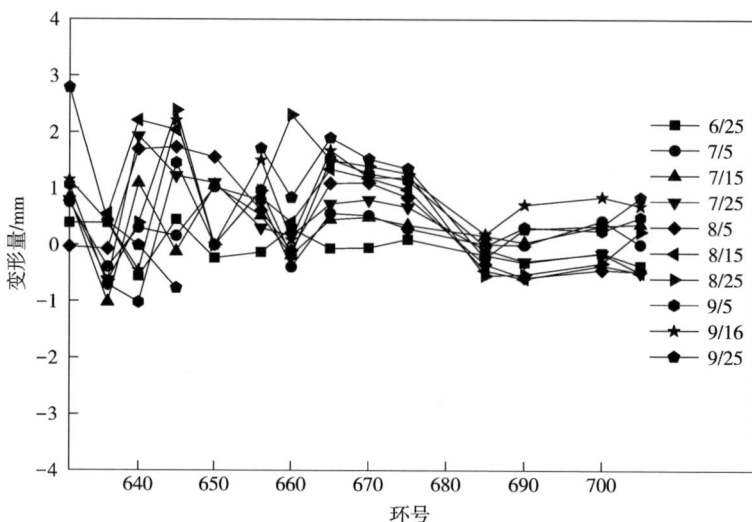

图 6-31　既有地铁 2 号线下行线各环道床水平位移

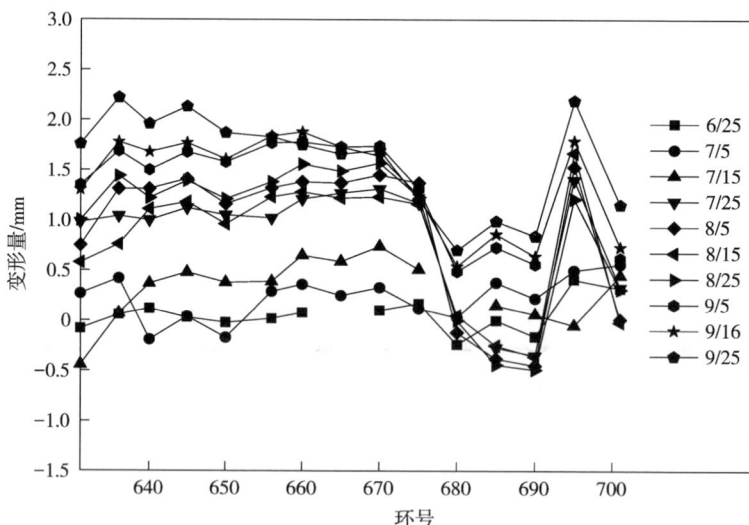

图 6-32　既有地铁 2 号线上行线各环西侧管片水平位移

他各点小。与图 6-32 对比可知，东侧管片水平位移小于西侧，这与下穿施工引起的运营隧道扭转变形有关。新建隧道正上方 680 环测点管片水平变形量较小，这表明既有线盾构隧道在水平方向上存在纵向弯曲变形。

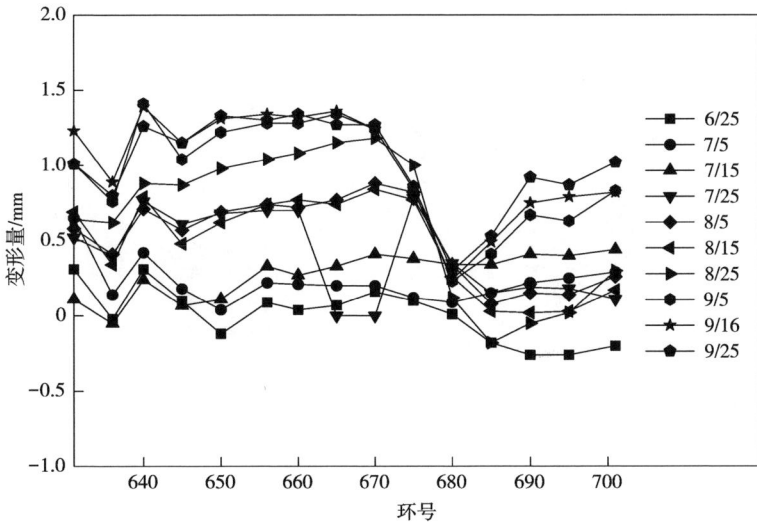

图 6-33　既有地铁 2 号线上行线各环东侧管片水平位移

（2）运营下行线管片水平位移分析

下穿施工期间下行线西侧和东侧管片水平位移变化情况分别见图 6-34、图 6-35。由图 6-34 与图 6-35 可知，两侧管片趋向于朝盾构前进方向整体变形，西侧管片最大变形量约为 2 mm，东侧管片最大变形量约为 1.5 mm，西侧管片水平变形量大于东侧，这与上行线监测结果一致。

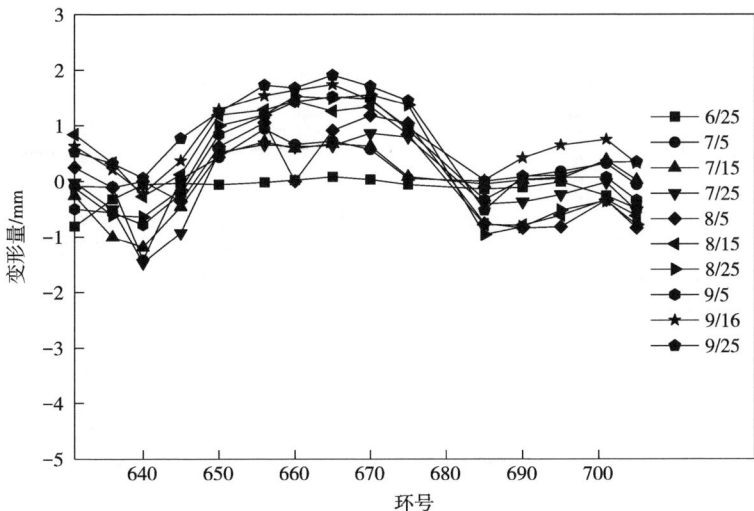

图 6-34　既有地铁 2 号线下行线各环西侧管片水平位移

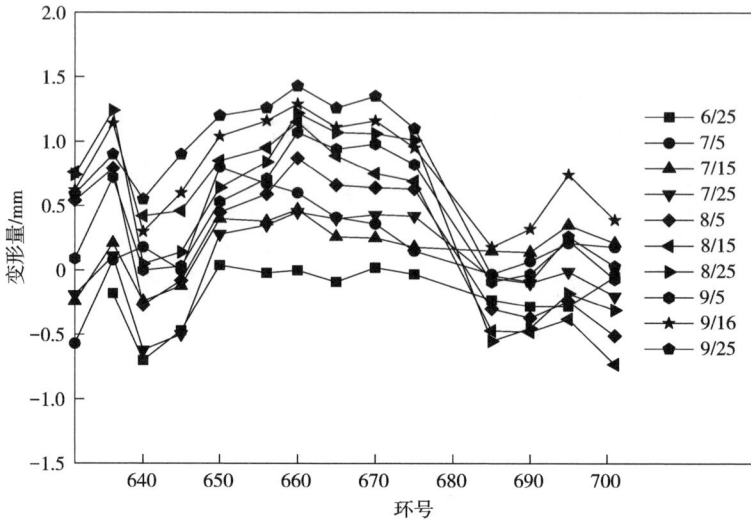

图 6-35　下行线各环东侧管片水平位移

6.2.3　隧道相对收敛分析

1. 运营上行线隧道相对收敛分析

盾构下穿施工期间，地铁 2 号线上行线水平收敛监测结果见图 6-36。由图 6-36 可知，下穿施工引起隧道椭圆化变形，且各测点扩张值差异不大，水平扩张值变化基本在 1 mm 以下。

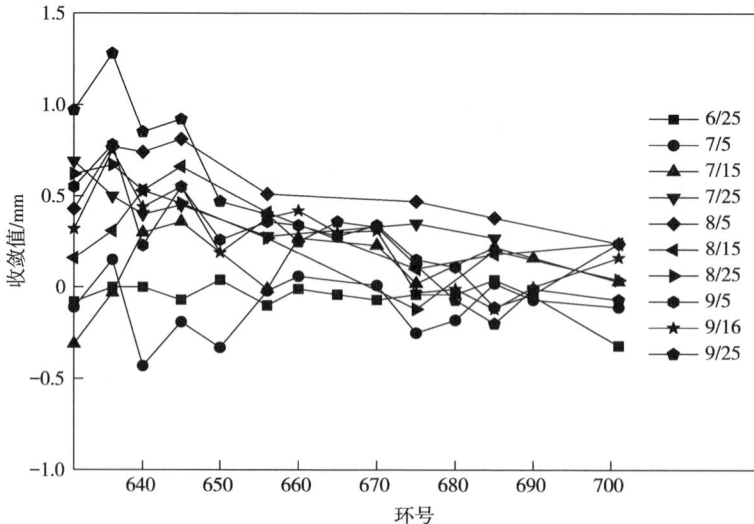

图 6-36　既有地铁 2 号线上行线各环隧道水平收敛

2. 运营下行线隧道相对收敛分析

下穿施工期间地铁 2 号线下行线水平收敛监测结果见图 6-37。由图 6-37 可知，下穿施工引起隧道椭圆化变形，且各测点扩张值差异不大，水平扩张值变化基本在 1 mm 以下。

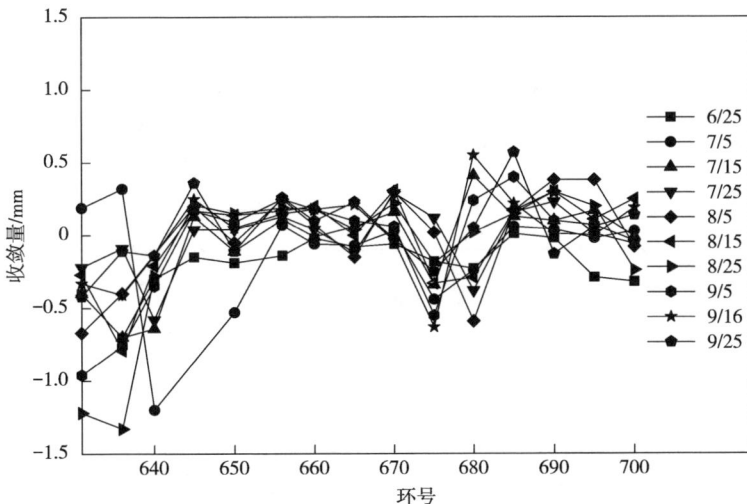

图 6-37　下行线各环隧道水平收敛

6.2.4　管片应变分析

1. YB1 断面管片应变分析

断面 YB1 位于地铁 4 号线北侧，距离地铁 4 号线轴线 13 环，应变计布置见图 6-38。地铁 4 号线自西向东下穿地铁 2 号线，应变计 YB1-1 位于西侧，应变计 YB1-2 位于东侧，均用于监测环向应变。地铁 2 号线位于地铁 4 号线左线第 1225～1231 环正上方。

断面 YB1 监测结果见图 6-39。由图可知，盾构下穿期间管片应力应变无明显变化。盾尾离开一定距离后，管片应变逐渐增大，其中西侧的测点 YB1-1 为正应变，东侧的测点 YB1-2 为负应变，应变值均小于 5 $\mu\varepsilon$，这表明盾构施工对该断面的影响较小。

2. YB2 断面管片应变分析

断面 YB2 位于地铁 4 号线北侧，距离地铁 4 号线轴线 3 环，应变计布置见图 6-40。应变计 YB2-1、YB2-2 位于西侧，应变计 YB2-3、YB2-4 位于东侧，用于监测管片环向应变；应变计 YB2-5 位于东侧应变计 YB2-4 附近，跨环间缝布置，用于监测横缝处应变。

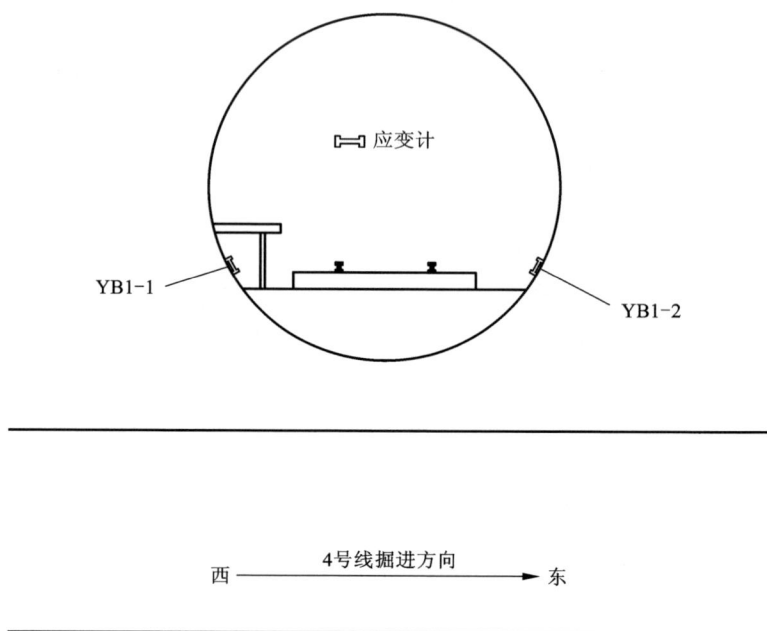

图 6-38　断面 YB1 测点布置示意图

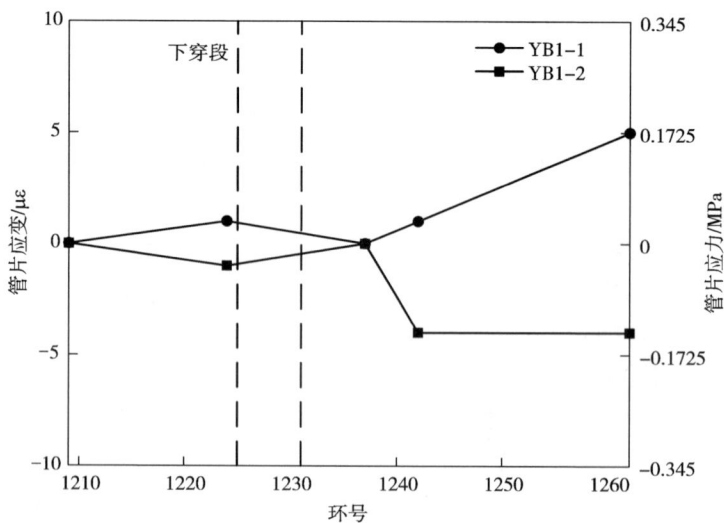

图 6-39　断面 YB1 监测结果

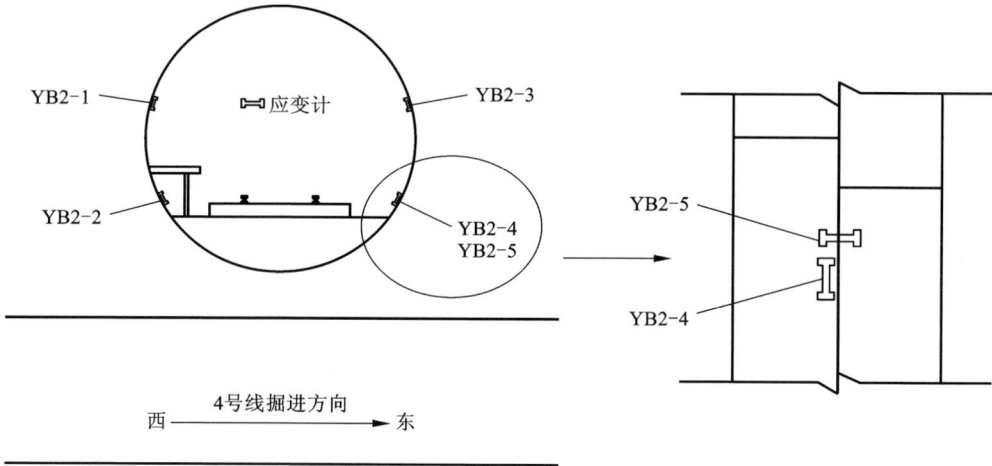

图 6-40　断面 YB2 测点布置示意图

断面 YB2 监测结果见图 6-41。由图 6-41 可知,盾构下穿期间管片应力应变无明显变化,盾尾离开一定距离后,管片应变逐渐增大,其中管片中部的 YB2-1、YB2-3 测点监测结果为正应变,管片下部的 YB2-2、YB2-4 测点监测结果为负应变,最大应变值均为 10 με 左右,比断面 YB1 监测结果大,这是由于断面 YB2 距离下穿线更近,受到的影响更大。由应变计 YB2-5 监测结果可知,环间接缝处应变值明显比环向管片应变大,由图 6-41 可知,受下穿施工影响,运营线呈下凹变形,故环间接缝应变值为负。

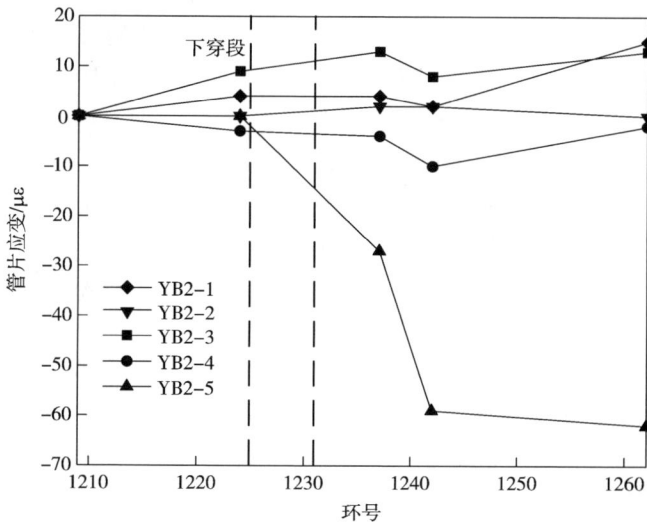

图 6-41　断面 YB2 监测结果

3. YB3 断面管片应变分析

断面 YB3 位于地铁 4 号线轴线正上方，应变计布置见图 6-42。应变计 YB3-1、YB3-2 位于西侧，应变计 YB3-3、YB3-4 位于东侧，用于监测管片环向应变；应变计 YB3-5 位于东侧应变计 YB3-4 附近，跨环间缝布置，用于监测横缝处应变；应变计 YB3-6 位于东侧应变计 YB3-4 附近，跨块间缝布置，用于监测纵缝处应变。

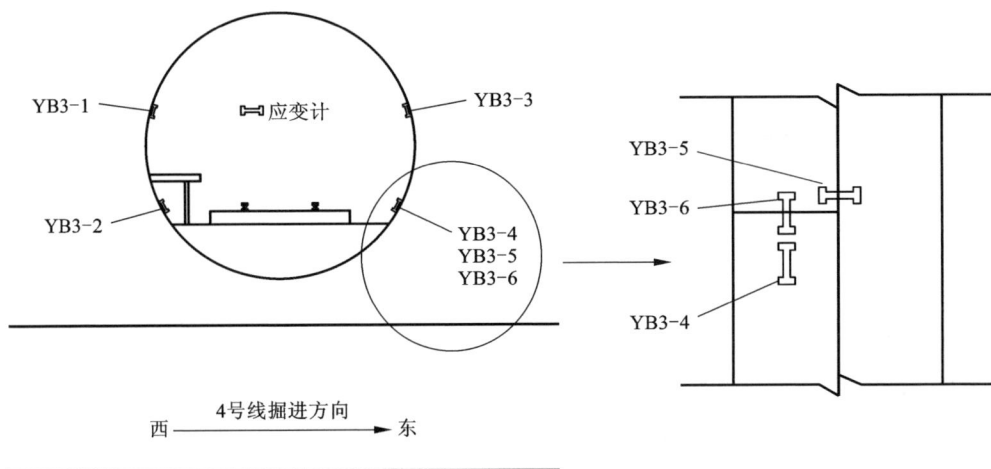

图 6-42　断面 YB3 测点布置示意图

断面 YB3 监测结果见图 6-43，由图 6-43 可知，盾构下穿前，各测点应变值逐渐增大，盾构下穿期间管片应力应变无明显变化，环向应变测点数据逐渐稳定，仅环间接缝测点 YB3-6 应变值继续增大，盾尾离开约 10 环后逐渐稳定。位于管片中部的测点 YB3-1、YB3-3 应变为正，位于管片下部的测点应变为负。对于环向应变，位于西侧的 YB3-1、YB3-2 测点应变值明显大于其他测点，这表明运营线朝着盾构始发一侧受到的影响更大。块间接缝测点 YB4-5 测点测得的数据与 YB3-4 相差不大，这表明纵缝对管片应变的影响较小。环间接缝监测应变计 YB3-6 最大应变值为 $-220\ \mu\varepsilon$，明显大于 YB2-5 的结果，这是由于断面 YB3 位于地铁 4 号线轴线正上方，位于"U"形沉降最低点，管片内表面应力最大。

4. YB4 断面管片应变分析

断面 YB4 位于地铁 4 号线南侧，距离地铁 4 号线轴线 3 环，应变计布置见图 6-44。应变计 YB4-1、YB4-2 位于西侧，应变计 YB4-3、YB4-4 位于东侧，用于监测管片环向应变。

断面 YB4 各测点监测结果见图 6-45。由图 6-45 可知，盾构下穿前各测点应

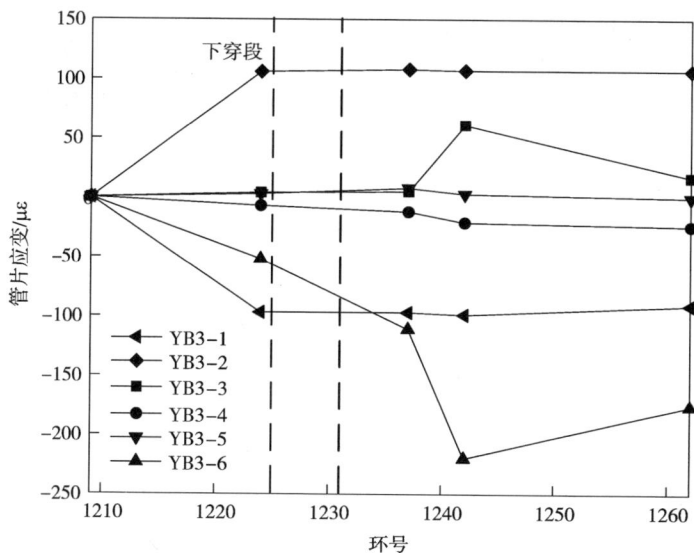

图 6-43　断面 YB3 监测结果

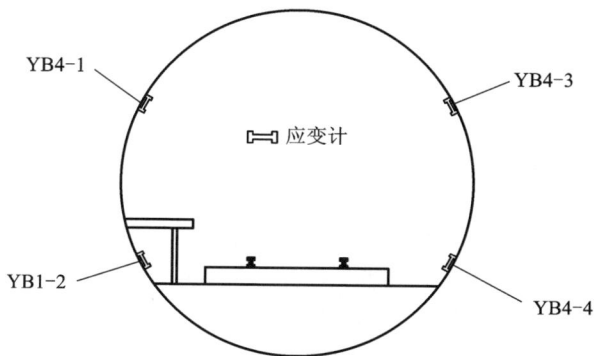

图 6-44　断面 YB4 测点布置示意图

变值逐渐增大，直至盾尾离开约 10 环后才逐渐稳定。测点 YB4-1、YB4-3、YB4-4 应变均为正值，测点 YB4-2 最终应变为负值，这与图 6-45 所示 YB2 断面监测结果存在差异，与隧道截面发生扭转变形有关。在该断面，管片底部测点 YB4-2、YB4-4 应变值大于管片中部测点 YB4-1 和 YB4-3 应变值，各测点应变值均不大，最大应变为 20 $\mu\varepsilon$。

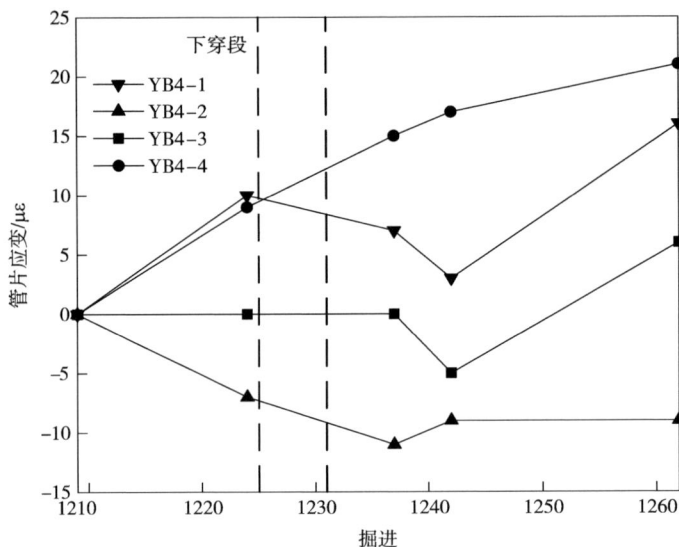

图 6-45　断面 YB4 监测结果

5. YB5 断面管片应变分析

断面 YB5 位于地铁 4 号线南侧，距离地铁 4 号线轴线 8 环，应变计布置见图 6-46，其中应变计 YB5-1 位于西侧，应变计 YB5-2 位于东侧，均用于监测管片环向应变。

断面 YB5 监测结果见图 6-47。由图 6-47 可知，盾构下穿前各测点应变值逐渐增大，直至盾尾离开约 10 环后才逐渐稳定。其中西侧的测点 YB5-1 为负应变，东侧的测点 YB5-2 为正应变，应变值均小于 20 $\mu\varepsilon$。与图 6-39 规律完全相反，这是由于盾构施工引起运营隧道发生水平弯曲变形，各断面之间变形量不同，管片两侧所受应力应变存在差异。

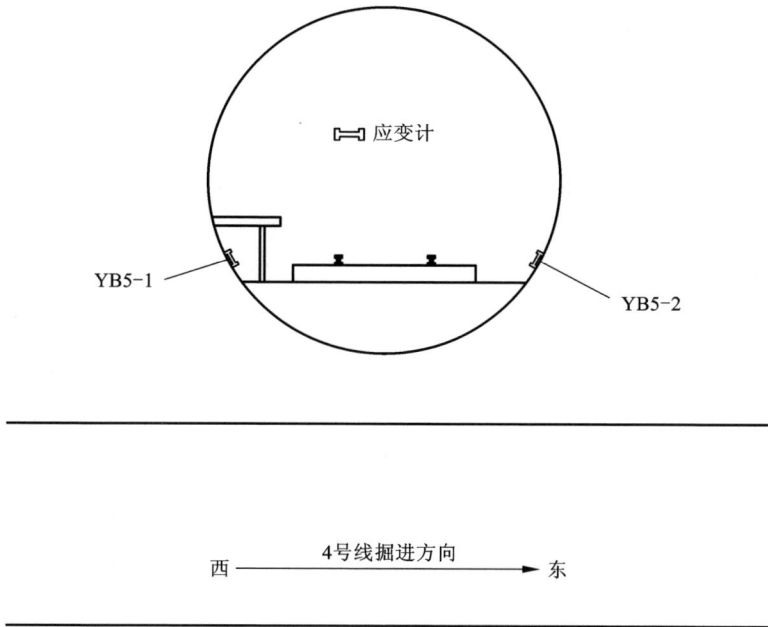

图 6-46　断面 YB5 测点布置示意图

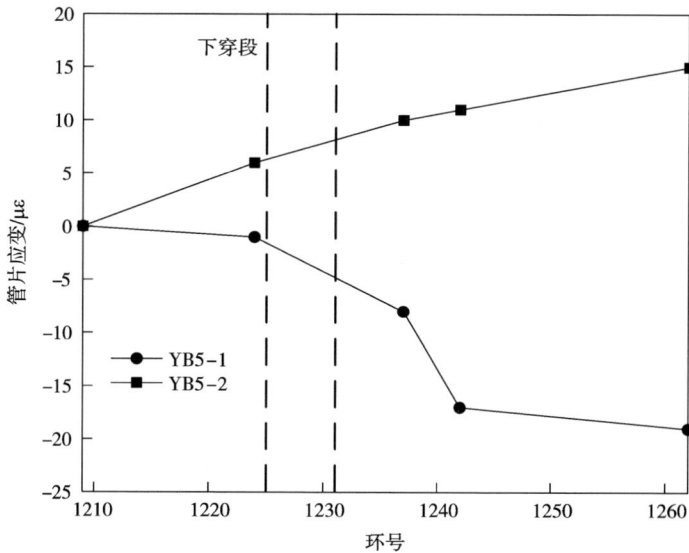

图 6-47　断面 YB5 监测结果

6.3　下穿过程运营线状态分析及评价

6.3.1　轨道轨间距分析

1.运营上行线轨道轨间距变化分析

下穿施工期间地铁2号线上行线轨道间距监测结果见图6-48。由图6-48可知,下穿施工引起轨道间距减小,且各测点轨道间距变化均不大,基本在1 mm以下。由于该监测项目采用人工监测,误差较大,故存在一定波动。

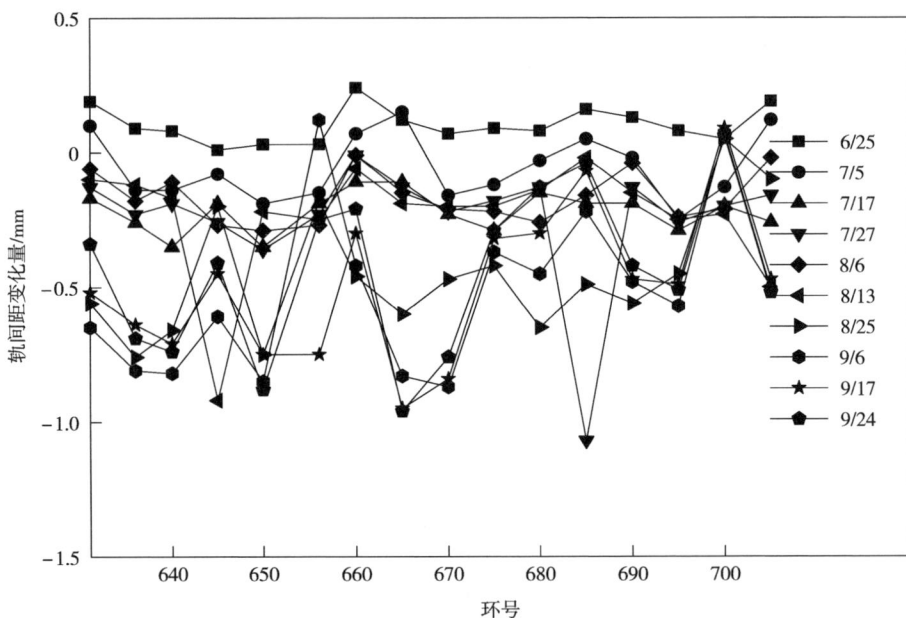

图6-48　既有地铁2号线上行线各环轨道间距变化

2.运营下行线轨道轨间距变化分析

盾构下穿施工期间地铁2号线下行线轨道间距监测结果见图6-49。由图6-49可知,下穿施工引起轨道间距减小,且各测点轨道间距变化均不大,在1 mm以下,属于安全控制范围。由于该监测项目采用人工监测,故存在一定误差波动。

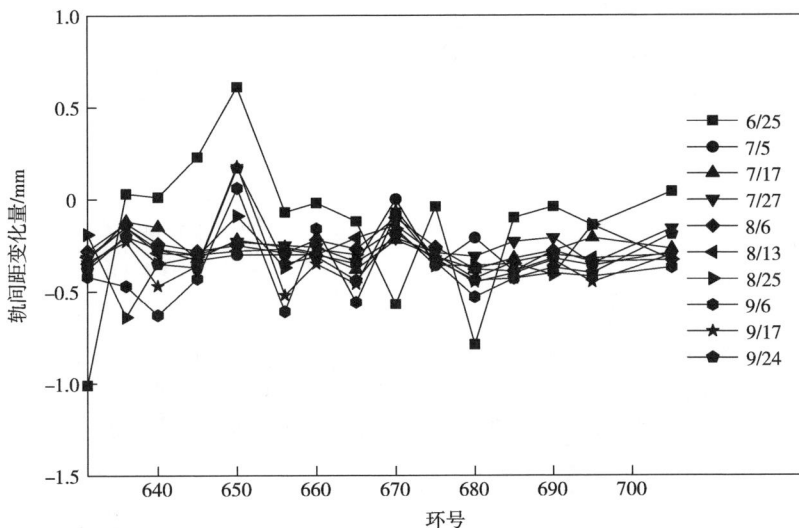

图 6-49　既有地铁 2 号线下行线各环轨道间距变化

6.3.2　轨道横向高差分析

1. 运营上行线轨道横向高差分析

盾构下穿施工期间地铁 2 号线上行线轨道横向高差监测结果见图 6-50。由图 6-50 可知,下穿施工引起轨道横向高差变化不大,基本不超过 1 mm。同样由于用人工监测,监测结果存在一定误差波动。

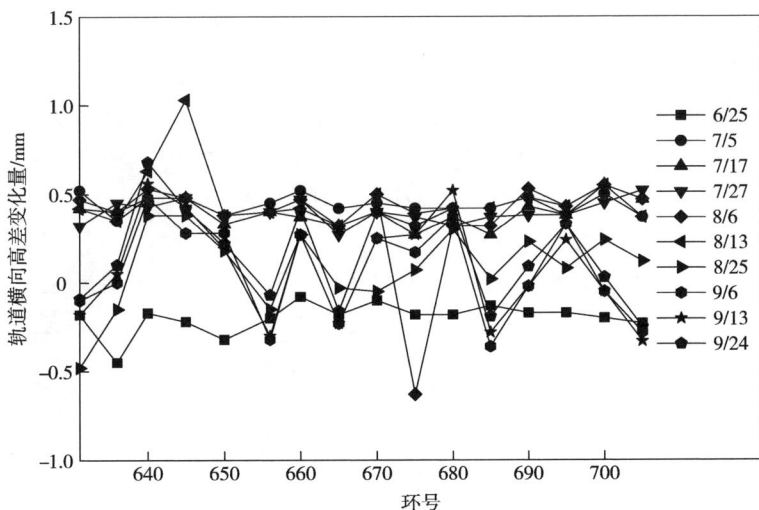

图 6-50　既有地铁 2 号线上行线各环轨道横向高差变化

2. 运营下行线轨道横向高差分析

下穿施工期间地铁 2 号线下行线轨道间距监测结果见图 6-51。由图 6-51 可知，下穿施工引起轨道间距减小，且各测点轨道横向高差变化均不大，最大值为 1.5 mm。

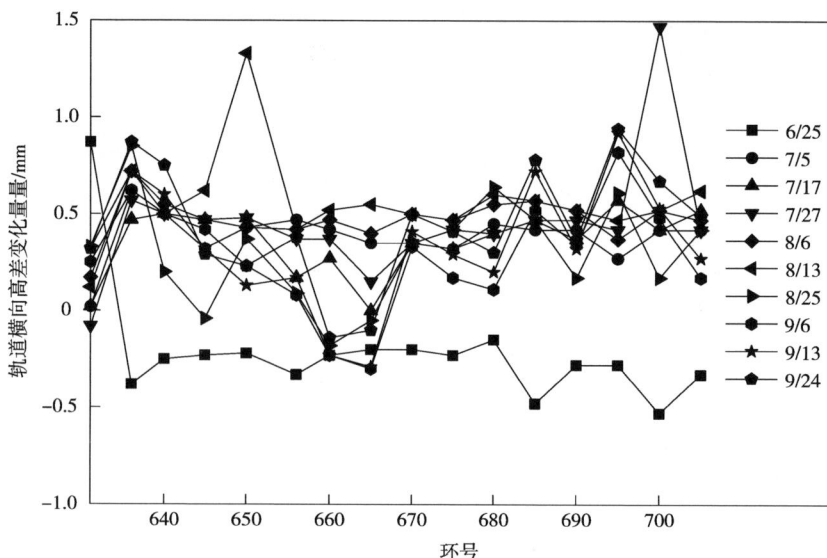

图 6-51　既有地铁 2 号线下行线各环轨道横向高差变化

6.3.3　静力水准分析

1. 上行线静力水准分析

盾构下穿施工期间地铁 2 号线上行线轨道静力水准监测结果见图 6-52。静力水准监测结果能反映道床沉降情况，监测结果与图 6-19 基本一致，道床整体呈现出"U"形沉降，最大沉降点位于地铁 4 号线上方 680 环测点处。

2. 下行线静力水准分析

盾构下穿施工期间地铁 2 号线下行线轨道静力水准监测结果见图 6-53。静力水准监测结果能反映道床沉降情况，监测结果与图 6-21 基本一致，道床整体呈现出"U"形沉降，最大沉降点位于地铁 4 号线上方 680 环测点处。

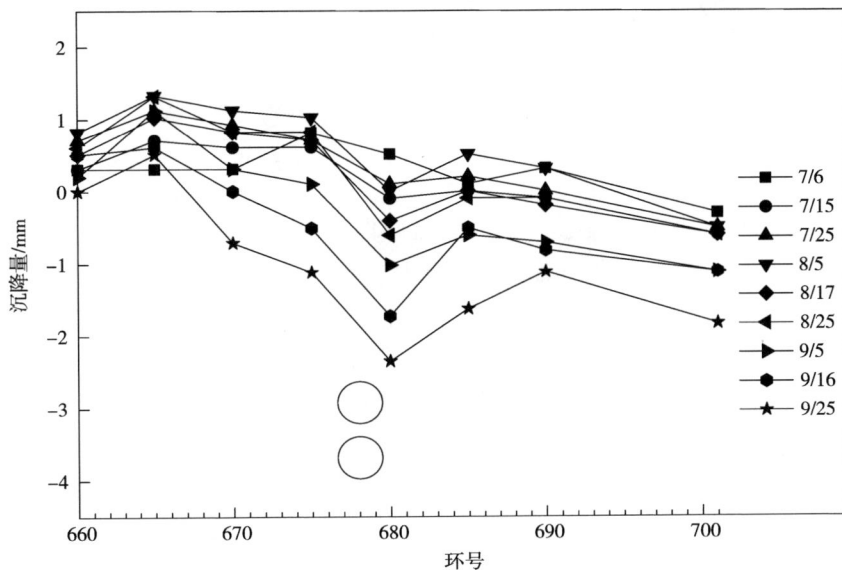

图 6-52　既有地铁 2 号线上行各环线静力水准监测结果

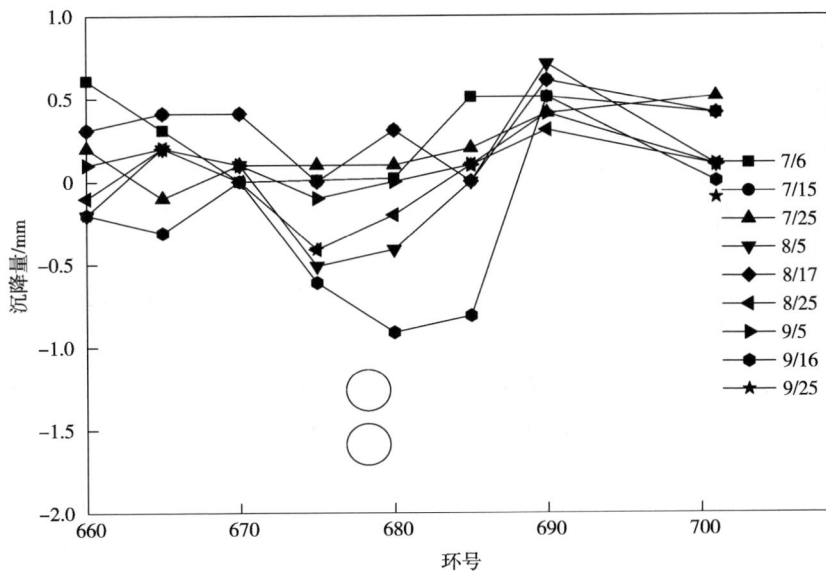

图 6-53　既有地铁 2 号线下行各环线静力水准监测结果

6.4　本章小结

通过现场实际监控测量对富水圆砾上下叠落盾构隧道下穿运营线中地层变形特征及控制技术进行了研究，得出以下结论及施工建议：

①盾构停机时，盾体前方地表沉降更大，且受盾构停机时间的影响较大；盾体后方土体主要受到盾构开挖时引起的地层损失及管片沉降的影响，一段时间后沉降逐渐稳定，且深度越浅沉降稳定得越早。若下穿前或下穿过程中发生盾构停机，应当尽量在 36 h 内恢复推进。盾构复推后盾体前方地层出现先隆起后下沉的波动，深层土体沉降波动幅度显著大于地表沉降，表明盾构停机会放大对邻近深层土体的扰动影响，不利于盾构近距离下穿既有地下工程施工。复推后应当严格控制土仓压力及总推进力，并调整好盾构姿态，减小对地层的扰动。

②先行线施工完成后，静力水准监测结果显示运营隧道下行线最大沉降不超过 1 mm，因此决定后行线施工前不采用注浆加固措施。后行线施工完成后，运营隧道沉降小于控制值 3 mm，管片变形及应力变化均在可控范围内，这表明试验段相关研究成果在下穿段的应用效果较好，克泥效工法、盾构壁后注浆控制沉降技术以及渣土改良等技术手段能够有效控制对地层的扰动。

③在运营隧道变形方面，水平位移相对较小，主要以竖向不均匀沉降为主。盾构下穿施工完成后，其拱顶下沉，两侧挤入洞内，而拱底位置挤出，在盾构机正下穿时，既有盾构隧道发生了环向扭转。随着盾构逐渐靠近、下穿、再远离，隧道结构受力表现为加载——卸载——再加载——再卸载多次转变过程；拱底位置纵向应力为压应力且逐步增大，而拱顶位置纵向应力减小并出现拉应力，导致运营隧道局部产生了较大的附加弯矩，这对隧道结构是不利的。

④通过实测发现，盾构下穿施工引起的管片横向收敛值较小；下穿施工引起的运营隧道内轨道间距及横向轨道高差的影响较小，对运营线地铁列车正常行驶的影响有限。盾构施工引起运营隧道管片产生环向应变，且离下穿隧道轴线越近，应变量越大，最大环向应变约为 100 $\mu\varepsilon$；管片块间接缝对管片整体应变的影响较小，接缝处应变监测结果基本与无接缝处相同；盾构下穿施工引起的管片环间接缝应变较大，且离下穿隧道轴线越近，应变量越大。

参考文献

［1］ WOOD W L. A note on how to avoid spurious oscillation in the finite-element solution of the unsaturated flow equation［J］. Journal of Hydrology, 1996, 176: 205-218.

［2］ KIM J M, PARIZEK R R. Numerical simulation of the noordbergum effect resulting from groundwater pumping in a layered aquifer system［J］. Journal of Hydrology, 1997, 202: 231-243.

［3］ SCHEIBE T, YABUSAKI S. Scaling of flow and transport behavior in heterogeneous groundwater systems［J］. Advances in Water Resources, 1998, 22(3): 223-238.

［4］ GHASSEMI F, MOLSON J W, FALKLAND A, ALAM K. Three-dimensional simulation of the Home Island freshwater lens: preliminary results［J］. Environmental Modelling & Software, 1999, 14: 181-190.

［5］ FACCHI A, ORTUANI B, MAGGI D, GANDOLFI C. Coupled SVAT-groundwater model for water resources simulation in irrigated alluvial plains［J］. Environmental Modelling & Software, 2004, 19: 1053-1063.

［6］ 康洪信. 土压平衡盾构穿越富水砂层沉降控制关键技术［J］. 建筑机械化, 2014, 35(08): 63-64.

［7］ 魏晨亮, 王玉卿, 唐高洪. 南宁地区富水圆砾层袖阀管注浆加固技术［J］. 隧道建设, 2014, 34(05): 499-502.

［8］ 王建伟. 富水圆砾地层中复合式土压平衡盾构施工技术［J］. 福建建设科技, 2014(03): 10-12+6.

［9］ 陈雪莹, 谭忠盛, 袁杰, 王冠, 李俊卫. 富水圆砾地层盾构隧道联络通道加固技术研究 ［J］. 土木工程学报, 2017, 50(S1): 106-110.

［10］ 高涛. 富水圆砾地层地铁盾构隧道施工对既有管线变形影响规律分析［J］. 城市轨道交通研究, 2019, 22(07): 116-119.

［11］ PECK R B. Deep excavations and tunneling in soft ground［C］. Processing of 7th ICSMFE, Mexico, 1969.

［12］CLOUGH G W, SCHMIDT B. Design and performance of excavations and tunnels in soft clay［J］. Developments in Geotechnical Engineering, 1981, 20: 567-634.

［13］ATTEWELL P B, WOODMAN J P. Predicting the dynamics of ground settlement and its derivatives caused by tunnelling in soil［J］. International Journal of Rock Mechanics & Mining Sciences & Geomechanics Abstracts, 1982, 15(8): 13-20.

［14］O'REILLY M, NEW B. Settlements above tunnels in the United Kingdom, their magnitude and prediction［J］. Tunnels & Tunnelling International, 2015(5): 56-66.

［15］胡长明, 冯超, 梅源, 袁一力. 西安富水砂层盾构施工 Peck 沉降预测公式改进［J］. 地下空间与工程学报, 2018, 14(01): 176-181.

［16］宫亚峰, 王博, 魏海斌, 何自珩, 何钰龙, 申杨凡. 基于 Peck 公式的双线盾构隧道地表沉降规律［J］. 吉林大学学报(工学版), 2018, 48(05): 1412-1417.

［17］余朔, 卢国胜. 基于武汉地层盾构隧道施工的 Peck 经验公式修正［J］. 城市轨道交通研究, 2017, 20(10): 12-15.

［18］徐小马, 朱大勇, 卢坤林. Peck 公式在合肥地铁盾构施工地面变形监测中的适用性分析［J］. 合肥工业大学学报(自然科学版), 2017, 40(02): 210-214.

［19］SAGASETA C. Analysis of undrained soil deformation due to ground loss［J］. Géotechnique, 1987, 37(3): 302-320.

［20］PARK K H. Elastic solution for tunneling-induced ground movements in clays［J］. International Journal of Geomechanics, 2004, 4(4): 310-318.

［21］艾传志, 王芝银. 既有路基下浅埋隧道开挖引起地层的位移及应力解析解［J］. 岩土力学, 2010(02): 209-214.

［22］张治国, 黄茂松, 王卫东. 遮拦叠交效应下地铁盾构掘进引起地层沉降分析［J］. 岩石力学与工程学报, 2013(9): 1750-1761.

［23］魏纲, 王霄. 基于统一解的近距离双线平行盾构地面沉降计算［J］. 现代隧道技术, 2017, 54(02): 87-95.

［24］魏风冉, 祝彦知, 纠永志. 基于 Mindlin 解的盾构隧道地表沉降黏弹性分析［J］. 应用力学学报, 2020, 37(01): 216-224+483.

［25］ROWE R K, KACK G J. A theoretical examination of the settlements induced by tunnelling-4 case histories［J］. Canadian Geotechnical Journal, 1983, 20(2): 299-314.

［26］LEE K M, ROWE R K. Finite element modelling of the three-dimensional ground deformations due to tunnelling in soft cohesive soils: part I — method of analysis［J］. Computers & Geotechnics, 1990, 10(2): 87-109.

［27］姜忻良, 崔奕, 李园, 赵志民. 天津地铁盾构施工地层变形实测及动态模拟［J］. 岩土力学, 2005(10): 92-95.

［28］夏元友, 张亮亮, 王克金. 地铁盾构穿越建筑物施工位移的数值分析［J］. 岩土力学, 2008(05): 1412-1414+1418.

［29］王建秀, 邹宝平, 陈学军, 易觉, 邝光霖. 填海区地铁盾构隧道下穿公路施工地层沉降规律的数值模拟［J］. 中国铁道科学, 2013, 34(04): 34-39.

[30] 杜明芳, 赵文才, 蒋敏敏. 盾构隧道下穿铁路箱涵引起轨道和地表沉降研究[J]. 河南理工大学学报(自然科学版), 2020, 39(02): 123-129.

[31] 乔世杰, 李宏安, 夏柏如, 王瑜, 苏科宇. 双线隧道下穿桥桩沉降变形分析及控制措施[J]. 公路, 2020, 65(01): 282-286.

[32] 蒋洪胜, 侯学渊. 盾构掘进对隧道周围土层扰动的理论与实测分析[J]. 岩石力学与工程学报, 2003(09): 1514-1520.

[33] 郭玉海, 李兴高, 袁大军. 盾构下穿运营隧道施工安全生产管理制度[C]. 武汉大学等: 美国科研出版社, 2012: 2034-2037.

[34] 司金标, 朱瑶宏, 季昌, 周顺华. 软土层中类矩形盾构掘进施工引起地层竖向变形实测与分析[J]. 岩石力学与工程学报, 2017, 36(06): 1551-1559.

[35] 蔡兵华, 崔德山, 冯晓腊, 李忠超. 武汉岩溶区复合地层小型盾构施工引起的地表变形规律研究[J]. 安全与环境工程, 2020, 27(01): 69-74.

[36] 崔玉龙. 砂土地层盾构隧道超近距离下穿既有隧道变形控制技术研究[J]. 铁道标准设计, 2020, 64(03): 123-129+135.

[37] 魏纲, 吴华君, 陈春来. 顶管施工中土体损失引起的沉降预测[J]. 岩土力学, 2007(02): 359-363.

[38] 魏纲, 魏新江, 屠毓敏. 平行顶管施工引起的地面变形实测分析[J]. 岩石力学与工程学报, 2006(S1): 3299-3304.

[39] 魏纲, 魏新江, 陈伟军, 姚宁. 浅埋暗挖隧道施工引起的地面沉降预测[J]. 市政技术, 2009, 27(05): 487-490.

[40] 魏纲, 陈伟军, 魏新. 双圆盾构隧道施工引起的地面沉降预测[J]. 岩土力学, 2011, 32(04): 992-996.

[41] 魏纲. 盾构法隧道施工引起的土体变形预测[J]. 岩石力学与工程学报, 2009, 28(02): 418-424.

[42] 魏纲. 盾构施工中土体损失引起的地面沉降预测[J]. 岩土力学, 2007(11): 2376-2379.

[43] 何川, 晏启祥. 加泥式土压平衡盾构机在成都砂卵石地层中应用的几个关键性问题[J]. 隧道建设, 2007(06): 5-6+29.

[44] 何川, 李讯, 江英超, 方勇, 谭准. 黄土地层盾构隧道施工的掘进试验研究[J]. 岩石力学与工程学报, 2013, 32(09): 1736-1743.

[45] 何川. 成都地铁盾构隧道工程建设关键技术[J]. 学术动态, 2013(04): 17-24.

[46] 石杰红, 钟茂华, 何理, 史聪灵, 符泰然. 双线盾构地铁隧道施工地表沉降数值分析[J]. 中国安全生产科学技术, 2006(03): 52-54.

[47] 李曙光, 冯小玲, 方理刚. 盾构法地铁隧道施工数值模拟[J]. 铁道标准设计, 2009(03): 86-87.

[48] 刘宝琛, 阳军生, 张家生. 露天开挖及疏水引起的地面沉降及变形[J]. 煤炭学报, 1999(01): 42-44.

[49] 周纯择, 阳军生, 牟友滔, 王树英. 南昌上软下硬地层中盾构施工地表沉降的BP神经网络预测方法[J]. 防灾减灾工程学报, 2015, 35(04): 556-562.

[50] FU J Y, YU Z W, WANG S Y, YANG J S. Numerical analysis of framed building response to tunnelling induced ground movements[J]. Engineering Structures, 2018, 158: 43-66.

[51] 周小文, 濮家骝, 包承钢. 砂土中隧洞开挖稳定机理及松动土压力研究[J]. 长江科学院院报, 1999(04): 10-15.

[52] 朱伟, 秦建设, 卢廷浩. 砂土中盾构开挖面变形与破坏数值模拟研究[J]. 岩土工程学报, 2005(08): 897-902.

[53] 邱明明. 城市地铁隧道盾构施工引起的地层变形预测研究[D]. 南昌: 南昌航空大学, 2013.

[54] 瞿同明, 王树英, 刘朋飞. 土压平衡盾构土仓排土引起的干砂地层响应特征分析[J]. 郑州大学学报(工学版), 2017, 38(01): 16-21.

[55] 瞿同明, 王树英, 傅金阳, 阳军生. 基于离散元分析盾构动态掘进引起的无黏性地层主应力特征[J]. 中南大学学报(自然科学版), 2017, 48(11): 3084-3091.

[56] 张箭, 杨峰, 颜宾宾, 阳军生. 浅覆盾构隧道环向挤出破坏上限有限元分析[J]. 地下空间与工程学报, 2015, 11(S1): 114-118+194.

[57] 张箭, 杨峰, 刘志, 阳军生. 浅覆盾构隧道开挖面挤出刚性锥体破坏模式极限分析[J]. 岩土工程学报, 2014, 36(07): 1345-1349.

[58] 杨峰, 何诗华, 吴遥杰, 计丽艳, 罗静静, 阳军生. 非均质黏土地层隧道开挖面稳定运动单元上限有限元分析[J]. 岩土力学, 2020(04): 2-9.

[59] 方勇, 何川. 平行盾构隧道施工对既有隧道影响的数值分析[J]. 岩土力学, 2007(07): 1403-1406.

[60] 白海卫. 新建隧道下穿施工对既有隧道纵向变形的影响和工程措施研究[D]. 北京: 北京交通大学, 2008.

[61] 沈晓伟, 王涛. 盾构隧道施工对地下管线影响的有限元分析[J]. 隧道建设, 2010, 30(06): 649-651.

[62] 李鹏, 杜守继, 刘艳滨. 地铁盾构隧道穿越大直径越江隧道的影响分析[J]. 地下空间与工程学报, 2011, 7(06): 1054-1059.

[63] 黄忠凯, 张冬梅. 软土地区地表结构对盾构隧道地震响应影响的风险分析[J]. 自然灾害学报, 2018, 27(04): 67-74.

[64] 汤扬屹, 吴贤国, 陈虹宇, 陶妍艳, 王虎, 曾铁梅, 张立茂. 基于云模型与D-S证据理论的盾构施工隧道管片上浮风险评价[J]. 隧道建设(中英文), 2019, 39(12): 2012-2019.

[65] 张磊, 李建伟, 李永福, 曾佳亮. 重叠盾构隧道施工地面变形及控制技术研究[J]. 城市轨道交通研究, 2012, 15(12): 104-107.

[66] 沈学贵. 南宁地铁小半径小净距长距离重叠隧道盾构掘进技术[J]. 市政技术, 2016, 34(02): 89-92+96.

[67] 郭海. 小净距重叠隧道盾构施工技术[J]. 国防交通工程与技术, 2015, 13(03): 57-59+56+63.

[68] 周明亮. 上下叠落盾构隧道设计施工关键技术[J]. 现代隧道技术, 2011, 48(03): 106-111.

［69］孟繁义. 砂卵石地层 EPB 对条基建筑物影响分析及保护［J］. 四川建材, 2008（01）: 115-115+118.

［70］朱双厅. 长沙地铁砂卵石地层盾构紧邻桥桩施工隔断保护研究［D］. 长沙: 中南大学, 2014.

［71］范祚文, 张子新. 砂卵石地层土压力平衡盾构施工开挖面稳定及邻近建筑物影响模型试验研究［J］. 岩石力学与工程学报, 2013, 32（12）: 2506-2512.

［72］杜飞天, 李围, 付艳军, 叶建忠, 查支祥. 地铁区间叠线隧道下穿洪湖盾构法施工技术［J］. 筑路机械与施工机械化, 2016, 33（08）: 77-79.

［73］孟庆军. 四线叠交隧道盾构施工地基变形及控制研究［J］. 地下空间与工程学报, 2019, 15（03）: 912-919+926.

［74］北京市住房和城乡建设委员会. 城市轨道交通工程建设安全风险技术管理规范: DB 11/1316—2016［S］. 北京: 北京市住房和城乡建设委员会, 北京市质量监督局, 2016.

［75］陕西省建筑科学研究院. 建筑砂浆基本性能试验方法标准: JGJ/T 70—2009［S］. 北京: 中华人民共和国建设部, 2009.

［76］中华人民共和国住房和城乡建设部. 普通混凝土拌合物性能试验方法标准: GB/T 50080—2016［S］. 北京: 中国建筑工业出版社, 2016.

［77］南京水利科学研究院. 土工试验规程: SL 237—1999［S］. 北京: 中华人民共和国水利部, 1999.

［78］中国水利水电科学研究院. 水下不分散混凝土试验规程: DL/T 5117—2000［S］. 北京: 中华人民共和国国家经济贸易委员会, 2000.

［79］中国建筑材料科学研究院. 水泥胶砂流动度测定方法: GB/T 2419—2005［S］. 北京: 中华人民共和国国家质量监督检验检疫总局, 中国国家标准化管理委员会, 2005.

［80］中国建筑材料科学研究院水泥科学与新型建筑材料研究所. 水泥胶砂强度检验方法（ISO法）: GB/T 17672—1999［S］. 北京: 国家质量监督局, 1999.

［81］钟嘉政, 王树英, 刘朋飞, 王海波. 泡沫改良砾砂渣土力学行为与流变模型研究［J/OL］. 哈尔滨工业大学学报.（发表日期）［引用日期］. http: //kns. cnki. net/kcms/detail/23. 1235. t. 20201025. 1837. 002. html.

［82］WANG S Y, LIU P F, HU Q X, ZHONG J Z. Effect of dispersant on the tangential adhesion strength between clay and metal for EPB shield tunnelling［J］. Tunnelling and Underground Space Technology, 2020, 95: 103144.

［83］LIU P F, WANG S Y, SHI Y F, YANG J S, FU J Y, YANG F. Tangential adhesion strength between clay and steel for various soil softnesses［J］. Journal of Materials in Civil Engineering, 2019, 31（5）: 04019048.

［84］HUANG S, WANG S Y, XU C J, SHI Y F, YE F. Effect of grain gradation on the permeability characteristics of coarse-grained soil conditioned with foam for EPB shield tunnelling［J］. KSCE Journal of Civil Engineering, 2019, 23（11）: 4662-4674.

［85］王海波, 王树英, 胡钦鑫, 刘朋飞. 盾构砂性渣土-泡沫混合物渗透性影响因素研究［J］. 隧道建设（中英文）, 2018, 38（05）: 833-838.

[86] 张宏伟, 金平, 刘朋飞, 王树英. 深圳风化花岗岩地层盾构防泥饼渣土改良技术[J]. 施工技术, 2019, 48(17): 62-66+80.

[87] 王树英, 刘朋飞, 胡钦鑫, 王海波, 黄硕, 钟嘉政, 刘正日, 阳军生. 盾构隧道渣土改良理论与技术研究综述[J]. 中国公路学报, 2020, 33(05): 8-34.

[88] 刘朋飞, 王树英, 阳军生, 胡钦鑫. 渣土改良剂对黏土液塑限影响及机理分析[J]. 哈尔滨工业大学学报, 2018, 50(06): 91-96.

[89] WANG S Y, HUANG S, QIU T, YANG J S, ZHONG J Z, HU Q X. An analytical study of the permeability of a foam-conditioned soil[J]. International Journal of Geomechanics, 2020, 20(8): 06020019.

[90] YE X Y, WANG S Y, YANG J S, SHENG D C, XIAO C. Soil conditioning for EPB shield tunneling in argillaceous siltstone with high content of clay minerals: case study[J]. International Journal of Geomechanics, 2017, 17(4): 0501600.

[91] 王树英, 胡钦鑫, 王海波, 黄硕, 叶飞, 刘朋飞. 盾构泡沫改良砂性渣土渗透性及其受流塑性和水压力影响特征研究[J]. 中国公路学报, 2020, 33(02): 94-102.

[92] HU Q X, WANG S Y, QU T M, XU T, HUANG S, WANG H. Effect of hydraulic gradient on the permeability characteristics of foam-conditioned sand for mechanized tunnelling[J]. Tunnelling and Underground Space Technology, 2020, 99: 103377.

[93] 中铁二院昆明勘察设计研究院有限责任公司, 昆明轨道交通四号线土建3标小火区间详勘报告[R], 2016.

[94] 李文博, 陶连金, 蔡东明, 周明科. 地铁隧道竖向土压力计算公式探讨与改进[J]. 铁道建筑, 2013(03): 78-81.

[95] 管会生. 土压平衡盾构机关键参数与力学行为的计算模型研究[D]. 成都: 西南交通大学, 2008.

[96] 朱北斗, 龚国芳, 周如林, 刘国斌. 基于盾构掘进参数的BP神经网络地层识别[J]. 浙江大学学报(工学版), 2011, 45(05): 851-857.

[97] 胡国良, 龚国芳, 杨华勇. 土压平衡式盾构机土压控制的模拟实验[J]. 液压与气动, 2007(09): 2-4.

[98] 李杰, 付柯, 郭京波, 张增强, 徐明新. 复合地层下盾构掘进速度模型的建立与优化[J]. 现代隧道技术, 2017, 54(03): 143-147+161.

[99] 张厚美, 吴秀国, 曾伟华. 土压平衡式盾构掘进试验及掘进数学模型研究[J]. 岩石力学与工程学报, 2005(S2): 5762-5766.

[100] 王洪新, 傅德明. 土压平衡盾构掘进的数学物理模型及各参数间关系研究[J]. 土木工程学报, 2006(09): 86-90.

[101] 吴历斌, 孙振平, 颜拥东, 王新友. 砂率对高性能混凝土的影响研究[J]. 建筑技术, 2002(01): 22-23.